"十三五"国家重点出版物出版规划项目
现代机械工程系列精品教材

工程振动分析与控制基础

第 2 版

Fundamentals of Analysis and Control for Engineering Vibration

吴成军　编著

机械工业出版社

本书可帮助读者快速掌握一定的工程振动基本理论，同时通过工程实例使读者提升解决工程实际问题的能力，以适应振动工程领域飞速发展的需要。全书共分11章，由绪论和上、下两篇组成，其中上篇简明地介绍了工程振动分析的五种实用而有效的方法；下篇系统地阐述了目前工程振动控制领域的五种主流的控制技术，同时介绍了工程振动控制领域当前的应用与研究进展及工程应用实例。全书适时地引入了国内外前沿的研究成果，力求将近年来航天、航空、海洋、机械、车辆以及桥梁与建筑工程等领域中涌现出来的新技术、新概念、新装置和新材料介绍给读者。全书突出"淡化枯燥理论、突出工程实用"的特色，论述简明精练，内容丰富、图文并茂，理论与实际紧密结合，实用性强。特别地，本书以二维码的形式引入"思政拓展"和"科普之窗"模块，讲述科学泰斗和大国工匠的感人故事，再现科技发展的伟大成就，培养爱国、创新、求实和奉献精神，树立科技自立自强意识，助力培养德才兼备的高层次领军人才。

本书适合于高等院校工科专业研究生或高年级本科生与振动相关的课程使用，也可供工程领域从事产品研发和结构设计的技术人员参考。

图书在版编目（CIP）数据

工程振动分析与控制基础/吴成军编著. —2版. —北京：机械工业出版社，2024.3 (2025.7重印)
"十三五"国家重点出版物出版规划项目　现代机械工程系列精品教材
ISBN 978-7-111-74922-6

Ⅰ.①工… Ⅱ.①吴… Ⅲ.①工程力学-振动分析-高等学校-教材②工程力学-振动控制-高等学校-教材　Ⅳ.①TB123

中国国家版本馆CIP数据核字（2024）第029958号

机械工业出版社（北京市百万庄大街22号　邮政编码100037）
策划编辑：王勇哲　　　　　　责任编辑：王勇哲
责任校对：贾海霞　陈立辉　　封面设计：张　静
责任印制：单爱军
中煤（北京）印务有限公司印刷
2025年7月第2版第2次印刷
184mm×260mm・15印张・367千字
标准书号：ISBN 978-7-111-74922-6
定价：49.80元

电话服务　　　　　　　　　网络服务
客服电话：010-88361066　　机 工 官 网：www.cmpbook.com
　　　　　010-88379833　　机 工 官 博：weibo.com/cmp1952
　　　　　010-68326294　　金 　书 　网：www.golden-book.com
封底无防伪标均为盗版　　　机工教育服务网：www.cmpedu.com

前言

振动作为自然界最普遍的物理现象之一，是结构动力学领域一门传统而又重要的学科，与人类的生产活动息息相关。随着科技的发展和时代的进步，这门学科又焕发出前所未有的勃勃生机。在工程领域，随着现代装备和产品向着精密、高速、高效和轻量化方向的不断发展，越来越多复杂且棘手的振动问题需要人们加以解决，由此带来了新技术、新方法和新材料研究的热潮。了解和掌握振动的基本理论，合理有效地控制振动乃至利用振动，既是工程领域从事产品研发和结构设计的技术人员必须掌握的专业技能，同时也是即将步入社会、从事上述相关工作的高等院校工科专业本科和研究生需要积淀的基本认知能力。

《工程振动与控制》一书是编著者第一部将实用的振动分析方法与控制技术有机结合的研究生教材，自 2008 年出版以来受到了学生们和读者的认可。在该书出版后的 10 年时间里，振动工程领域发生了日新月异的变化，该书中的很多内容显得陈旧、落后，不能适应飞速发展的社会需求。为此，在继续保持原书"淡化枯燥理论、突出工程实用"特色的基础上，重新编著一部更能适应新形势发展的研究生教材已成为必然。

本书是编著者在总结 20 年研究生振动课的教学经验以及科研成果的基础上，通过对《工程振动与控制》一书大幅修改、完善与补充，并参考近年来 200 余篇国内外研究文献而重新编写完成的，秉承了简明精练、深入浅出、内容丰富、实用性强的特点。全书共 11 章，包括绪论和上、下两篇。其中上篇主要介绍实用而有效的工程振动分析方法，包括机械阻抗法、频响函数法、模态分析法、传递矩阵法和有限元法这五种方法；下篇主要介绍目前在工程振动控制领域中使用的主流振动控制技术，包括隔振技术、动力吸振技术、黏弹阻尼技术、颗粒阻尼技术和振动主动控制技术这五种技术。本书的新颖之处在于针对每种振动控制技术，配置了"应用与研究进展"一节，力求将近年来航天、航空、海洋、机械、车辆以及桥梁与建筑工程等领域中涌现出来的新技术、新概念、新装置和新材料引入到书中，同时配以大量实例。

编著者在本书第 2 版的修订中以二维码的形式引入"思政拓展"和"科普之窗"模块，讲述科学泰斗和大国工匠的感人故事，再现科技发展的伟大成就，培养爱国、创新、求实和奉献精神，树立科技自立自强意识，助力培养德才兼备的高层次领军人才。

本书涵盖的内容可供 32~54 学时的高等院校工科专业研究生或高年级本科生的相关课程使用，也可供相关的教师与工程技术人员参考。

衷心感谢西安交通大学研究生院研究生精品课程建设项目的宝贵资助！

限于编著者的水平，书中难免存在疏漏错误之处，恳请读者批评指正。

编著者

于西安交通大学

目录

前言

第1章 绪论 1
1.1 振动的基本概念 1
1.2 工程中的振动问题 2
1.3 振动分析方法 7
1.4 振动控制方法 8

上篇 工程振动分析方法

第2章 机械阻抗法 10
2.1 引言 10
2.2 机械阻抗的定义 11
2.3 基本元件的机械阻抗 12
2.4 系统的机械阻抗 13
2.5 系统的稳态响应 14

第3章 频响函数法 18
3.1 引言 18
3.2 单自由度系统的频响函数分析 18
    3.2.1 黏性阻尼情形 18
    3.2.2 结构阻尼情形 21
3.3 多自由度系统的频响函数分析 23
    3.3.1 约束系统 24
    3.3.2 自由系统 25
3.4 多自由度系统的稳态响应 26

第4章 模态分析法 28
4.1 引言 28
4.2 多自由度系统的实模态分析 28
    4.2.1 无阻尼情形 28
    4.2.2 经典阻尼情形 30
    4.2.3 实模态频响函数矩阵 31
4.3 多自由度系统的复模态分析 35
4.4 一维弹性体的模态分析 37
    4.4.1 纵向振动杆的模态分析 37
    4.4.2 横向振动梁的模态分析 41
4.5 动态特征灵敏度分析 44
    4.5.1 一阶特征值灵敏度 45
    4.5.2 一阶特征向量灵敏度 45
4.6 试验模态分析 47
    4.6.1 分类 47
    4.6.2 技术流程 49
    4.6.3 工程应用 51

第5章 传递矩阵法 63
5.1 引言 63
5.2 状态向量 63
5.3 基本单元的传递矩阵 64
5.4 系统的固有振动分析 68
    5.4.1 系统的传递矩阵方程 68
    5.4.2 离散系统的固有振动分析 68
    5.4.3 扭转振动轴系的固有振动分析 70
    5.4.4 弯曲振动梁的固有振动分析 71
5.5 系统的稳态响应 72

第6章 有限元法 75
6.1 引言 75
6.2 假设模态法 75
6.3 一维弹性体振动的有限元分析 77
    6.3.1 网格划分 77
    6.3.2 杆单元的质量阵和刚度阵 78
    6.3.3 梁单元的质量阵和刚度阵 79
    6.3.4 单元集成与稳态响应求解 80
6.4 常用有限元分析软件 94

下篇　工程振动控制技术

第 7 章　隔振技术 …………………… 100
7.1　引言 …………………………… 100
7.2　隔振原理 ……………………… 100
　7.2.1　积极隔振 ……………… 100
　7.2.2　消极隔振 ……………… 101
7.3　隔振特性 ……………………… 102
7.4　基础阻抗对隔振效果的影响 … 103
7.5　隔振器 ………………………… 106
　7.5.1　钢弹簧隔振器 ………… 106
　7.5.2　橡胶隔振器 …………… 107
　7.5.3　橡胶空气弹簧 ………… 107
　7.5.4　钢丝绳隔振器 ………… 109
　7.5.5　金属橡胶隔振器 ……… 109
7.6　隔振系统 ……………………… 111
　7.6.1　单级隔振系统 ………… 111
　7.6.2　双级隔振系统 ………… 111
　7.6.3　浮筏隔振系统 ………… 113
7.7　应用与研究进展 ……………… 114
　7.7.1　航天器隔振 …………… 114
　7.7.2　舰船隔振 ……………… 120
7.8　工程应用实例 ………………… 121
　7.8.1　纳米光刻机平台超低频隔振 … 121
　7.8.2　光学遥感卫星微振动隔离 … 123
　7.8.3　机载光电吊舱隔振 …… 124
　7.8.4　海洋平台隔振 ………… 125

第 8 章　动力吸振技术 ……………… 127
8.1　引言 …………………………… 127
8.2　无阻尼动力吸振器 …………… 128
　8.2.1　基本原理 ……………… 128
　8.2.2　设计要点 ……………… 128
8.3　有阻尼动力吸振器 …………… 129
　8.3.1　基本原理 ……………… 129
　8.3.2　设计要点 ……………… 130
8.4　应用与研究进展 ……………… 131
　8.4.1　被动式动力吸振技术 … 131
　8.4.2　主动式动力吸振技术 … 134
8.5　工程应用实例 ………………… 137
　8.5.1　多跨转子轴系临界振动控制 … 137
　8.5.2　轻型客车动力总成振动控制 … 139
　8.5.3　卫星飞轮振动控制 …… 139
　8.5.4　硬岩掘进机推进系统振动控制 … 141

第 9 章　黏弹阻尼技术 ……………… 144
9.1　引言 …………………………… 144
9.2　材料的阻尼耗能机理 ………… 145
9.3　黏弹材料 ……………………… 146
　9.3.1　概述 …………………… 146
　9.3.2　使用方法 ……………… 146
　9.3.3　附加阻尼结构/阻尼器 … 146
9.4　应用与研究进展 ……………… 149
　9.4.1　直升机旋翼摆振阻尼器 … 149
　9.4.2　车辆与飞机的阻尼减振 … 151
　9.4.3　主动约束层阻尼技术 … 157
　9.4.4　阻尼合金 ……………… 158
9.5　工程应用实例 ………………… 162
　9.5.1　16m 立式车床的振动控制 … 162
　9.5.2　飞机发动机叶片的振动控制 … 162
　9.5.3　机床床身摇摆振动控制 … 163

第 10 章　颗粒阻尼技术 ……………… 165
10.1　引言 ………………………… 165
10.2　冲击阻尼技术 ……………… 165
10.3　颗粒阻尼技术 ……………… 167
　10.3.1　概述 ………………… 167
　10.3.2　颗粒阻尼器 ………… 167
　10.3.3　非阻塞性颗粒阻尼技术 … 168
　10.3.4　颗粒阻尼减振机理与特性 … 169
10.4　应用与研究进展 …………… 170
　10.4.1　航天工程领域 ……… 170
　10.4.2　其他工程领域 ……… 174
　10.4.3　理论分析方法 ……… 176
10.5　工程应用实例 ……………… 181
　10.5.1　全自动捆钞机的振动控制 … 181
　10.5.2　卫星低温结构冷级面板的振动控制 … 183
　10.5.3　船用压缩机组机架振动控制 … 184

第 11 章　振动主动控制技术 ………… 189
11.1　引言 ………………………… 189
11.2　基本概念与技术原理 ……… 189
11.3　应用与研究进展 …………… 190
　11.3.1　主动振动控制 ……… 190
　11.3.2　半主动振动控制 …… 193

11.4 机敏材料 …………………………… 195
   11.4.1 压电材料 ……………………… 195
   11.4.2 磁致伸缩材料 ………………… 198
   11.4.3 形状记忆合金 ………………… 200
   11.4.4 电流变流体 …………………… 203
   11.4.5 磁流变流体 …………………… 204
   11.4.6 磁流变弹性体 ………………… 206
11.5 工程应用实例 ………………………… 208
   11.5.1 快走丝线切割机电极丝的振动主动控制 …………………… 208
   11.5.2 滚筒洗衣机的半主动振动控制 ………………………… 209
   11.5.3 铣床托盘式夹具系统的振动主动控制 …………………… 212
   11.5.4 基于视觉反馈的光学 P&T 转台的超低频振动主动控制 …… 213
   11.5.5 齿轮箱的振动主动控制 ……… 215
   11.5.6 卫星激光通信望远镜机敏复合平台设计 …………………… 217

参考文献 ………………………………… 220

第1章

绪论

1.1 振动的基本概念[1-4]

振动一词来源于拉丁语"Vibrationem",意为"颤动"(Shaking)和"舞动"(Brandishing),是描述某一运动的物理量在平衡位置附近做反复振荡的物理现象,是自然界最普遍的现象之一。大至宇宙,小至原子粒子,无不存在着振动。在工程领域,随着现代装备和产品向着精密、高速、高效和轻量化方向的发展,振动问题更显得突出,已成为影响结构动态性能的关键指标之一,越来越受到学术界和工程界的高度关注。作为结构动力学领域的一个重要分支,振动已发展成为一门独立的学科,而且随着新技术、新材料的不断涌现,该学科势必将得到蓬勃发展,在国民经济各领域中发挥越来越大的作用。

中国共产党人精神谱系
科学家精神

一般地,振动可按以下几种方法分类。

1. 按照振动产生原因分类

按照振动产生的原因,振动主要分为自由振动和强迫振动两大类,其中自由振动是系统受初始干扰或原有外部激励撤销后产生的振动;而强迫振动(又称受迫振动)则是系统在持续的外部激励作用下产生的振动。

此外,还有一种振动也可归结为这一类,即自激振动,它是一种由系统本身产生的激励所维持的非线性周期振动。维持自激振动的交变力是由系统本身的运动产生的,运动一旦停止,交变力随之消失,自激振动也随即停止。和强迫振动一样,它也是工程中最常见的一种振动,但其产生的机理却复杂得多。常见的自激振动有切削工件时引起的切削颤振,飞机机翼由于气流引起的颤振,高压输电线路导线的舞动等。

2. 按照系统自由度分类

按照系统的自由度(完全描述系统的一切部位在任何瞬时的位置所需要的独立坐标个数),振动可以分为单自由度系统振动、多自由度系统振动和连续体振动。其中,单自由度系统振动是指仅用一个独立坐标就能确定的系统的振动,多自由度系统振动是指需要多个独立坐标才能确定的系统的振动,这两者常用常微分方程或方程组来描述;而连续体振动是指无限多自由度系统的振动,一般也称弹性体振动,需用偏微分方程或偏微分方程组来描述。

3. 按照振动规律分类

按照振动规律,振动可以分为周期振动、瞬态振动和随机振动,其中周期振动是指振动量可以表示为时间的周期函数的一大类振动,最简单的一类周期振动是简谐振动,其振动量为时间的正弦或余弦函数。瞬态振动是指振动量只在一定时间内存在的振动;而随机振动是指振动量为时间的非确定性函数的一大类振动。

4. 按照系统的参数特性分类

按照系统的参数特性，振动可以分为**线性振动**和**非线性振动**。线性振动是系统的弹性力、阻尼力和惯性力分别与振动位移、速度和加速度呈线性关系的一类振动，可用线性微分方程或方程组来描述；非线性振动则是系统的上述参数有一组以上不呈线性关系时的振动，此时微分方程中将出现非线性项。

思政拓展：长五遥二火箭失利后的 908 天

2017年7月2日19时23分，海南文昌航天发射基地实施长征五号遥二火箭飞行任务，346秒火箭飞行出现异常，发射任务失利。原因在于芯一级液氢液氧发动机一分机涡轮排气装置在复杂力热环境下局部结构发生异常，发动机推力瞬时大幅下降，从而导致发射失利。

我们的征途
中国探月工程

1.2 工程中的振动问题

工程领域中的振动问题，主要以机械振动（所描述的物理量为机械量或力学量）为主。对于机械装备或工程结构来说，振动问题在大多数情况下是有害的，必须加以抑制或控制。振动问题涉及的工程领域非常多，本节将主要针对如下领域进行概述。

1. 航天工程领域

空间开发及探测活动中运载火箭发射所承受的力学环境极为复杂，其中高空气流是主要的外界激励源之一。风切变［风矢量（如风向、风速等）在空中水平和（或）垂直距离上变化的一种大气现象］作用极易引发箭体附件共振，导致发射失败。最具代表性的例子是"长征二号E"运载火箭发射"亚太二号"通信卫星失败[5-6]，如图1-1所示。1995年1月26日，"长征二号E"火箭在西昌卫星发射中心发射美国休斯空间通信国际公司研制的"亚太二号"通信卫星，在火箭正常飞行到约50s时发生爆炸，造成星箭全部损失。故障原因一是在冬季高空切变风条件下，卫星和上面级与运载火箭的特殊连接方式出现谐振（即共振），造成卫星局部结构破坏；二是在冬季高空切变风条件下，运载火箭整流罩的局部结构破坏。

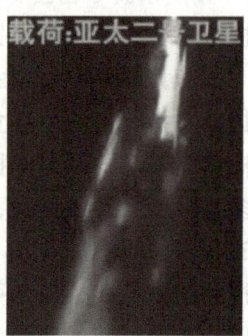

图1-1 "亚太二号"通信卫星发射失败视频截图[6]

此外，在航天器（如卫星、空间站、返回舱等）随火箭发射升空以及返回阶段，也要经历极为恶劣的声振以及冲击载荷作用。而且在轨运行阶段，航天器上的动量轮、控制力矩陀螺、低温制冷压缩机、太阳帆板驱动机构和调姿陀螺等的正常工作往往容易引发航天器结构产生宽频微振动，直接影响所携带的科学试验或观测仪器的工作性能，特别是对光学敏感设备的成像质量造成影响。

2. 航空工程领域

飞机在高空高速飞行的过程中，受气流影响极易引发机翼颤振，直接威胁飞机的安全，为此早在20世纪60年代美国就投入巨资对该问题进行了研究并取得了显著的成效。另外，目前影响飞机乘坐舒适性的舱内噪声也主要来自湍流边界层引发的机身侧向蒙皮（壁板）的振动。

直升机在地面运行与空中飞行过程中，在气流以及旋翼、尾桨等高速旋转部件的共同作用下，机体往往产生严重的振动问题，甚至引发灾难性的机毁人亡。防止直升机产生"地面共振"和"空中共振"，即旋翼-机体耦合自激振动，一直是直升机设计极为重要的关键环节之一。2012年2月23日，巴西北部帕拉州的一架救援直升机在降落过程中发生"地面共振"，驾驶舱损毁，如图1-2所示。

图1-2 巴西救援直升机共振损毁视频截图[7]

此外，机载光电吊舱作为航空侦察的主要装备，是一种利用光电载荷对地面目标进行搜索、识别、定位与跟踪的航空探测监视系统，以获得高质量的图像。但载机的振动往往导致光电吊舱抖动，影响成像质量。

3. 船舶与海洋工程领域

重型燃气轮机组作为现代船舶的重要动力系统组件，在运转过程中往往产生强烈的振动，不仅影响其自身的使用寿命以及船舶上其他设备的正常工作，对于军用舰船来说还直接影响其隐身性能，威胁自身安全以及影响战斗力。

海洋工程领域中的离岸设备（如海洋平台）是海洋石油天然气资源开发的基础性设施，是海上生产作业的重要基地，长期处于恶劣的海洋环境中，受风、浪、流、海冰、地震等自然环境作用，在使用过程中也存在明显持续不断的振动问题，影响平台的正常工作。

4. 机械工程领域

金属切削机床在加工工件的过程中，刀具与工件之间往往产生周期性往复振动，不仅破坏工件与刀具之间的正常运动轨迹，影响工件的表面质量，还容易缩短刀具乃至机床的使用寿命。此外机床床身的低频摇摆振动也一直是机床设计与制造领域急需解决的关键问题。

齿轮箱是机械工程领域广泛应用的重要传动部件，其内部的齿轮副在啮合过程中，由于齿形误差、装配误差以及弹性变形等影响，往往引发啮合冲击而产生振动，容易引起齿轮副产生疲劳裂纹（见图 1-3）而失效，甚至引发事故，直接威胁齿轮箱的正常工作。

超精密测试或加工设备（如 P&T 转台、纳米光刻机等）由于精度要求极为苛刻，即使超低频微振动环境，也极易影响到其工作性能。

此外，许多大型旋转机械（如压缩机组、发电机组等）在运行过程中，在启、停车阶段无法避免地必须经过临界转速，由于转子不平衡往往会引发强烈的共振，严重影响机组的稳定运行，甚至引发灾难性事故。图 1-4 所示为某航空发动机停车后不久再起动，发生转子热弯曲，热弯曲转子在通过临界转速时，产生的剧烈振动导致压气机叶片偏磨、轴承烧伤并"抱轴"，造成了发动机的严重损坏。

图 1-3　齿轮的疲劳裂纹[8]

图 1-4　某航空发动机轴承烧伤（源自网络）

近年来，随着我国道路与城市建设的飞速发展，作为隧道掘进的重大装备，硬岩掘进机在掘进作业时，滚刀破岩产生的强冲击激励会引起推进系统的剧烈振动。这样不仅严重影响工作效率，而且极易诱发关键构件的损伤以及过早失效，甚至发生断裂等危害，影响使用寿命。

机器人技术已经成为当今科技发展的重要方向之一。从最初的简单机械臂到现今的智能机器人，特别是随着新型传动与驱动机构及智能材料的出现，柔性化、软性化、微型化和控制智能化已成必然，对于其中所涉及的复杂动力学问题（如刚柔耦合振动、末端异常抖动等）的研究不可或缺，也已成为衡量机器人终极产品性能的重要科学依据。

5. 车辆工程领域

由发动机、变速器及其附件组成的汽车动力总成，是汽车的动力源和动力传输机构，也是汽车最主要的振动和噪声源。此外，路面的随机激励也极易通过轮胎和悬架系统引发车体产生振动并诱发辐射噪声，如图 1-5 所示。关于汽车振动、噪声以及声振粗糙度的 NVH（Noise, Vibration and Harshness）技术是当前国内外汽车行业最为重视的关键技术问题之一，已占到整车研发费用的近 20%。

轨道车辆（普通列车、高速动车组列车、地铁列车、轻型单轨列车等）在运行过程中，由于轮轨之间复杂的相互作用而导致的轮轨振动以及通过悬架系统传向车体引发的车体振动，直接影响乘坐舒适性和安全运行。

目前，我国的高速铁路正处在蓬勃发展期，随着高速列车运行速度的不断提高，人们在享受其所带来的快速和便捷的同时，对其行驶安全性和乘坐舒适性更为关注。与普通低速列车相比，高速列车轮轨动力作用更为剧烈，

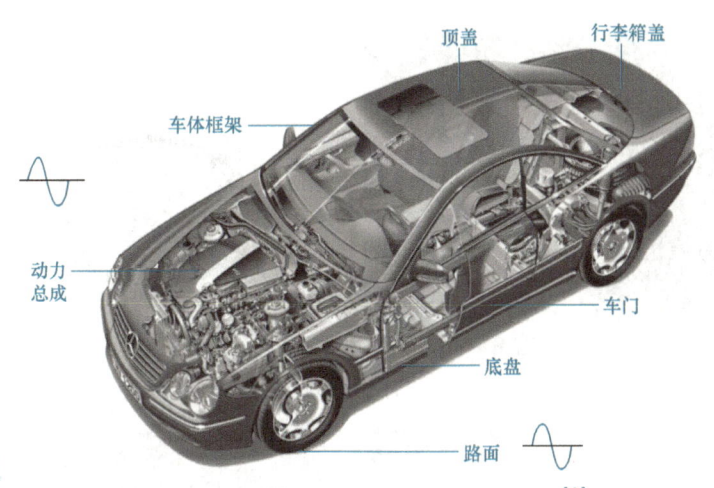

图 1-5 汽车主要的振源以及车体易振部件[9]

所处的动态环境更为恶劣，这就要求车辆系统具有更高的运行稳定性、安全性和良好的减振性能。

6. 桥梁与建筑工程领域

振动对于桥梁和建筑的危害极大，其中最著名的例子是 1940 年 11 月美国华盛顿州塔科马海峡吊桥因大风产生的风切变和湍流的影响而引发共振坍塌，如图 1-6 所示。当今，高层建筑和斜拉索桥梁得到了广泛应用，但它们极易受到风载荷和地震载荷的影响而引发振动问题。如何有效地抵抗风致振动和地震的冲击破坏，一直是工程设计师必须着重考虑的重要技术环节之一。

a) 坍塌前　　　　　　　　　　　　b) 坍塌后

图 1-6 美国华盛顿州塔科马海峡吊桥共振坍塌[10]

7. 电力工程领域

电力工程领域的振动问题也普遍存在，其中最具代表性的就是输电线路导线的舞动。舞动是冬季，特别是高纬度地区常见的一种典型的自激振动现象，即带有不均匀覆冰的导线在横向风力作用下产生低频、大幅度垂向振动（见图 1-7），是长期影响电网输电线路安全度冬的重要因素。不仅可以引起电网短路跳闸，还会导致杆塔螺栓松动以及绝缘子等附件损坏，甚至发生导线断股、断线，塔基受损乃至倒塔等安全事故，对电网的正常运行威胁极大。

a) 导线非均匀覆冰

b) 某高压输电线路导线舞动现场的视频截图：未舞动(左图)发生舞动(右图)

图 1-7 输电线路导线舞动（源自网络）

除了上述工程领域，其他工程领域的振动问题也普遍存在，这里不再一一赘述。上述工程中的振动问题主要体现为振动的危害，然而振动也有其积极的一面，例如利用振动原理工作的振动夯实和振动筛选设备以及振动电动机（如广泛应用在光学相机镜头中的超声电动机）等，另外还可以利用振动信号进行设备故障和医疗疾病的诊断、无损检测与超声探伤、振动加工、振动时效处理以及振动能量俘获等，图 1-8 给出了工程领域中利用振动的经典例子。

a) 振动摊铺机 　　　　　　　　　　b) 振动筛

图 1-8 振动的利用（源自网络）

c) 超声电动机 　　　　　　　　　　d) 无损检测

e) 振动时效处理 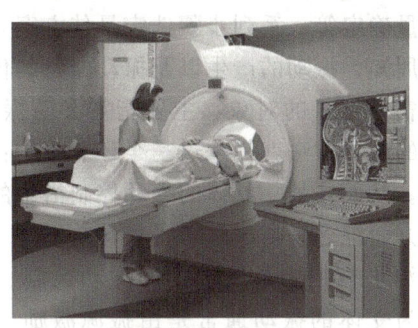　　　　　　　　　f) 核磁共振医学诊断

图1-8　振动的利用（源自网络）（续）

本书主要围绕工程中绝大多数的振动危害问题介绍相关的振动控制技术，而关于振动的利用问题，读者可自行参阅相关资料进行学习。

1.3　振动分析方法

随着国民经济的迅猛发展，工程中的振动问题越来越突出。传统的经验设计、类比设计以及静态设计方法已不能满足工程要求。为了更好地了解工程振动产生的机理，掌握工程结构的振动特性，预测结构的振动响应，辨识结构的物理或模态参数以及载荷激励，以便能够有的放矢地采取合适的振动控制方法进行工程振动的抑制，同时借助于计算机数字化设计技术对工程结构进行动力修改或低振动优化设计，进行工程结构的振动分析非常必要而且具有重要的意义，也是振动控制、可靠性设计、故障诊断乃至振动能量回收等诸多研究的基础。

作为结构动力学的重要分支之一，振动分析同样涉及三大动力学研究内容：①已知激励和系统求响应，属于响应预估的范畴，为第一类动力学问题，也称动力学正问题；②已知激励和响应求系统，属于系统辨识的范畴，为第二类动力学问题，也称第一类动力学逆问题；③已知系统和响应求激励，属于载荷识别的范畴，为第三类动力学问题，也称第二类动力学逆问题。

经典的振动分析方法主要以牛顿第二定律或达朗贝尔原理为代表的牛顿矢量力学体系以及以拉格朗日方程为代表的分析力学体系为主，现有的绝大多数振动相关书籍均是基于这两类力学体系进行振动分析的。而工程上还有一些基于学科交叉而衍生出来的、简单有效的实用方法，也可以快速地进行结构的振动分析，如机械阻抗法、频响函数法以及传递矩阵法等。本书将对这些方法予以介绍，作为补充也对基于上述力学体系的模态分析法和有限元法进行介绍。

限于篇幅，本书主要对于了解和掌握振动控制技术具有重要指导作用的第一类动力学问题进行振动分析，主要以线性系统的稳态响应（谐响应）求解为目标进行上述方法的介绍。

1.4 振动控制方法

如前所述，工程中的振动问题在大多数情况下是有害的，因此有效地控制振动就显得非常必要和迫切。一般来说，振动控制的基本流程首先从振源特性调查入手，通过传输路径分析、减振量确定等一系列步骤选定最佳方案并付诸实施，最后对振动控制效果进行评价。

众所周知，振动的产生以及振动能量的传输过程中有三个基本环节，即**振源**、**传输路径**和**受体**（需要保护的对象，主要指需要防振的设备，当然有时也指人员），如图1-9所示。振动控制的基本方法就是从这三个环节入手：对振源进行控制、在传输路径上控制和对受体进行防护。然而，某一具体的振动控制措施的制定，要求从振动控制指标、经济效益、技术可行性诸方面综合平衡，以求得最佳效果。

对振源进行控制是最根本的振动控制方法，因为受体的振动通常是由振源激励而引起的，外部激励的消除或减弱，受体的振动自然也消除或减弱。本书介绍的动力吸振技术、黏弹阻尼技术、颗粒阻尼技术等均属于这一范畴。

图 1-9 振动产生与传播的基本环节

在传输路径上控制即振动隔离是最为有效而常用的振动控制方法，振动能量在结构内的传播具有明显的波传递特征，对其进行阻隔是防止振动能量传递到受体的最为有效的方式。工程中往往通过在振源和受体之间置入一种通常称为隔振器的弹性装置，依靠该装置的变形来削弱振源对受体的影响，从而实现控制振动的目的，本书介绍的隔振技术就属于这类方法。

当然，当上述两种方法均不能有效地抑制振动对受体的影响时，对受体本身进行防护就显得非常必要，这时所采用的控制技术与振源控制所采用的技术是一样的。

为了方便读者了解和掌握本书的知识点，本书的内容共分为上、下两篇，其中上篇主要介绍工程振动分析方法，包括机械阻抗法、频响函数法、模态分析法、传递矩阵法以及有限元法这五种方法；而下篇主要介绍目前工程振动控制领域主流的振动控制技术，包括隔振技术、动力吸振技术、黏弹阻尼技术、颗粒阻尼技术以及振动主动控制技术这五种技术，同时每种技术介绍了当前的应用与研究进展以及工程应用实例。

上 篇

工程振动分析方法

第2章

机械阻抗法

2.1 引 言

任何线性机械系统，在确定的激励力（输入）作用下，就会有确定的响应（输出），这说明输入、系统和输出三者之间存在确定的函数关系，这一点与电路系统存在相似性。对于由阻尼、惯性和弹性元件组成的机械系统来说，在振源的作用下将会产生机械振动；而由电阻、电感和电容组成的电路系统，在交流电源的作用下将会产生电磁振荡。在一定的条件下，这两个物理过程都可以用相似形式的微分方程来描述（见表 2-1）。数学形式的相似，反映了物理本质上的相似规律。利用这一点，进行机-电模拟，为机械系统的分析带来了很大的方便。在这一背景下，**机械阻抗法**（Mechanical Impedance Method）就应运而生。由于机械阻抗是描述系统输入和输出之间关系的一个重要的物理量，只与系统本身的特性参数有关，因此知道了系统的机械阻抗和激励力就可以通过简单的代数运算得到系统的响应，而不需要求解系统的运动微分方程，这就是机械阻抗法的基本思想。

表 2-1 机械系统与电路系统的对应关系[11]

机械系统		电路系统	
直线振动	扭转振动	串联电路	并联电路
$F=F_A\sin\omega t$，m，c，k	$T_M=T_{MA}\sin\omega t$，I，c_t，k_t	L，C，R，$U=U_m\sin\omega t$	L，R，C，U，$I=I_m\sin\omega t$
运动方程：$m\ddot{x}+c\dot{x}+kx=F_A\sin\omega t$	运动方程：$I\ddot{\theta}+c_t\dot{\theta}+k_t\theta=T_{MA}\sin\omega t$	电路方程：$L\dfrac{dI}{dt}+RI+\dfrac{1}{C}\int I dt = U_m\sin\omega t$	电路方程：$C\dfrac{dU}{dt}+\dfrac{1}{R}U+\dfrac{1}{L}\int U dt = I_m\sin\omega t$
质量 m	转动惯量 I	电感 L	电容 C
刚度 k	抗扭刚度 k_t	电容的倒数 $1/C$	电感的倒数 $1/L$
柔度 $1/k$	扭转柔度 $1/k_t$	电容 C	电感 L
黏性阻尼系数 c	黏性阻尼系数 c_t	电阻 R	电阻的倒数 $1/R$
力 F	扭矩 T_M	电压 U	电流 I

(续)

机械系统		电路系统	
直线振动	扭转振动	串联电路	并联电路
位移 x	角位移 θ	电荷 $q = \int I dt$	$\int U dt$
速度 $\dot{x}$	角速度 $\dot{\theta}$	电流 I	电压 U
加速度 $\ddot{x}$	角加速度 $\ddot{\theta}$	dI/dt	dU/dt
动能 $\frac{1}{2}m\dot{x}^2$	动能 $\frac{1}{2}I\dot{\theta}^2$	电感能量 $\frac{1}{2}LI^2$	电容能量 $\frac{1}{2}CU^2$
势能 $\frac{1}{2}kx^2$	势能 $\frac{1}{2}k_t\theta^2$	电容能量 $\frac{1}{2}CU^2$	电感能量 $\frac{1}{2}LI^2$

早在 20 世纪 30 年代就有人根据机-电模拟原理由电阻抗方法得到了机械阻抗方法，但由于机械系统的复杂性，它只是一种纯理论方法，并没有多大实用价值。直到 20 世纪 60 年代，由于电测技术的进展，这种方法才得到飞速发展。它最初用于尖端武器运载工具的研制并取得很大成功，目前已在各个工业部门得到广泛应用并逐步发展成为一种常规的进行机械结构动态分析的方法，本章将对该方法做介绍。

2.2 机械阻抗的定义

机械阻抗（Mechanical Impedance）是振动理论中线性定常系统的频域动态特性参量，其经典定义为简谐激励力（输入）与简谐运动响应（输出）两者的复数形式之比，其倒数称为**机械导纳**（Mechanical Mobility），又称频响函数。下面分别针对不同的离散系统（单自由度或多自由度系统）予以介绍。

1. 单自由度系统

1) **位移阻抗**：$Z_d = \dfrac{F(t)}{x(t)}$；**位移导纳**：$M_d = \dfrac{1}{Z_d}$。

2) **速度阻抗**：$Z_v = \dfrac{F(t)}{\dot{x}(t)} = \dfrac{F(t)}{j\omega x(t)} = \dfrac{1}{j\omega} Z_d$；**速度导纳**：$M_v = \dfrac{1}{Z_v}$。

3) **加速度阻抗**：$Z_a = \dfrac{F(t)}{\ddot{x}(t)} = \dfrac{F(t)}{-\omega^2 x(t)} = \dfrac{1}{-\omega^2} Z_d$；**加速度导纳**：$M_a = \dfrac{1}{Z_a}$。

工程上通常将位移阻抗和位移导纳分别称作**动刚度**和**动柔度**，将速度阻抗和速度导纳分别称作**阻抗**和**导纳**，而将加速度阻抗和加速度导纳分别称作**动态质量**和**机械惯性**。

机械阻抗和机械导纳虽有 6 种之多，但由于阻抗和导纳的倒数关系，以及位移、速度和加速度之间的关系，因此只要知道其中任意一种，就可以推出另外 5 种。

2. 多自由度系统

由于多自由度系统的输入和输出可能不在同一点或同一方向，会出现以下情况：

（1）单点激振、多点测振

1) **原点阻抗**：$Z_{ii} = \dfrac{F_i}{x_i}$；**原点导纳**：$M_{ii} = \dfrac{x_i}{F_i}$。

2) 跨点阻抗：$Z_{ji} = \dfrac{F_i}{x_j}$；跨点导纳：$M_{ji} = \dfrac{x_j}{F_i}$。

对于线性定常系统来说，阻抗和导纳满足麦克斯韦尔互易定理：

$$Z_{ji} = \dfrac{F_i}{x_j} = \dfrac{F_j}{x_i} = Z_{ij}，同理 M_{ji} = M_{ij}。$$

（2）单方向激振、不同方向测振

1) 直接阻抗：$Z_{xx} = \dfrac{F_x}{x}$；直接导纳：$M_{xx} = \dfrac{x}{F_x}$。

2) 交叉阻抗：$Z_{yx} = \dfrac{F_x}{y}$；交叉导纳：$M_{yx} = \dfrac{y}{F_x}$。

（3）多点激振、多点测振

1) 位移阻抗阵：$\mathbf{Z}_d = \mathbf{F}\mathbf{x}^{-1}$。

其中 $\mathbf{Z}_d$ 的元素 Z_{ji} 定义为 i 点施加的激励力 F_i 与 j 点位移 x_j（其余各点位移均为零）之比。由于阻抗矩阵的元素要求除一点有响应外，其余各点响应为零，这实际在测量上很难做到，因此常用位移导纳阵来解决。

2) 位移导纳阵：$\mathbf{M}_d = \mathbf{x}\mathbf{F}^{-1}$。

其中 $\mathbf{M}_d$ 的元素 M_{ji} 定义为 j 点位移 x_j 与仅在 i 点施加的激励力 F_i（其余各点不加力）之比，这在实际测量中很容易做到，因此导纳的概念常用于实际工程中。

2.3 基本元件的机械阻抗

机械系统的基本元件主要有三种，即质量元件（无阻尼、无弹性）、弹簧元件（无质量、无阻尼）、黏性阻尼器元件（无质量、无弹性），它们的机械阻抗和机械导纳可以很容易推导得到，详见表 2-2 所列。为了更好地呈现机-电系统的相似关系，表 2-3 给出了机械元件阻抗（速度阻抗）与电学元件阻抗的对应关系。

表 2-2 三种基本元件的机械阻抗和机械导纳[11]

基本元件		弹簧元件	黏性阻尼器元件	质量元件
位移	阻抗	k	$j\omega c$	$-m\omega^2$
	导纳	$\dfrac{1}{k}$	$\dfrac{1}{j\omega c}$	$-\dfrac{1}{m\omega^2}$
速度	阻抗	$\dfrac{k}{j\omega}$	c	$jm\omega$
	导纳	$\dfrac{j\omega}{k}$	$\dfrac{1}{c}$	$\dfrac{1}{jm\omega}$
加速度	阻抗	$-\dfrac{k}{\omega^2}$	$\dfrac{c}{j\omega}$	m
	导纳	$-\dfrac{\omega^2}{k}$	$\dfrac{j\omega}{c}$	$\dfrac{1}{m}$

由表 2-2 可以看出，弹簧元件的位移阻抗就是其本身的弹性系数，黏性阻尼器元件的速度阻抗就是其本身的阻尼系数，而质量元件的加速度阻抗就是其本身的质量。

表 2-3　机械元件阻抗和电学元件阻抗的对应关系[11]

机械元件 $\dfrac{F}{\dot{x}}$	电学元件 $\dfrac{U}{I}$
黏性阻尼器元件 c	电阻 R
质量元件 $jm\omega$	电感（感抗）$j\omega L$
弹簧元件 $\dfrac{k}{j\omega}$	电容（容抗）$\dfrac{1}{j\omega C}$

2.4　系统的机械阻抗

1. 机械网络图

为了便于分析和计算系统的机械阻抗，需要把机械系统动力学模型转化为由各基本元件串联或并联组成的**机械网络图**，其绘制原则如下：

1）激励源用箭头符号"→"表示，箭头端与激励端相连。

2）质量元件一端必须接"地"，并加一接地符号"⊥"，另一端则与其他元件保持原有的物理连接方式。

3）弹簧元件或黏性阻尼器元件若一端与固定端相连，则该端需要接"地"；若不与固定端相连，则仍保持原有的连接方式。

图 2-1 给出了按照以上原则画出的机械网络图的实例。

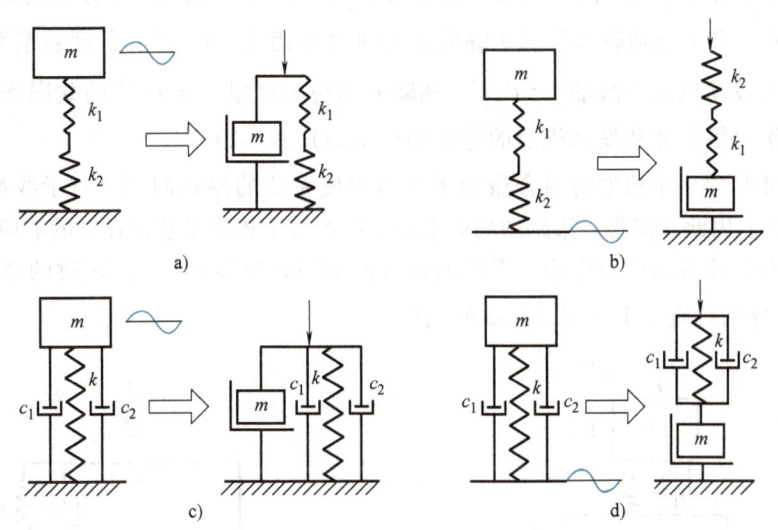

图 2-1　振动系统机械网络图实例[11]

2. 系统机械阻抗的计算

对于任意给定的机械系统，首先应画出它们各自的机械网络图，再从网络图上观察各基本元件之间的连接方式，判断系统是并联系统还是串联系统，然后再按照以下方法计算系统的机械阻抗，这一点非常重要。

值得说明的是，系统的机械阻抗就是指系统在激励点处的机械阻抗。

（1）并联系统　对于并联系统，由于在激励点处各元件具有相同的振动响应，作用在系统上的力等于作用在各元件上的力之和。因此，系统的机械阻抗 Z 等于各并联元件阻抗 Z_i 之和，即

$$Z = Z_1 + Z_2 + \cdots + Z_n = \sum_{i=1}^{n} Z_i \tag{2-1}$$

相应地，系统机械导纳的倒数等于各并联元件机械导纳的倒数之和。

（2）串联系统　对于串联系统，由于作用在各元件上的力相等，系统的响应等于各元件响应之和。因此，系统机械阻抗 Z 的倒数等于各串联元件阻抗 Z_i 的倒数之和，即

$$\frac{1}{Z} = \frac{1}{Z_1} + \frac{1}{Z_2} + \cdots + \frac{1}{Z_n} = \sum_{i=1}^{n} \frac{1}{Z_i} \tag{2-2}$$

相应地，系统的机械导纳等于各串联元件机械导纳之和。

2.5　系统的稳态响应

采用机械阻抗法进行工程结构的振动分析及响应求解，首先要知道结构的简化动力学模型，在此基础上作出系统的机械网络图，根据该图判断系统的串、并联方式，分别依据串、并联系统的阻抗以及阻抗的定义来求解系统的响应。机械阻抗法不仅适用于简单的单自由度系统，对于复杂的多自由度系统同样适用，下面通过算例来说明。

【例题 2-1】

图 2-2 所示为某车辆垂向振动的简化动力学模型，其中 m_1 和 m_2 分别表示车体和发动机的质量，而 k 和 c 分别表示发动机隔振器的刚度和阻尼，k_s 表示车辆悬架系统的刚度。假设车辆受到发动机的力激励 $F = F_A e^{j\omega t}$ 和路面的位移激励 $x_s = a e^{j\omega t}$ 的共同作用，试用机械阻抗法分别求解车体和发动机上的稳态响应 $x_1(t)$ 和 $x_2(t)$。

【解】　本题是一个典型的混合激励下 2 自由度系统的振动问题，对于线性系统来说，叠加原理成立。因此只需将多激励的响应求解分解为每个激励单独存在时的响应叠加而已。

（1）路面位移激励单独作用　系统的机械网络图如图 2-3 所示，这时的系统响应记为 $x_1^{(1)}$、$x_2^{(1)}$，分别对应于 1 点和 2 点处的响应。

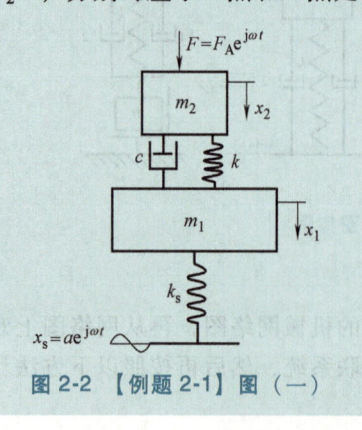

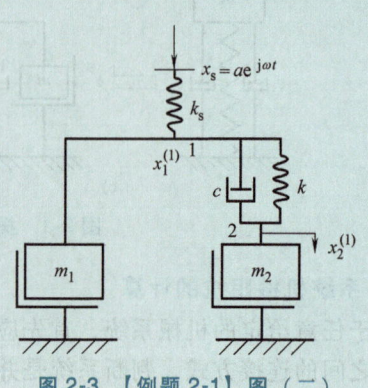

图 2-2　【例题 2-1】图（一）

图 2-3　【例题 2-1】图（二）

根据 1 点的平衡条件，可知：

$$k_s(x_s - x_1^{(1)}) = \underbrace{\left[-m_1\omega^2 + \frac{(k+j\omega c)(-m_2\omega^2)}{k - m_2\omega^2 + j\omega c}\right]}_{k、c 并联后与 m_2 串联，再与 m_1 并联后的混联系统的位移阻抗} x_1^{(1)} \quad (a)$$

由式（a）可得：

$$x_1^{(1)} = \frac{k_s x_s (k - m_2\omega^2 + j\omega c)}{(k_s - m_1\omega^2)(k - m_2\omega^2 + j\omega c) - m_2\omega^2(k + j\omega c)}$$

$$= \frac{k_s a e^{j\omega t}(k - m_2\omega^2 + j\omega c)}{(k_s - m_1\omega^2)(k - m_2\omega^2 + j\omega c) - m_2\omega^2(k + j\omega c)} \quad (b)$$

根据 2 点的平衡条件，可知：

$$(k + j\omega c)(x_1^{(1)} - x_2^{(1)}) = -m_2\omega^2 x_2^{(1)} \quad (c)$$

由式（c）可得：

$$x_2^{(1)} = \frac{(k + j\omega c) x_1^{(1)}}{k - m_2\omega^2 + j\omega c} \quad (d)$$

将式（b）代入式（d），则有：

$$x_2^{(1)} = \frac{k_s a e^{j\omega t}(k + j\omega c)}{(k_s - m_1\omega^2)(k - m_2\omega^2 + j\omega c) - m_2\omega^2(k + j\omega c)} \quad (e)$$

（2）发动机力激励单独作用 系统的机械网络图如图 2-4 所示（此时路面即支撑端为固定端，对应的 k_s 弹簧的一端与该端连接，需接地），这时的系统响应记为 $x_1^{(2)}$、$x_2^{(2)}$，分别对应于 1 点和 2 点处的响应。

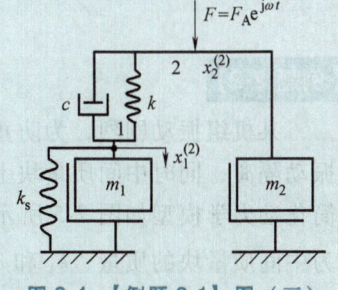

图 2-4 【例题 2-1】图（三）

2 点的响应可通过计算系统的总阻抗以及给定激励力得到，即

$$x_2^{(2)} = \frac{F}{\underbrace{\dfrac{(k + j\omega c)(k_s - m_1\omega^2)}{(k + j\omega c) + (k_s - m_1\omega^2)} - m_2\omega^2}_{系统总阻抗}}$$

$$= \frac{F(k + k_s - m_1\omega^2 + j\omega c)}{(k + j\omega c)(k_s - m_1\omega^2) - m_2\omega^2(k + k_s - m_1\omega^2 + j\omega c)}$$

$$= \frac{F_A e^{j\omega t}(k + k_s - m_1\omega^2 + j\omega c)}{(k_s - m_1\omega^2)(k - m_2\omega^2 + j\omega c) - m_2\omega^2(k + j\omega c)} \quad (f)$$

根据 1 点的平衡条件，可知：

$$(k+j\omega c)(x_2^{(2)}-x_1^{(2)}) = (k_s - m_1\omega^2)x_1^{(2)} \tag{g}$$

由式（g）可得：

$$x_1^{(2)} = \frac{(k+j\omega c)x_2^{(2)}}{k+k_s - m_1\omega^2 + j\omega c} \tag{h}$$

将式（f）代入式（h），则有：

$$x_1^{(2)} = \frac{F_A e^{j\omega t}(k+j\omega c)}{(k_s - m_1\omega^2)(k - m_2\omega^2 + j\omega c) - m_2\omega^2(k+j\omega c)} \tag{i}$$

则待求车辆系统的总响应如下：

$$\begin{cases} x_1 = x_1^{(1)} + x_1^{(2)} = \dfrac{k_s a e^{j\omega t}(k-m_2\omega^2+j\omega c) + F_A e^{j\omega t}(k+j\omega c)}{(k_s - m_1\omega^2)(k-m_2\omega^2+j\omega c) - m_2\omega^2(k+j\omega c)} \\ x_2 = x_2^{(1)} + x_2^{(2)} = \dfrac{k_s a e^{j\omega t}(k+j\omega c) + F_A e^{j\omega t}(k+k_s-m_1\omega^2+j\omega c)}{(k_s - m_1\omega^2)(k-m_2\omega^2+j\omega c) - m_2\omega^2(k+j\omega c)} \end{cases} \tag{j}$$

该算例表明，对于复杂的多激励下的多自由度线性振动系统，完全可以采用机械阻抗法进行稳态谐响应的求解。

【例题 2-2】

某机组振动剧烈，为防止其对基础的影响，采取带有中间质量块的双级隔振系统进行振动隔离，同时中间质量块上安装一有阻尼动力吸振器，以抑制其本身的振动。该机组的简化动力学模型如图 2-5 所示，其中，m_1 和 m_2 分别表示机组和动力吸振器的质量，m_3 为中间质量块的质量，k_1 和 c_1 分别表示隔振系统上级隔振器的刚度和阻尼，k_3 和 c_3 分别表示隔振系统下级隔振器的刚度和阻尼，k_2 和 c_2 分别表示动力吸振器的刚度和阻尼。假设机组受到简谐激励 $F = F_A e^{j\omega t}$ 的作用，试用机械阻抗法给出机组的稳态响应 $x_1(t)$ 和传递到基础上的力 F_s 的求解思路。

【解】 本题属于一道典型的 3 自由度系统在单激励作用下的稳态响应和传递力计算例子，非常适合用机械阻抗法进行求解。首先画出系统的机械网络图，如图 2-6 所示。

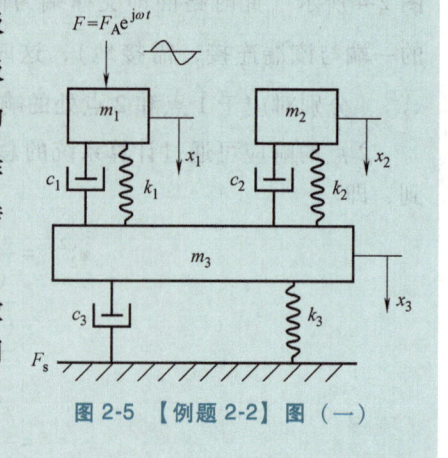

图 2-5 【例题 2-2】图（一）

从网络图中易知待求的机组稳态响应即为 1 点的响应，它可通过求解系统的总阻抗与激励力得到，而传递到地基上的力与中间质量块的稳态响应 $x_3(t)$ 有关，则根据各元件的串并联关系，有：

图 2-6 【例题 2-2】图（二）

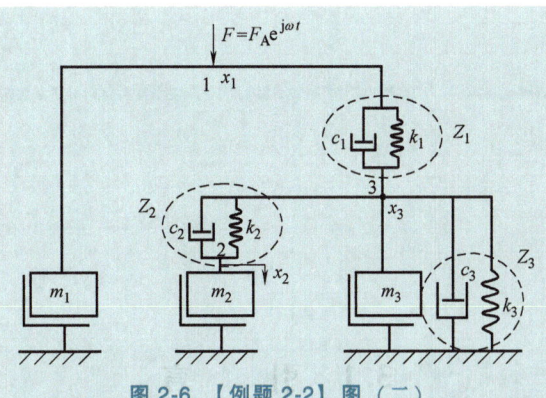

$$Z_{总} = -m_1\omega^2 + \cfrac{Z_1\left[\cfrac{Z_2(-m_2\omega^2)}{Z_2-m_2\omega^2}-m_3\omega^2+Z_3\right]}{Z_1+\left[\cfrac{Z_2(-m_2\omega^2)}{Z_2-m_2\omega^2}-m_3\omega^2+Z_3\right]} \tag{a}$$

式中，$Z_1 = k_1 + j\omega c_1$，$Z_2 = k_2 + j\omega c_2$，$Z_3 = k_3 + j\omega c_3$。

则：

$$x_1 = \frac{F_A e^{j\omega t}}{Z_{总}} \tag{b}$$

将式（a）代入式（b）即可得到机组的稳态响应 $x_1(t)$。

下面来求中间质量块的稳态响应 $x_3(t)$，根据网络图，注意 3 点处满足如下力平衡条件：

$$Z_1(x_1 - x_3) = \left[\frac{Z_2(-m_2\omega^2)}{Z_2-m_2\omega^2}-m_3\omega^2+Z_3\right]x_3 \tag{c}$$

即

$$x_3 = \cfrac{Z_1}{Z_1+\left[\cfrac{Z_2(-m_2\omega^2)}{Z_2-m_2\omega^2}-m_3\omega^2+Z_3\right]}x_1 \tag{d}$$

知道了机组的稳态响应 $x_1(t)$，即可通过式（d）得到中间质量块的稳态响应 $x_3(t)$，进而可得传递到基础上的力为：

$$F_s = (k_3 + j\omega c_3)x_3 \tag{e}$$

此外，根据 2 点的力平衡条件也容易得到动力吸振器的稳态响应 $x_2(t)$。

该算例再次说明，对于复杂的 3 自由度系统，当存在简单的单激励情况下可以迅速通过机械阻抗法完成系统响应的计算，前提是要准确画出系统的机械网络图。

第3章

频响函数法

3.1 引 言

频响函数（Frequency Response Function，FRF）是自动控制理论中描述系统输出和输入之间函数关系的一个非常重要的物理量，它只与系统本身的特性参数有关，与激励力的类型和大小无关（限于线性范围以内），只是在不同类型激励力作用下它的表达形式不同而已。工程振动领域一般也将频响函数称为机械导纳，它在振动分析和测试技术领域有着极为广泛的应用，也是模态参数辨识和载荷识别技术中常用的物理量。对系统进行频响特性分析可以了解系统的幅频和相频等内在属性，当给定激励时，还可以利用频响函数进行系统响应的快速求解。本章将对这一方法进行介绍。

3.2 单自由度系统的频响函数分析

3.2.1 黏性阻尼情形

对于图 3-1 所示的黏性阻尼单自由度（Single Degree of Freedom，SDOF）系统，假设质量块上受到激励力 $F(t)$ 的作用，易得系统的运动微分方程如下：

$$m\ddot{x} + c\dot{x} + kx = F(t) \tag{3-1}$$

对方程式（3-1）两边同时取拉普拉斯变换，可以得到系统的位移传递函数 $G(s)$ 如下：

$$G(s) = \frac{x(s)}{F(s)} = \frac{1}{ms^2 + cs + k}$$

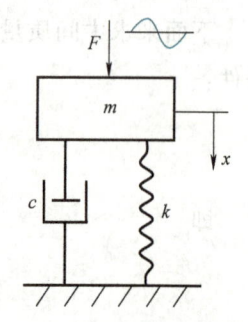

图 3-1 黏性阻尼单自由度系统的动力学模型

令上式中的 $s = j\omega$，得到系统的位移频响函数（以后若不特别声明，频响函数均指位移频响函数）$H_d(\omega)$ 如下：

$$H_d(\omega) = \frac{1}{k - m\omega^2 + j\omega c} \tag{3-2}$$

根据上式还很容易得到系统的速度和加速度频响函数如下：

$$H_v(\omega) = \frac{j\omega}{k - m\omega^2 + j\omega c}, \quad H_a(\omega) = \frac{-\omega^2}{k - m\omega^2 + j\omega c} \tag{3-3a, b}$$

由式（3-2）~式（3-3）可以看出，系统的位移、速度和加速度频响函数即为系统的相应导纳。显然，频响函数是复数，所以又称复频响应函数。

1. 伯德图

频响函数同时反映了系统的幅频特性和相频特性等频响特性，通常用频响函数的模和相位随频率变化的关系曲线，即幅频图和相频图来描述，二者统称为**伯德图**。

根据式（3-2）可知位移频响函数的模和相位分别为：

$$\begin{cases} |H_d(\omega)| = \dfrac{1}{k}\dfrac{1}{\sqrt{(1-\lambda^2)^2+(2\zeta\lambda)^2}} \\ \arg H_d(\omega) = \arctan\left(\dfrac{-2\zeta\lambda}{1-\lambda^2}\right) \end{cases} \quad (3\text{-}4a, b)$$

式中，$\lambda = \dfrac{\omega}{\omega_n}$ 为频率比；$\zeta = \dfrac{c}{2m\omega_n}$ 为黏性阻尼比；$\omega_n = \sqrt{\dfrac{k}{m}}$ 为无阻尼固有频率（角频率，rad/s）。

由式（3-4）可以作出位移频响函数的伯德图，如图 3-2 所示。

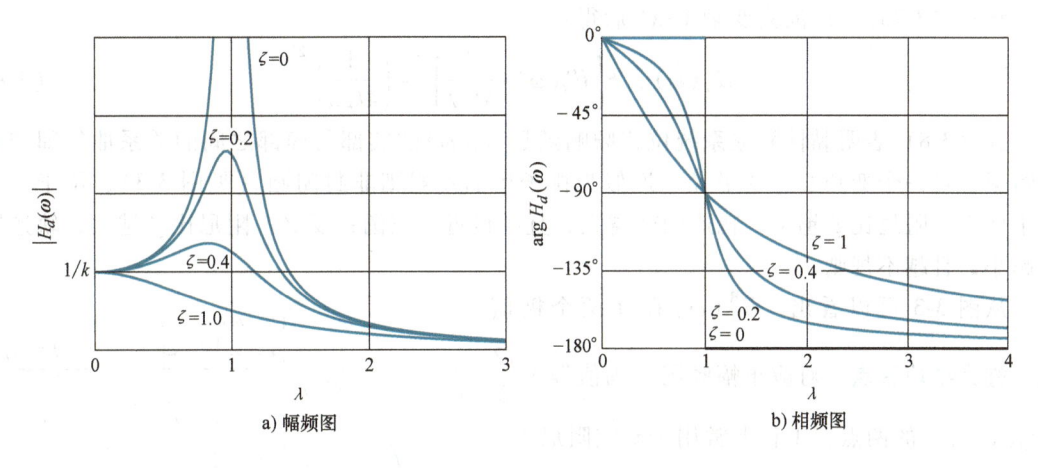

图 3-2 黏性阻尼单自由度系统频响函数的伯德图

从图 3-2a 中可以看到：

1) 当频率比 $\lambda \ll 1$ 时，$|H_d(\omega)| \to 1/k$，即频响函数幅值趋近于系统弹簧元件的位移导纳。此时作用在系统上的外力主要由弹力来平衡，系统的总刚度接近于弹簧元件的静刚度。

2) 当 $\lambda \approx 1$ 时，$|H_d(\omega)|$ 相对很大，由式（3-4a）可知，当 $\lambda = 1$ 时，有

$$|H_d(\omega)| = \dfrac{1}{2k\zeta} \quad (3\text{-}5)$$

对式（3-4a）求极值（只有当 $0<\zeta<\sqrt{2}/2$ 时，有极值；当 $\zeta \geq \sqrt{2}/2$ 时，无极值），易知当 $\lambda = \sqrt{1-2\zeta^2}$ 时，$|H_d(\omega)|$ 达到最大值，有

$$|H_d(\omega)|_{max} = \dfrac{1}{2k\zeta\sqrt{1-\zeta^2}} \quad (3\text{-}6)$$

此时从严格意义上讲，系统发生位移共振，共振频率为 $\omega_r = \sqrt{1-2\zeta^2}\,\omega_n$。

3) 当频率比 $\lambda \gg 1$ 时，$|H_d(\omega)| \to 0$。

从图 3-2b 中可以看到：

无阻尼情形的相频响应曲线由 $\arg H_d(\omega)=0$ 和 $\arg H_d(\omega)=-180°$ 的直线段组成，在 $\lambda=1$ 处发生间断。而有阻尼情形的相频响应曲线则是在 $-180°\sim 0°$ 之间连续变化的光滑曲线，并且不论 ζ 取值的大小，当 $\lambda=1$ 时，都有 $\arg H_d(\omega)=-90°$，即所有曲线都交于（1，$-90°$）这一点。这一现象可以用来测定系统的固有频率，而且试验技术中常以 $\arg H_d(\omega)=-90°$ 作为判断位移共振发生的依据。

另外，还可以作出单自由度黏性阻尼系统速度和加速度频响函数的伯德图，容易证明当 $\lambda=1$ 即 $\omega=\omega_n$ 时，黏性阻尼系统发生严格意义的速度共振。

2. 奈奎斯特图

（1）位移频响函数的奈奎斯特图　由式（3-2）可得位移频响函数 $H_d(\omega)$ 的实部与虚部分别为：

$$H_d^R(\omega)=\frac{1}{k}\frac{1-\lambda^2}{(1-\lambda^2)^2+(2\zeta\lambda)^2},\quad H_d^I(\omega)=\frac{1}{k}\frac{-2\zeta\lambda}{(1-\lambda^2)^2+(2\zeta\lambda)^2} \quad (3\text{-}7a,b)$$

将式（3-7a，b）消去变量 $1-\lambda^2$ 后得：

$$[H_d^R(\omega)]^2+\left[H_d^I(\omega)+\frac{1}{4k\zeta\lambda}\right]^2=\left(\frac{1}{4k\zeta\lambda}\right)^2 \quad (3\text{-}8)$$

式（3-8）表明黏性阻尼系统位移频响函数 $H_d(\omega)$ 的实部与虚部之间的关系曲线即**奈奎斯特图**，是一个变圆心、变半径、近似为桃子形的不规则非封闭圆（见图 3-3），位于下半复平面内。阻尼比 ζ 越小，轨迹圆就越大，且越接近于正圆；反之，阻尼比 ζ 越大，轨迹圆就越小，且越不规则。

从图 3-3 可以看出，$H_d^R(\omega)$ 存在两个极值点，称为**半功率点**，对应于幅频图中幅值等于 $\frac{\sqrt{2}}{2}|H_d(\omega)|_{\max}$ 的两点，工程上常用于确定阻尼比：

$$\begin{cases}\lambda_1=\sqrt{1-2\zeta}\approx 1-\zeta,\quad H_d^R(\omega)_{\max}=\frac{1}{4k\zeta(1-\zeta)}\\ \lambda_2=\sqrt{1+2\zeta}\approx 1+\zeta,\quad H_d^R(\omega)_{\min}=-\frac{1}{4k\zeta(1+\zeta)}\end{cases} \quad (3\text{-}9a,b)$$

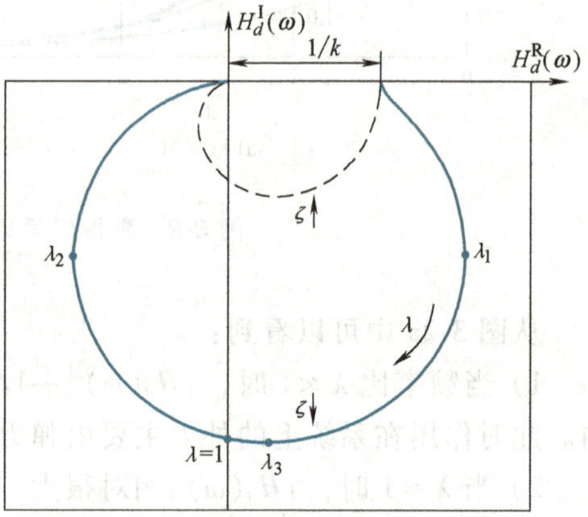

式（3-9a，b）相减可得：

$$\zeta=\frac{\lambda_2-\lambda_1}{2}=\frac{\omega_2-\omega_1}{2\omega_n}=\frac{f_2-f_1}{2f_n}=\frac{\Delta f}{2f_n} \quad (3\text{-}10)$$

图 3-3　黏性阻尼单自由度系统位移频响函数的奈奎斯特图

式（3-10）即为工程上常用的半功率带宽法确定黏性阻尼比的表达式，其中 $\Delta f(=f_2-f_1)$ 称为**半功率带宽**。

同样易知 $H_d^I(\omega)$ 的极值点为

$$\lambda_3\approx\sqrt{1-\frac{2}{3}\zeta^2},\quad H_d^I(\omega)_{\min}\approx -\frac{1}{2k\zeta\sqrt{1-\frac{2}{3}\zeta^2}} \quad (3\text{-}11)$$

（2）速度频响函数的奈奎斯特图　由式（3-3a）可得速度频响函数 $H_v(\omega)$ 的实部与虚部分别为：

$$H_v^R(\omega) = \frac{\omega_n}{k}\frac{2\zeta\lambda^2}{(1-\lambda^2)^2+(2\zeta\lambda)^2}, \quad H_v^I(\omega) = \frac{\omega_n}{k}\frac{\lambda(1-\lambda^2)}{(1-\lambda^2)^2+(2\zeta\lambda)^2} \quad (3\text{-}12a, b)$$

将式（3-12a，b）消去变量 $1-\lambda^2$ 后得

$$\left[H_v^R(\omega) - \frac{\omega_n}{4\zeta k}\right]^2 + \left[H_v^I(\omega)\right]^2 = \left(\frac{\omega_n}{4\zeta k}\right)^2 \quad (3\text{-}13)$$

式（3-13）显示的黏性阻尼系统速度频响函数的奈奎斯特图，是一个圆心在正半实轴上、与虚轴相切的正圆（见图 3-4），位于右半复平面内。阻尼比 ζ 越小，轨迹圆就越大；反之，阻尼比 ζ 越大，轨迹圆就越小。根据位移和速度频响函数之间的相位关系，容易知道速度频响函数的奈奎斯特图相当于将位移频响函数的奈奎斯特图逆时针旋转 90°，但前者是正圆，后者为不规则圆，半径也不相同。

（3）加速度频响函数的奈奎斯特图　由式（3-3b）可得加速度频响函数 $H_a(\omega)$ 的实部与虚部分别为：

$$\begin{cases} H_a^R(\omega) = \frac{1}{m}\frac{-\lambda^2(1-\lambda^2)}{(1-\lambda^2)^2+(2\zeta\lambda)^2} \\ H_a^I(\omega) = \frac{1}{m}\frac{2\zeta\lambda^3}{(1-\lambda^2)^2+(2\zeta\lambda)^2} \end{cases} \quad (3\text{-}14a, b)$$

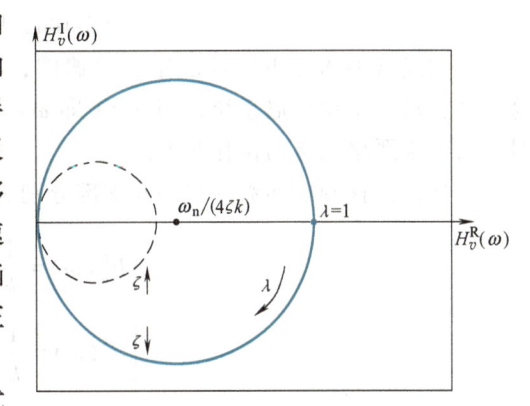

图 3-4　黏性阻尼单自由度系统速度频响函数的奈奎斯特图

将式（3-14a，b）消去变量 $1-\lambda^2$ 后得：

$$\left[H_a^R(\omega)\right]^2 + \left[H_a^I(\omega) - \frac{\lambda}{4\zeta m}\right]^2 = \left(\frac{\lambda}{4\zeta m}\right)^2 \quad (3\text{-}15)$$

式（3-15）显示的黏性阻尼单自由度系统加速度频响函数的奈奎斯特图，是一个变圆心、变半径、近似为桃子形的不规则非封闭圆（见图3-5），位于上半复平面内。与位移频响函数的奈奎斯特图相类似（相当于将后者逆时针旋转 180°），阻尼比 ζ 越小，轨迹圆就越大，且越接近于正圆；反之，阻尼比 ζ 越大，轨迹圆就越小，且越不规则。

3.2.2　结构阻尼情形

工程上所遇到的结构，其内阻尼一般属于结构阻尼（又称迟滞阻尼），与前面所讲的黏性阻尼不同，是一种非线性阻尼，常用损耗因子 η 来表征。对于结构阻尼单自由度系统来说，其强迫振动的运动微分方程如下：

$$m\ddot{x} + k(1+j\eta)x = F(t) \quad (3\text{-}16)$$

同样对方程式（3-16）两边同时取拉普拉斯变换，并令 $s = j\omega$，易得系统的位移频响函数如下：

$$H_d(\omega)=\frac{1}{-m\omega^2+k(1+\mathrm{j}\eta)} \quad (3\text{-}17)$$

其模和相位分别为

$$\begin{cases} |H_d(\omega)|=\dfrac{1}{k}\dfrac{1}{\sqrt{(1-\lambda^2)^2+\eta^2}} \\ \arg H_d(\omega)=\arctan\dfrac{-\eta}{1-\lambda^2} \end{cases}$$

(3-18a, b)

根据式 (3-18a, b) 可以作出伯德图, 容易证明: 对于结构阻尼系统, 当 $\lambda=1$ 即 $\omega=\omega_n$ 时, 将发生严格意义的位移共振。

另外, 位移频响函数的实部和虚部分别为:

$$\begin{cases} H_d^R(\omega)=\dfrac{1}{k}\dfrac{1-\lambda^2}{(1-\lambda^2)^2+\eta^2} \\ H_d^I(\omega)=\dfrac{1}{k}\dfrac{-\eta}{(1-\lambda^2)^2+\eta^2} \end{cases} \quad (3\text{-}19\text{a, b})$$

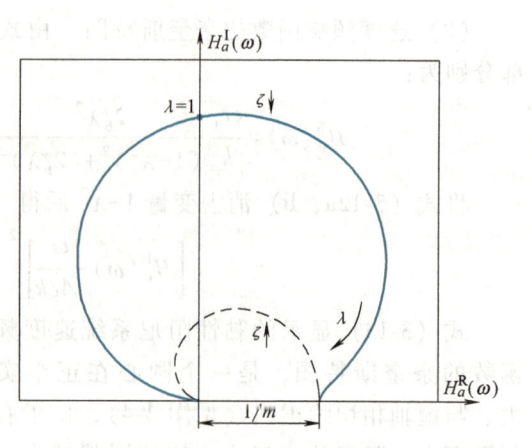

图 3-5 黏性阻尼单自由度系统加速度频响函数的奈奎斯特图

将式 (3-19a, b) 消去变量 $1-\lambda^2$ 后可得

$$[H_d^R(\omega)]^2+\left[H_d^I(\omega)+\frac{1}{2k\eta}\right]^2=\left(\frac{1}{2k\eta}\right)^2 \quad (3\text{-}20)$$

式 (3-20) 是典型的圆方程, 因此结构阻尼系统位移频响函数的奈奎斯特图是圆心在负半虚轴上、半径为 $1/(2k\eta)$ 并与实轴相切的一个非封闭正圆 (见图 3-6), 这与黏性阻尼系统位移频响函数的奈奎斯特图不同。

从图 3-6 可以看出, $H_d^R(\omega)$ 也存在两个极值点, 即半功率点:

$$\begin{cases} \lambda_1=\sqrt{1-\eta}\approx 1-\dfrac{\eta}{2}, & H_d^R(\omega)_{\max}=\dfrac{1}{2k\eta} \\ \lambda_2=\sqrt{1+\eta}\approx 1+\dfrac{\eta}{2}, & H_d^R(\omega)_{\min}=-\dfrac{1}{2k\eta} \end{cases}$$

(3-21a, b)

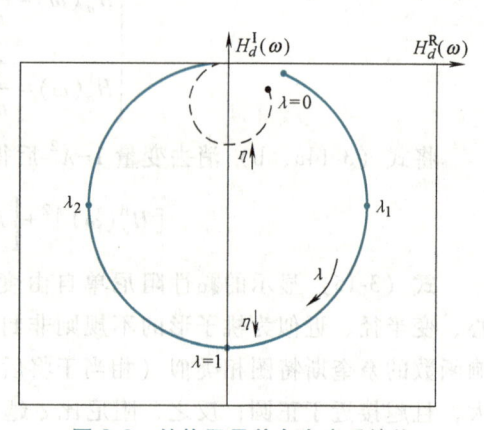

图 3-6 结构阻尼单自由度系统位移频响函数的奈奎斯特图

与式 (3-10) 相类似, 工程上用半功率带宽法确定结构阻尼损耗因子的表达式如下:

$$\eta=\lambda_2-\lambda_1=\frac{\omega_2-\omega_1}{\omega_n}=\frac{f_2-f_1}{f_n}=\frac{\Delta f}{f_n} \quad (3\text{-}22)$$

$H_d^I(\omega)$ 的极值点与共振频率点重合, 即

$$\lambda_3 = 1, \quad H_d^I(\omega)_{\min} = -\frac{1}{k\eta} \tag{3-23}$$

这说明结构阻尼系统当发生位移共振时,其位移频响函数的实部为零,虚部为极小值。

与黏性阻尼系统相类似,对于结构阻尼单自由度系统来说,很容易得到速度频响和加速度频响的实部与虚部表达式如下:

$$H_v^R(\omega) = \frac{\omega_n}{k} \frac{\lambda\eta}{(1-\lambda^2)^2+\eta^2}, \quad H_v^I(\omega) = \frac{\omega_n}{k} \frac{\lambda(1-\lambda^2)}{(1-\lambda^2)^2+\eta^2} \tag{3-24a, b}$$

$$H_a^R(\omega) = \frac{1}{m} \frac{-\lambda^2(1-\lambda^2)}{(1-\lambda^2)^2+\eta^2}, \quad H_a^I(\omega) = \frac{1}{m} \frac{\lambda^2\eta}{(1-\lambda^2)^2+\eta^2} \tag{3-25a, b}$$

相应的复平面上的轨迹曲线方程分别为

$$\left[H_v^R(\omega) - \frac{\omega_n\lambda}{2\eta k}\right]^2 + \left[H_v^I(\omega)\right]^2 = \left(\frac{\omega_n\lambda}{2\eta k}\right)^2 \tag{3-26}$$

$$\left[H_a^R(\omega)\right]^2 + \left[H_a^I(\omega) - \frac{\lambda^2}{2m\eta}\right]^2 = \left(\frac{\lambda^2}{2m\eta}\right)^2 \tag{3-27}$$

根据上述两个方程,容易得到相应频响函数的奈奎斯特图,如图3-7和图3-8所示。

从图3-7和图3-8中可以看出,结构阻尼单自由度系统速度和加速度频响函数的奈奎斯特图不再像位移频响函数那样是一个正圆,而是变圆心、变半径的非规则圆。与黏性阻尼系统相类似,它们分别相当于将位移频响曲线分别沿逆时针方向旋转90°和180°得到。

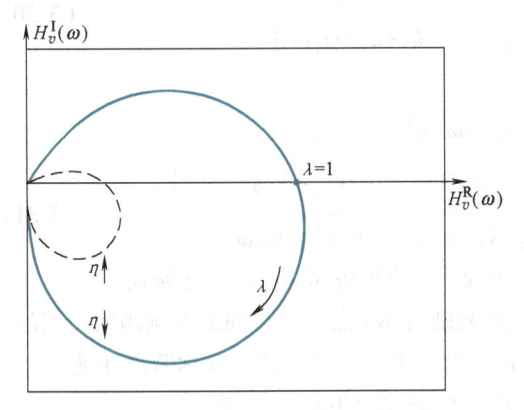

图 3-7 结构阻尼单自由度系统速度频响函数的奈奎斯特图

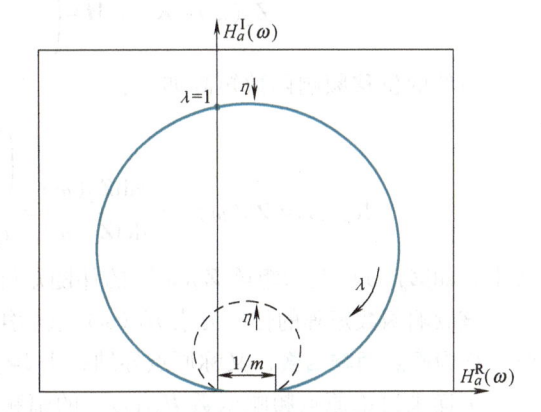

图 3-8 结构阻尼单自由度系统加速度频响函数的奈奎斯特图

以上讨论了黏性阻尼和结构阻尼单自由度系统的频响函数特性,分别介绍了伯德图和奈奎斯特图,特别是后者在模态参数识别中非常重要,根据该图可以很容易确定系统的固有频率和阻尼比等特征参数。另外,一旦知道了系统的频响函数后,若给定激励,则可以很容易得到系统的响应。

3.3 多自由度系统的频响函数分析[12]

前面介绍了单自由度系统的频响特性,本节将对更为复杂的多自由度(Multiple Degree of Freedom, MDOF)系统的频响函数进行分析,以了解其频响特性。为了方便介绍,下面仅以无阻尼 2 自由度（2DOF）约束（两端有约束，边界条件为固定-固定）和自由（两端无约束，边界条件为自由-自由）系统为例来进行说明。

3.3.1 约束系统

对于图 3-9 所示的无阻尼 2 自由度约束系统，容易建立其运动微分方程如下：

$$\begin{pmatrix} m_1 & 0 \\ 0 & m_2 \end{pmatrix} \begin{pmatrix} \ddot{x}_1 \\ \ddot{x}_2 \end{pmatrix} + \begin{pmatrix} k_1+k_2 & -k_2 \\ -k_2 & k_2+k_3 \end{pmatrix} \begin{pmatrix} x_1 \\ x_2 \end{pmatrix} = \begin{pmatrix} F_1(t) \\ F_2(t) \end{pmatrix} \quad (3\text{-}28)$$

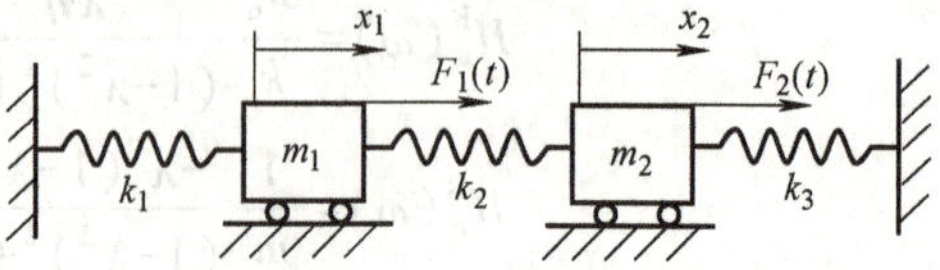

图 3-9 无阻尼 2 自由度约束系统

写成矩阵的形式如下：

$$M\ddot{x} + Kx = F(t) \quad (3\text{-}29)$$

式中，$M = \begin{pmatrix} m_1 & 0 \\ 0 & m_2 \end{pmatrix}$ 为质量矩阵；$K = \begin{pmatrix} k_1+k_2 & -k_2 \\ -k_2 & k_2+k_3 \end{pmatrix}$ 为刚度矩阵；$x = \begin{pmatrix} x_1 \\ x_2 \end{pmatrix}$、$\ddot{x} = \begin{pmatrix} \ddot{x}_1 \\ \ddot{x}_2 \end{pmatrix}$、$F(t) = \begin{pmatrix} F_1(t) \\ F_2(t) \end{pmatrix}$ 分别为位移向量、加速度向量和激励力向量。

则系统的位移阻抗矩阵如下：

$$Z_d(\omega) = K - \omega^2 M = \begin{pmatrix} k_1+k_2-m_1\omega^2 & -k_2 \\ -k_2 & k_2+k_3-m_2\omega^2 \end{pmatrix} \quad (3\text{-}30)$$

系统的位移频响函数矩阵如下：

$$H_d(\omega) = Z_d(\omega)^{-1} = \frac{\mathrm{adj} Z_d(\omega)}{\det Z_d(\omega)} = \frac{\begin{pmatrix} k_2+k_3-m_2\omega^2 & k_2 \\ k_2 & k_1+k_2-m_1\omega^2 \end{pmatrix}}{(k_1+k_2-m_1\omega^2)(k_2+k_3-m_2\omega^2) - k_2^2} \quad (3\text{-}31)$$

式中，$\mathrm{adj} Z_d(\omega)$ 表示矩阵 $Z_d(\omega)$ 的伴随矩阵；$\det Z_d$ 表示矩阵 $Z_d(\omega)$ 的行列式。

该频响函数矩阵的任一元素 $H_{lp}(\omega)$ 表示第 p 点激励与第 l 点响应之间的频响函数。当 $l=p$ 时，称为**原点频响函数**，又称原点导纳；当 $l \ne p$ 时，称为**跨点频响函数**（或称跨点导纳）。

下面来讨论原点频响函数 $H_{11}(\omega)$ 的幅频特性，根据式（3-31）可得：

$$H_{11}(\omega) = \frac{k_2+k_3-m_2\omega^2}{(k_1+k_2-m_1\omega^2)(k_2+k_3-m_2\omega^2) - k_2^2} \quad (3\text{-}32)$$

由此可以作出 $H_{11}(\omega)$ 的幅频图，如图 3-10 所示。

由图 3-10 可以看出：系统存在二阶共振频率 ω_1 和 ω_2（此时系统的振幅为无穷大），并且在 ω_1 和 ω_2 之间还存在一个对应于 $|H_{11}(\omega)| = 0$ 的频率 $\omega_{11}^a = \sqrt{(k_2+k_3)/m_2}$，称为**反共振频率**。由式（3-31）还可以看出，当 $\omega = \omega_{11}^a$ 时，$H_{12}(\omega)$、$H_{21}(\omega)$ 和 $H_{22}(\omega)$ [反共振频率为 $\omega_{22}^a = \sqrt{(k_1+k_2)/m_1}$] 都不等于零，而且 $H_{12}(\omega)$、$H_{21}(\omega)$ 均无反共振频率。可见，反共振现象为系统的局部现象，而共振则为系统的总体现象，因为共振发生时，对于无阻尼系统来说，其中各点响应振幅均为无穷大。

上述分析可以引申到多自由度系统，对于原点频响函数而言，n 自由度无阻尼约束系统

一定存在 n 个共振频率，$n-1$ 个反共振频率，而且各阶共振、反共振频率点交替出现，先有共振频率点，再有反共振频率点。然而对于跨点频响函数而言，则无此规律。

3.3.2 自由系统

对于图 3-11 所示的无阻尼 2 自由度自由系统，其运动微分方程如下：

$$\begin{pmatrix} m_1 & 0 \\ 0 & m_2 \end{pmatrix} \begin{pmatrix} \ddot{x}_1 \\ \ddot{x}_2 \end{pmatrix} + \begin{pmatrix} k & -k \\ -k & k \end{pmatrix} \begin{pmatrix} x_1 \\ x_2 \end{pmatrix} = \begin{pmatrix} F_1(t) \\ F_2(t) \end{pmatrix}$$
(3-33)

系统的位移阻抗矩阵如下：

$$\boldsymbol{Z}_d(\omega) = \boldsymbol{K} - \omega^2 \boldsymbol{M} = \begin{pmatrix} k-m_1\omega^2 & -k \\ -k & k-m_2\omega^2 \end{pmatrix} \quad (3-34)$$

系统的位移频响函数矩阵如下：

$$\boldsymbol{H}_d(\omega) = \boldsymbol{Z}_d(\omega)^{-1} = \frac{\mathrm{adj}\boldsymbol{Z}_d(\omega)}{\det \boldsymbol{Z}_d(\omega)} = \frac{\begin{pmatrix} k-m_2\omega^2 & k \\ k & k-m_1\omega^2 \end{pmatrix}}{(k-m_1\omega^2)(k-m_2\omega^2)-k^2}$$
(3-35)

同样讨论原点频响函数 $H_{11}(\omega)$ 的幅频特性，根据式（3-35）可得

$$H_{11}(\omega) = \frac{k-m_2\omega^2}{(k-m_1\omega^2)(k-m_2\omega^2)-k^2} \quad (3-36)$$

由此可以作出 $H_{11}(\omega)$ 的幅频图，如图 3-12 所示。

由图 3-12 可以看出：若不考虑系统的刚体运动（零固有频率），系统先出现一个反共振频率为 $\omega_{11}^a = \sqrt{k/m_2}$，再出现一阶共振频率 $\omega_1 = \sqrt{k(m_1+m_2)/(m_1 m_2)}$，这与约束系统有所不同。

上述分析也可以引申到多自由度系统，对于原点频响函数而言，n 自由度无阻尼自由系统一定存在 $n-1$ 个共振频率（不考虑零固有频率的刚体运动），$n-1$ 个反共振频率，而且各阶共振、反共振频率点交替出现，先有反共振频率点，再有共振频率点。

以上进行了两种边界条件下无阻尼 2 自由度系统原点频响函数的幅频特性分析并引申到多自由度系统。需要注意，对于有阻尼系统，频响函数的共振峰为有限值（取决于阻尼的大小），而且在反共振频率点处，原点频响函数的幅值也不为零。此外，还可以作出多自由度系统的奈奎斯特图，以更好地了解其频响特性，这里不再赘述。

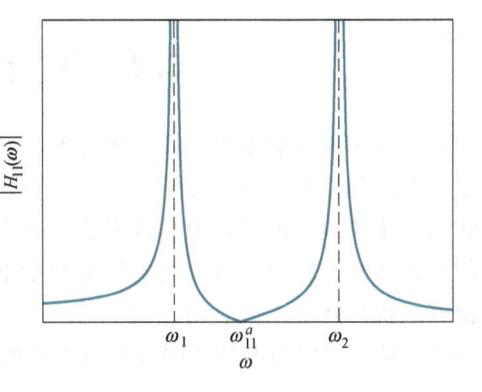

图 3-10 无阻尼 2 自由度约束系统 $H_{11}(\omega)$ 的幅频图

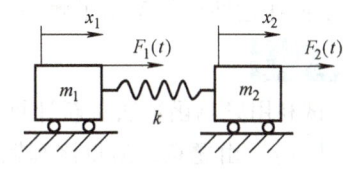

图 3-11 无阻尼 2 自由度自由系统

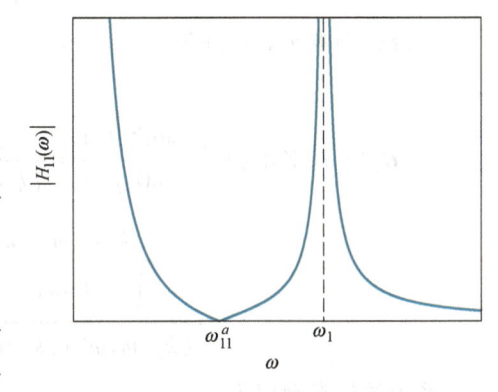

图 3-12 2 自由度自由系统 $H_{11}(\omega)$ 的幅频图

3.4 多自由度系统的稳态响应

利用频响函数不但可以了解系统的频响特性，当给定激励力（简谐激励）时，还可以求解系统的稳态响应。对于多自由度系统来说，首先需要根据经典牛顿矢量力学体系中的牛顿第二定律或达朗贝尔原理或者在此基础上派生出的影响系数法，或者利用分析力学体系中的拉格朗日方程建立系统受到强迫激励下的运动微分方程（作用力方程），然后基于系统的位移阻抗矩阵 $\boldsymbol{Z}_d(\omega)$，对其进行求逆（逆阵存在）运算，即可得到位移频响函数矩阵 $\boldsymbol{H}_d(\omega)$，最后利用如下公式即可得到系统的稳态响应：

$$\boldsymbol{x}(t) = \boldsymbol{H}_d(\omega)\boldsymbol{F}(t) \tag{3.37}$$

其中第 i 个坐标处的响应为

$$x_i(t) = H_{i1}(\omega)F_1(t) + H_{i2}(\omega)F_2(t) + \cdots + H_{in}(\omega)F_n(t) \quad i = 1, 2, \cdots, n$$

下面通过两个算例来了解一下频响函数法的求解思路。

【例题 3-1】

试利用频响函数法重新计算【例题 2-1】。

【解】 由题意，易得该车辆系统的运动微分方程如下：

$$\begin{pmatrix} m_1 & 0 \\ 0 & m_2 \end{pmatrix}\begin{pmatrix} \ddot{x}_1 \\ \ddot{x}_2 \end{pmatrix} + \begin{pmatrix} c & -c \\ -c & c \end{pmatrix}\begin{pmatrix} \dot{x}_1 \\ \dot{x}_2 \end{pmatrix} + \begin{pmatrix} k_s+k & -k \\ -k & k \end{pmatrix}\begin{pmatrix} x_1 \\ x_2 \end{pmatrix} = \begin{pmatrix} k_s x_s \\ F \end{pmatrix} = \begin{pmatrix} k_s a \mathrm{e}^{\mathrm{j}\omega t} \\ F_A \mathrm{e}^{\mathrm{j}\omega t} \end{pmatrix} \tag{a}$$

则系统的位移阻抗矩阵为：

$$\boldsymbol{Z}_d(\omega) = \boldsymbol{K} - \omega^2 \boldsymbol{M} + \mathrm{j}\omega \boldsymbol{C} = \begin{pmatrix} k_s+k-m_1\omega^2+\mathrm{j}\omega c & -k-\mathrm{j}\omega c \\ -k-\mathrm{j}\omega c & k-m_2\omega^2+\mathrm{j}\omega c \end{pmatrix} \tag{b}$$

系统的频响函数矩阵为：

$$\boldsymbol{H}_d(\omega) = \boldsymbol{Z}_d(\omega)^{-1} = \frac{\mathrm{adj}\boldsymbol{Z}_d(\omega)}{\det\boldsymbol{Z}_d(\omega)} = \frac{\begin{pmatrix} k-m_2\omega^2+\mathrm{j}\omega c & k+\mathrm{j}\omega c \\ k+\mathrm{j}\omega c & k_s+k-m_1\omega^2+\mathrm{j}\omega c \end{pmatrix}}{(k_s+k-m_1\omega^2+\mathrm{j}\omega c)(k-m_2\omega^2+\mathrm{j}\omega c)-(k+\mathrm{j}\omega c)^2}$$

$$= \frac{\begin{pmatrix} k-m_2\omega^2+\mathrm{j}\omega c & k+\mathrm{j}\omega c \\ k+\mathrm{j}\omega c & k_s+k-m_1\omega^2+\mathrm{j}\omega c \end{pmatrix}}{(k_s-m_1\omega^2)(k-m_2\omega^2+\mathrm{j}\omega c)-m_2\omega^2(k+\mathrm{j}\omega c)} \tag{c}$$

系统的稳态响应为：

$$\begin{pmatrix} x_1 \\ x_2 \end{pmatrix} = \boldsymbol{H}_d(\omega)\begin{pmatrix} k_s a \mathrm{e}^{\mathrm{j}\omega t} \\ F_A \mathrm{e}^{\mathrm{j}\omega t} \end{pmatrix} = \begin{pmatrix} \dfrac{k_s a \mathrm{e}^{\mathrm{j}\omega t}(k-m_2\omega^2+\mathrm{j}\omega c)+F_A \mathrm{e}^{\mathrm{j}\omega t}(k+\mathrm{j}\omega c)}{(k_s-m_1\omega^2)(k-m_2\omega^2+\mathrm{j}\omega c)-m_2\omega^2(k+\mathrm{j}\omega c)} \\ \dfrac{k_s a \mathrm{e}^{\mathrm{j}\omega t}(k+\mathrm{j}\omega c)+F_A \mathrm{e}^{\mathrm{j}\omega t}(k+k_s-m_1\omega^2+\mathrm{j}\omega c)}{(k_s-m_1\omega^2)(k-m_2\omega^2+\mathrm{j}\omega c)-m_2\omega^2(k+\mathrm{j}\omega c)} \end{pmatrix} \tag{d}$$

以上结果与【例题 2-1】中的结果完全一致，显然就本例而言，频响函数法更为简单快捷。

【例题 3-2】

试利用频响函数法重新计算【例题 2-2】。

【解】 容易建立系统的运动微分方程如下：

$$\begin{pmatrix} m_1 & 0 & 0 \\ 0 & m_2 & 0 \\ 0 & 0 & m_3 \end{pmatrix} \begin{pmatrix} \ddot{x}_1 \\ \ddot{x}_2 \\ \ddot{x}_3 \end{pmatrix} + \begin{pmatrix} c_1 & 0 & -c_1 \\ 0 & c_2 & -c_2 \\ -c_1 & -c_2 & c_1+c_2+c_3 \end{pmatrix} \begin{pmatrix} \dot{x}_1 \\ \dot{x}_2 \\ \dot{x}_3 \end{pmatrix} + \begin{pmatrix} k_1 & 0 & -k_1 \\ 0 & k_2 & -k_2 \\ -k_1 & -k_2 & k_1+k_2+k_3 \end{pmatrix} \begin{pmatrix} x_1 \\ x_2 \\ x_3 \end{pmatrix} = \begin{pmatrix} F_A e^{j\omega t} \\ 0 \\ 0 \end{pmatrix} \quad (a)$$

系统的频响函数矩阵为：

$$H_d(\omega) = (K - \omega^2 M + j\omega C)^{-1}$$

$$= \begin{pmatrix} k_1 - m_1\omega^2 + j\omega c_1 & 0 & -k_1 - j\omega c_1 \\ 0 & k_2 - m_2\omega^2 + j\omega c_2 & -k_2 - j\omega c_2 \\ -k_1 - j\omega c_1 & -k_2 - j\omega c_2 & k_1+k_2+k_3 - m_3\omega^2 + j\omega(c_1+c_2+c_3) \end{pmatrix}^{-1}$$

$$= \frac{\mathrm{adj}\begin{pmatrix} k_1 - m_1\omega^2 + j\omega c_1 & 0 & -k_1 - j\omega c_1 \\ 0 & k_2 - m_2\omega^2 + j\omega c_2 & -k_2 - j\omega c_2 \\ -k_1 - j\omega c_1 & -k_2 - j\omega c_2 & k_1+k_2+k_3 - m_3\omega^2 + j\omega(c_1+c_2+c_3) \end{pmatrix}}{\det\begin{pmatrix} k_1 - m_1\omega^2 + j\omega c_1 & 0 & -k_1 - j\omega c_1 \\ 0 & k_2 - m_2\omega^2 + j\omega c_2 & -k_2 - j\omega c_2 \\ -k_1 - j\omega c_1 & -k_2 - j\omega c_2 & k_1+k_2+k_3 - m_3\omega^2 + j\omega(c_1+c_2+c_3) \end{pmatrix}} \quad (b)$$

根据式（b），可以很容易根据线性代数的知识得到具体的表达式（涉及 3 阶矩阵的伴随矩阵和行列式求解，较为烦琐，这里不再给出）。

则系统的稳态响应为：

$$\begin{pmatrix} x_1 \\ x_2 \\ x_3 \end{pmatrix} = H_d(\omega) \begin{pmatrix} F_A e^{j\omega t} \\ 0 \\ 0 \end{pmatrix} = \begin{pmatrix} H_{11}(\omega) F_A e^{j\omega t} \\ H_{21}(\omega) F_A e^{j\omega t} \\ H_{31}(\omega) F_A e^{j\omega t} \end{pmatrix} \quad (c)$$

由式（c）一定可以得到机组的响应 $x_1(t)$、动力吸振器的响应 $x_2(t)$ 以及中间质量块的响应 $x_3(t)$，进而可以得到传递到基础上的力 $F_s = (k_3 + j\omega c_3) x_3$。这里仅给出求解思路，感兴趣的读者请自行完成整个推导过程，并与机械阻抗法的结果进行对比，二者结果必然相一致。

频响函数法与机械阻抗法相比各有优缺点，前者的响应求解特别是多激励情形的速度更快，但与经典牛顿力学体系或分析力学体系的分析方法（如后面即将介绍的模态分析法）一样需要知道系统的运动微分方程；而后者则不需要建立系统的运动微分方程，但需要画出系统的机械网络图，特别是对于多激励情形的响应求解需要根据叠加原理，求解速度受到一定的影响。总之，上述两种方法均是工程振动领域应用广泛的进行结构动态特性分析的主流方法。

第4章

模态分析法

4.1 引　　言

模态分析法（Modal Analysis Method）属于经典的牛顿矢量力学体系以及分析力学体系中针对多自由度系统或连续体系统进行振动分析的一种非常有效的动态分析方法。该方法自 20 世纪 70 年代问世以来，在航空、航天、航海、机械、土木与建筑、能源与动力、交通运输、生物医学工程等众多工程领域中得到了广泛应用。该方法不仅可以对系统进行理论模态分析，还可以结合现代测试技术对工程实际结构进行试验模态分析，从而识别出系统的有关动力学参数，这也是该方法最大的特点之一。

模态是多自由度系统或连续体系统的固有属性，每一个模态都有其特定的固有频率、阻尼比和模态振型等模态参数，分析这些模态参数的过程称为模态分析。

根据分析目的的不同，模态分析主要分为**理论模态分析**和**试验模态分析**两大类。

理论模态分析就是通过对系统进行固有振动分析，求解系统的矩阵特征值问题，即可得到系统的模态参数（特征值正的平方根对应固有频率、特征向量对应模态振型）。按照特征值和特征向量是实数还是复数，模态可分为实模态和复模态两种。对于系统响应的求解，往往利用模态振型的正交性并借助振型叠加法来完成。通过模态坐标变换，使系统运动微分方程解耦，即可求出系统的响应。对于具有复杂边界条件的弹性体系统，理论模态分析常常借助于有限元法来进行。此外，利用理论模态分析还可以进行结构动力修改与灵敏度分析，为结构动态性能改进与优化设计提供指导。

试验模态分析是通过试验采集的数据进行系统模态参数辨识的技术，与理论模态分析的正向动力学分析不同，属于经典动力学逆问题的研究范畴。不仅可以评价现有结构的动态特性，还可以进行结构的健康状态监测，即诊断及预测结构的缺陷与故障，控制结构的辐射噪声以及识别结构的载荷等。

本章将对目前振动类书籍中均涉及的多自由度系统和简单的一维弹性体系统的理论模态分析进行简明介绍，同时对试验模态分析技术进行概述并给出工程应用实例。

4.2　多自由度系统的实模态分析

4.2.1　无阻尼情形

经典多自由度无阻尼系统的运动微分方程如下：

$$M\ddot{x}+Kx=F(t) \quad (4\text{-}1)$$

一般情况下，质量矩阵 M 或刚度矩阵 K 中往往会出现非主对角元素非 0 的耦合项，这时方程式（4-1）通常为耦合方程，直接求其响应是困难的。然而可以通过合适的坐标变换（非物理坐标），使方程式（4-1）解耦。下面进行的固有振动分析，除了可以得到系统的固有频率和模态振型外，更主要的就是寻找这一坐标变换的方式，为系统强迫响应的求解奠定基础。

1. 固有振动分析

令方程式（4-1）中右端激励力向量为零向量，则可以得到多自由度无阻尼系统的固有振动方程如下：

$$M\ddot{x}+Kx=0 \quad (4\text{-}2)$$

易知其通解具有如下形式：

$$x=\boldsymbol{\phi}\sin(\omega t+\varphi) \quad (4\text{-}3)$$

将式（4-3）代入方程式（4-2）中可得振型方程：

$$D\boldsymbol{\phi}=0 \quad (4\text{-}4)$$

式中，$D=K-\omega^2 M$ 为**特征矩阵**。注意与第 3 章介绍的位移阻抗矩阵 Z_d 的区别，二者虽然表达式完全一致，但阻抗矩阵 Z_d 中的 ω 为激励频率，而特征矩阵 D 中的 ω 为待求系统的固有频率。

由线性代数知识可知，方程式（4-4）存在非零解的充分必要条件是特征矩阵的行列式为零，即

$$\det D = |K-\omega^2 M| = 0 \quad (4\text{-}5)$$

方程式（4-5）称为**特征方程**，ω^2 称为**特征值**，式（4-3）~式（4-4）中的 $\boldsymbol{\phi}$ 称为**特征向量**。

对于 n 自由度正定系统，存在 n 个互不相等（特征值相等的情况属于特例，不在本书的考虑范围）的非零特征值以及相应的特征向量，记 $\boldsymbol{\phi}_i$ 为对应于特征值 $\lambda_i = \omega_i^2$（$i=1, 2, \cdots, n$）的特征向量，称为第 i 阶模态振型，ω_i 通常按升序排列，称为第 i 阶固有频率。

模态振型的选择仅取决于质量矩阵 M 和刚度矩阵 K，在单自由度系统中无此概念。模态振型的确定方法之一是利用特征矩阵 D 的伴随矩阵 $\text{adj}D$ 求解，其每一非零列都是第 i 阶模态振型 $\boldsymbol{\phi}_i$。

由式（4-4）可以看出，该方程可以化成标准矩阵特征值问题（$M^{-1}K\boldsymbol{\phi}=\lambda\boldsymbol{\phi}$）。因此，根据线性代数知识可知，其特征向量（即模态振型）之间应存在如下正交性：

$$\begin{cases} \boldsymbol{\phi}_i^T M \boldsymbol{\phi}_j = M_{pi}\delta_{ij} \\ \boldsymbol{\phi}_i^T K \boldsymbol{\phi}_j = K_{pi}\delta_{ij} \end{cases} \quad (4\text{-}6)$$

式中，$\delta_{ij}=\begin{cases} 1 & i=j \\ 0 & i\neq j \end{cases}$ 为符号函数。M_{pi} 和 K_{pi} 分别称为第 i 阶**模态质量**和**模态刚度**，二者之间满足：

$$\omega_i^2 = \frac{K_{pi}}{M_{pi}} \quad (4\text{-}7)$$

而**模态振型矩阵**（以下简称模态矩阵）$\boldsymbol{\Phi}=(\boldsymbol{\phi}_1, \boldsymbol{\phi}_2, \cdots, \boldsymbol{\phi}_n)_{n\times n}$ 的正交性如下：

$$\boldsymbol{\Phi}^\mathrm{T} \boldsymbol{M} \boldsymbol{\Phi} = \boldsymbol{M}_p = \mathrm{diag}(M_{pi}) \tag{4-8}$$

$$\boldsymbol{\Phi}^\mathrm{T} \boldsymbol{K} \boldsymbol{\Phi} = \boldsymbol{K}_p = \mathrm{diag}(K_{pi}) \tag{4-9}$$

式中，对角阵 $\boldsymbol{M}_p$ 为**模态质量阵**；对角阵 $\boldsymbol{K}_p$ 为**模态刚度阵**。

在实际的模态分析过程中，为了方便起见，往往需要对模态振型进行归一化处理（有限元分析中也必须完成的一个关键步骤）。通常有两种归一化方式：

1）普通归一化，使模态振型的某一个元素为 1，其他元素相对于其成比例变化。

2）质量归一化，即使每一阶模态质量均为 1，这种归一化也通常称为正则化，所得到的模态振型称为质量归一化模态振型或正则模态振型，它与普通的归一化模态振型之间存在如下关系：

$$\boldsymbol{\psi}_i = \frac{\boldsymbol{\phi}_i}{\sqrt{M_{pi}}} \tag{4-10}$$

式中，$\boldsymbol{\psi}_i$ 表示质量归一化模态振型；$\boldsymbol{\phi}_i$ 表示普通归一化模态振型。一般地，如无特别声明，模态振型均指质量归一化模态振型。

质量归一化的模态矩阵 $\boldsymbol{\Psi} = (\boldsymbol{\Psi}_1, \boldsymbol{\Psi}_2, \cdots, \boldsymbol{\Psi}_n)$ 存在如下正交性：

$$\boldsymbol{\Psi}^\mathrm{T} \boldsymbol{M} \boldsymbol{\Psi} = \boldsymbol{I} \tag{4-11}$$

$$\boldsymbol{\Psi}^\mathrm{T} \boldsymbol{K} \boldsymbol{\Psi} = \boldsymbol{\Lambda} \tag{4-12}$$

式中，$\boldsymbol{I}$ 为单位矩阵；$\boldsymbol{\Lambda} = \mathrm{diag}(\omega_i^2)$。

2. 强迫振动响应

对 $\boldsymbol{x}$ 进行实模态变换 $\boldsymbol{x} = \boldsymbol{\Phi} \boldsymbol{\eta}$（$\boldsymbol{\eta}$ 为模态坐标），将其代入方程式（4-1），两端同时左乘 $\boldsymbol{\Phi}^\mathrm{T}$，利用模态矩阵的正交性式（4-8）~式（4-9），很容易得到如下解耦方程：

$$\boldsymbol{M}_p \ddot{\boldsymbol{\eta}} + \boldsymbol{K}_p \boldsymbol{\eta} = \boldsymbol{R}(t) \tag{4-13}$$

式中，$\boldsymbol{R}(t) = \boldsymbol{\Phi}^\mathrm{T} \boldsymbol{F}(t)$ 为模态激励向量。

式（4-13）的第 i 个方程为：

$$M_{pi} \ddot{\eta}_i + K_{pi} \eta_i = R_i(t) \tag{4-14}$$

其响应的求解方法与简单的单自由度无阻尼系统强迫响应的求解方法完全相同，这里不再介绍。

上述模态响应求出后，即可得到系统在物理坐标下的响应：

$$\boldsymbol{x}(t) = \boldsymbol{\Phi} \boldsymbol{\eta} = \sum_{i=1}^{n} \boldsymbol{\phi}_i \eta_i(t) \tag{4-15}$$

式（4-15）就是把模态坐标响应 $\eta_i(t)$ 返回到物理坐标中，表现为每个模态振型对响应贡献的总和，所以上述过程也称为模态叠加原理。

需要说明的是，上述坐标变换也完全可以用质量归一化模态矩阵进行处理，可以得到完全一致的强迫振动响应。

4.2.2　经典阻尼情形

对于一般黏性阻尼系统，其运动微分方程为：

$$\boldsymbol{M} \ddot{\boldsymbol{x}} + \boldsymbol{C} \dot{\boldsymbol{x}} + \boldsymbol{K} \boldsymbol{x} = \boldsymbol{F}(t) \tag{4-16}$$

能否利用前面所述的实模态变换来使方程式（4-16）解耦，关键在于阻尼矩阵 $\boldsymbol{C}$ 在上述实模态变换下能否化为对角阵。如果能有：

$$\boldsymbol{\Phi}^{\mathrm{T}} \boldsymbol{C} \boldsymbol{\Phi} = \boldsymbol{C}_p = \mathrm{diag}(C_{pi}) = \mathrm{diag}(2M_{pi}\zeta_i\omega_i) \tag{4-17}$$

那么，方程式（4-16）将肯定解耦。

式中，$\boldsymbol{C}_p$ 为**模态阻尼阵**；C_{pi} 为第 i 阶**模态阻尼系数**；ζ_i 为第 i 阶**模态阻尼比**。

这时同样采用实模态变换 $\boldsymbol{x} = \boldsymbol{\Phi}\boldsymbol{\eta}$，利用模态矩阵正交性，可使方程式（4-16）解耦，从而可得系统的强迫振动响应。

可以证明，利用实模态变换将阻尼矩阵化为对角阵的充要条件是：

$$\boldsymbol{C}\boldsymbol{M}^{-1}\boldsymbol{K} = \boldsymbol{K}\boldsymbol{M}^{-1}\boldsymbol{C} \tag{4-18}$$

满足式（4-18）的阻尼称为**经典阻尼**。

4.2.3 实模态频响函数矩阵

对于多自由度系统来说，根据第 3 章介绍的频响函数法，很容易得到以系统物理参数表征的频响函数矩阵 $\boldsymbol{H}_d(\omega)$。它既然是系统非常重要的一个物理量，是否也与系统的模态参数有关？也就是说，能否用模态参数来表征？回答是肯定的，借助模态振型矩阵的正交性经一定的数学推导即可得到，如下所示：

$$\begin{aligned}
\boldsymbol{H}_d(\omega) &= (\boldsymbol{K} - \omega^2 \boldsymbol{M} + \mathrm{j}\omega \boldsymbol{C})^{-1} = \boldsymbol{\Phi}\boldsymbol{\Phi}^{-1}(\boldsymbol{K} - \omega^2 \boldsymbol{M} + \mathrm{j}\omega \boldsymbol{C})^{-1}(\boldsymbol{\Phi}^{\mathrm{T}})^{-1}\boldsymbol{\Phi}^{\mathrm{T}} \\
&= \boldsymbol{\Phi}[\boldsymbol{\Phi}^{\mathrm{T}}(\boldsymbol{K} - \omega^2 \boldsymbol{M} + \mathrm{j}\omega \boldsymbol{C})\boldsymbol{\Phi}]^{-1}\boldsymbol{\Phi}^{\mathrm{T}} = \boldsymbol{\Phi}[\boldsymbol{K}_p - \omega^2 \boldsymbol{M}_p + \mathrm{j}\omega \boldsymbol{C}_p]^{-1}\boldsymbol{\Phi}^{\mathrm{T}} \\
&= \sum_{i=1}^{n} \frac{\boldsymbol{\phi}_i \boldsymbol{\phi}_i^{\mathrm{T}}}{K_{pi} - \omega^2 M_{pi} + \mathrm{j}\omega C_{pi}}
\end{aligned} \tag{4-19}$$

其中的元素 $H_{lp}(\omega)$ 为：

$$H_{lp}(\omega) = \sum_{i=1}^{n} \frac{\phi_{il}\phi_{ip}}{K_{pi} - \omega^2 M_{pi} + \mathrm{j}\omega C_{pi}}$$

以上结果表明，当存在实模态振型正交性的条件下，多自由度系统的频响函数矩阵一定能表示成模态参数（模态质量、模态刚度、模态阻尼系数以及模态振型）的叠加形式。这时的频响函数矩阵也称为实模态频响函数矩阵，这也是工程中可以利用经典试验模态分析技术（见 4.6 节内容），通过采集输入激励力信号和输出振动响应信号进而提取频响函数进行模态参数识别的原因。

【**例题 4-1**】

若已知【例题 2-1】中车辆系统的参数满足 $m_1 = 4m$、$m_2 = m$、$k_s = 3k$、$F_A = ka$，试用模态分析法求解系统的无阻尼固有频率和实模态振型，并求解系统的稳态响应。

【**解**】　由题意，易得系统的运动微分方程如下：

$$\begin{pmatrix} 4m & 0 \\ 0 & m \end{pmatrix} \begin{pmatrix} \ddot{x}_1 \\ \ddot{x}_2 \end{pmatrix} + \begin{pmatrix} c & -c \\ -c & c \end{pmatrix} \begin{pmatrix} \dot{x}_1 \\ \dot{x}_2 \end{pmatrix} + \begin{pmatrix} 4k & -k \\ -k & k \end{pmatrix} \begin{pmatrix} x_1 \\ x_2 \end{pmatrix} = \begin{pmatrix} 3ka\mathrm{e}^{\mathrm{j}\omega t} \\ ka\mathrm{e}^{\mathrm{j}\omega t} \end{pmatrix} \tag{a}$$

首先进行系统的实模态分析，令激励为零向量，系统的无阻尼固有振动方程为：

$$\begin{pmatrix} 4m & 0 \\ 0 & m \end{pmatrix} \begin{pmatrix} \ddot{x}_1 \\ \ddot{x}_2 \end{pmatrix} + \begin{pmatrix} 4k & -k \\ -k & k \end{pmatrix} \begin{pmatrix} x_1 \\ x_2 \end{pmatrix} = \begin{pmatrix} 0 \\ 0 \end{pmatrix} \tag{b}$$

易得该系统的特征矩阵如下:

$$\boldsymbol{D} = \boldsymbol{K} - \omega^2 \boldsymbol{M} = \begin{pmatrix} 4k-4m\omega^2 & -k \\ -k & k-m\omega^2 \end{pmatrix} \tag{c}$$

上式中令 $\alpha = \dfrac{m\omega^2}{k}$,则:

$$\boldsymbol{D} = k \begin{pmatrix} 4-4\alpha & -1 \\ -1 & 1-\alpha \end{pmatrix} \tag{d}$$

因而特征方程为:

$$\det \boldsymbol{D} = k^2 \begin{vmatrix} 4-4\alpha & -1 \\ -1 & 1-\alpha \end{vmatrix} = 0 \tag{e}$$

解得 $\alpha_1 = \dfrac{1}{2}$,$\alpha_2 = \dfrac{3}{2}$,进而得到系统无阻尼固有频率分别为 $\omega_1 = \sqrt{\dfrac{k}{2m}}$,$\omega_2 = \sqrt{\dfrac{3k}{2m}}$。

下面求实模态振型,易知特征矩阵的伴随矩阵为:

$$\mathrm{adj}\boldsymbol{D} = k \begin{pmatrix} 1-\alpha & 1 \\ 1 & 4-4\alpha \end{pmatrix}$$

取上述矩阵的第一列(或第二列),分别将 $\alpha_1 = \dfrac{1}{2}$,$\alpha_2 = \dfrac{3}{2}$ 代入得到实模态振型为:

$$\boldsymbol{\phi}_1 = \begin{pmatrix} 1 \\ 2 \end{pmatrix}, \quad \boldsymbol{\phi}_2 = \begin{pmatrix} 1 \\ -2 \end{pmatrix}$$

上述振型即为普通的归一化振型,由它们组成的实模态矩阵为 $\boldsymbol{\Phi} = \begin{pmatrix} 1 & 1 \\ 2 & -2 \end{pmatrix}$。很显然可以同时使质量矩阵 $\boldsymbol{M}$ 和刚度矩阵 $\boldsymbol{K}$ 对角化,若还能使阻尼矩阵 $\boldsymbol{C}$ 对角化,则方程式(a)的求解将迎刃而解,下面就来看一下。

$$\boldsymbol{\Phi}^{\mathrm{T}} \boldsymbol{C} \boldsymbol{\Phi} = \begin{pmatrix} 1 & 2 \\ 1 & -2 \end{pmatrix} \begin{pmatrix} c & -c \\ -c & c \end{pmatrix} \begin{pmatrix} 1 & 1 \\ 2 & -2 \end{pmatrix} = \begin{pmatrix} c & -3c \\ -3c & 9c \end{pmatrix} \tag{f}$$

上式的结果显然是非对角阵,因此采用实模态矩阵 $\boldsymbol{\Phi} = \begin{pmatrix} 1 & 1 \\ 2 & -2 \end{pmatrix}$ 无法让阻尼矩阵对角化,也就意味着本题无法采用实模态分析法完成稳态响应的求解。

需要注意的是,本题若考虑车辆悬架系统的阻尼,即在图2-1中的车体与路面之间附加有阻尼器 c_s,令 $c_s = 3c$,此时系统的阻尼矩阵变为:

$$\boldsymbol{C} = \begin{pmatrix} c_s + c & -c \\ -c & c \end{pmatrix} = \begin{pmatrix} 4c & -c \\ -c & c \end{pmatrix}$$

此时的阻尼矩阵能否利用实模态矩阵实现对角化?来看一下:

$$\boldsymbol{\Phi}^{\mathrm{T}} \boldsymbol{C} \boldsymbol{\Phi} = \begin{pmatrix} 1 & 2 \\ 1 & -2 \end{pmatrix} \begin{pmatrix} 4c & -c \\ -c & c \end{pmatrix} \begin{pmatrix} 1 & 1 \\ 2 & -2 \end{pmatrix} = \begin{pmatrix} 4c & 0 \\ 0 & 12c \end{pmatrix} = \boldsymbol{C}_p = \mathrm{diag}(C_{pi}) \tag{g}$$

很显然上式结果为对角阵，因此可以利用实模态坐标变换 $x = \boldsymbol{\Phi}\boldsymbol{\eta}$ 进行本例车辆系统的强迫响应的求解。

此时，该车辆系统在模态坐标下的解耦方程如下：

$$M_p \ddot{\boldsymbol{\eta}} + C_p \dot{\boldsymbol{\eta}} + K_p \boldsymbol{\eta} = R(t) \tag{h}$$

式中，模态质量阵 $M_p = \boldsymbol{\Phi}^T M \boldsymbol{\Phi} = \begin{pmatrix} 8m & 0 \\ 0 & 8m \end{pmatrix}$，模态刚度阵 $K_p = \boldsymbol{\Phi}^T K \boldsymbol{\Phi} = \begin{pmatrix} 4k & 0 \\ 0 & 12k \end{pmatrix}$，模态阻尼阵见式（g），模态激励向量 $R(t) = \boldsymbol{\Phi}^T \begin{pmatrix} (3k+3jwc)ae^{j\omega t} \\ kae^{j\omega t} \end{pmatrix} = \begin{pmatrix} (5k+3jwc)ae^{j\omega t} \\ (k+3jwc)ae^{j\omega t} \end{pmatrix}$。

模态坐标下的响应分别为：

$$\begin{cases} \eta_1 = \dfrac{(5k+3jwc)ae^{j\omega t}}{4(k-2m\omega^2+j\omega c)} \\ \eta_2 = \dfrac{(k+3jwc)ae^{j\omega t}}{4(3k-2m\omega^2+3j\omega c)} \end{cases} \tag{i}$$

则物理坐标下系统的稳态响应为：

$$x = \boldsymbol{\Phi}\boldsymbol{\eta} \Rightarrow \begin{pmatrix} x_1 \\ x_2 \end{pmatrix} = \begin{pmatrix} 1 & 1 \\ 2 & -2 \end{pmatrix} \begin{pmatrix} \eta_1 \\ \eta_2 \end{pmatrix} = \begin{pmatrix} \eta_1 + \eta_2 \\ 2\eta_1 - 2\eta_2 \end{pmatrix} = \begin{pmatrix} \dfrac{(k+jwc)(4k-3m\omega^2+3j\omega c)ae^{j\omega t}}{(k-2m\omega^2+j\omega c)(3k-2m\omega^2+3j\omega c)} \\ \dfrac{[(k+jwc)(7k+3j\omega c)-4km\omega^2]ae^{j\omega t}}{(k-2m\omega^2+j\omega c)(3k-2m\omega^2+3j\omega c)} \end{pmatrix} \tag{j}$$

对于本例中考虑悬架系统阻尼的情形，同样可以采用机械阻抗法和频响函数法完成计算，可以得到与式（j）完全一致的结果，感兴趣的读者可以自行练习一下。

【例题 4-2】

若已知【例题 2-2】中机组系统的参数满足 $m_1 = m_2 = m$，$m_3 = 8m$；$k_1 = k_2 = k$，$k_3 = 6k$；$c_1 = c_2 = c$，$c_3 = 6c$，试用模态分析法求解系统的无阻尼固有频率和实模态振型，并求解机组的稳态响应 $x_1(t)$ 和传递到基础上的力 F_s。

【解】 本题为典型的 3 自由度系统稳态响应求解问题，易得系统的运动微分方程如下：

$$\begin{pmatrix} m & 0 & 0 \\ 0 & m & 0 \\ 0 & 0 & 8m \end{pmatrix} \begin{pmatrix} \ddot{x}_1 \\ \ddot{x}_2 \\ \ddot{x}_3 \end{pmatrix} + \begin{pmatrix} c & 0 & -c \\ 0 & c & -c \\ -c & -c & 8c \end{pmatrix} \begin{pmatrix} \dot{x}_1 \\ \dot{x}_2 \\ \dot{x}_3 \end{pmatrix} + \begin{pmatrix} k & 0 & -k \\ 0 & k & -k \\ -k & -k & 8k \end{pmatrix} \begin{pmatrix} x_1 \\ x_2 \\ x_3 \end{pmatrix} = \begin{pmatrix} F_A e^{j\omega t} \\ 0 \\ 0 \end{pmatrix} \tag{a}$$

首先进行系统的实模态分析，相应的无阻尼固有振动方程为：

$$\begin{pmatrix} m & 0 & 0 \\ 0 & m & 0 \\ 0 & 0 & 8m \end{pmatrix} \begin{pmatrix} \ddot{x}_1 \\ \ddot{x}_2 \\ \ddot{x}_3 \end{pmatrix} + \begin{pmatrix} k & 0 & -k \\ 0 & k & -k \\ -k & -k & 8k \end{pmatrix} \begin{pmatrix} x_1 \\ x_2 \\ x_3 \end{pmatrix} = \begin{pmatrix} 0 \\ 0 \\ 0 \end{pmatrix} \tag{b}$$

易得该系统的特征矩阵如下：

$$D = K - \omega^2 M = \begin{pmatrix} k-m\omega^2 & 0 & -k \\ 0 & k-m\omega^2 & -k \\ -k & -k & 8k-8m\omega^2 \end{pmatrix} \tag{c}$$

上式中令 $\alpha = \dfrac{m\omega^2}{k}$，则：

$$D = k \begin{pmatrix} 1-\alpha & 0 & -1 \\ 0 & 1-\alpha & -1 \\ -1 & -1 & 8(1-\alpha) \end{pmatrix} \tag{d}$$

因而特征方程为：

$$\det D = k^3 \begin{vmatrix} 1-\alpha & 0 & -1 \\ 0 & 1-\alpha & -1 \\ -1 & -1 & 8(1-\alpha) \end{vmatrix} = 0 \tag{e}$$

解得 $\alpha_1 = \dfrac{1}{2}$，$\alpha_2 = 1$，$\alpha_3 = \dfrac{3}{2}$，进而得到系统无阻尼固有频率分别为 $\omega_1 = \sqrt{\dfrac{k}{2m}}$，$\omega_2 = \sqrt{\dfrac{k}{m}}$，$\omega_3 = \sqrt{\dfrac{3k}{2m}}$。

下面求实模态振型，易知特征矩阵的伴随矩阵为：

$$\mathrm{adj}\,D = k^2 \begin{pmatrix} 8(1-\alpha)^2-1 & 1 & 1-\alpha \\ 1 & 8(1-\alpha)^2-1 & 1-\alpha \\ 1-\alpha & 1-\alpha & (1-\alpha)^2 \end{pmatrix}$$

取上述矩阵的第一列，分别将 $\alpha_1 = 1/2$，$\alpha_2 = 1$，$\alpha_3 = 3/2$ 代入得到实模态振型为 $\boldsymbol{\phi}_1 = (1\ \ 1\ \ 1/2)^\mathrm{T}$，$\boldsymbol{\phi}_2 = (-1\ \ 1\ \ 0)^\mathrm{T}$，$\boldsymbol{\phi}_3 = (1\ \ 1\ \ -1/2)^\mathrm{T}$。

实模态矩阵为 $\boldsymbol{\Phi} = \begin{pmatrix} 1 & -1 & 1 \\ 1 & 1 & 1 \\ 1/2 & 0 & -1/2 \end{pmatrix}$，由于阻尼矩阵可以对角化，即

$$\boldsymbol{\Phi}^\mathrm{T} C \boldsymbol{\Phi} = \begin{pmatrix} 1 & -1 & 1 \\ 1 & 1 & 1 \\ 1/2 & 0 & -1/2 \end{pmatrix}^\mathrm{T} \begin{pmatrix} c & 0 & -c \\ 0 & c & -c \\ -c & -c & 8c \end{pmatrix} \begin{pmatrix} 1 & -1 & 1 \\ 1 & 1 & 1 \\ 1/2 & 0 & -1/2 \end{pmatrix} = \begin{pmatrix} 2c & 0 & 0 \\ 0 & 2c & 0 \\ 0 & 0 & 6c \end{pmatrix} = \boldsymbol{C}_p = \mathrm{diag}(C_{pi})$$

(f)

因此可以利用实模态坐标变换 $\boldsymbol{x} = \boldsymbol{\Phi}\boldsymbol{\eta}$ 进行系统强迫响应的求解。

此时，系统在模态坐标下的解耦方程如下：

$$M_p \ddot{\boldsymbol{\eta}} + C_p \dot{\boldsymbol{\eta}} + K_p \boldsymbol{\eta} = R(t) \tag{g}$$

式中，模态质量阵 $M_p = \boldsymbol{\Phi}^\mathrm{T} M \boldsymbol{\Phi} = \begin{pmatrix} 4m & 0 & 0 \\ 0 & 2m & 0 \\ 0 & 0 & 4m \end{pmatrix}$；模态刚度阵 $K_p = \boldsymbol{\Phi}^\mathrm{T} K \boldsymbol{\Phi} = \begin{pmatrix} 2k & 0 & 0 \\ 0 & 2k & 0 \\ 0 & 0 & 6k \end{pmatrix}$；

模态阻尼阵见式（f）；模态激励向量 $R(t) = \boldsymbol{\Phi}^\mathrm{T} \begin{pmatrix} F_A \mathrm{e}^{\mathrm{j}\omega t} \\ 0 \\ 0 \end{pmatrix} = \begin{pmatrix} F_A \mathrm{e}^{\mathrm{j}\omega t} \\ -F_A \mathrm{e}^{\mathrm{j}\omega t} \\ F_A \mathrm{e}^{\mathrm{j}\omega t} \end{pmatrix}$。

模态坐标下的响应分别为：

$$\begin{cases} \eta_1 = \dfrac{F_A e^{j\omega t}}{2(k-2m\omega^2+j\omega c)} \\ \eta_2 = \dfrac{-F_A e^{j\omega t}}{2(k-m\omega^2+j\omega c)} \\ \eta_3 = \dfrac{F_A e^{j\omega t}}{2(3k-2m\omega^2+3j\omega c)} \end{cases} \tag{h}$$

则有：

$$x = \begin{pmatrix} x_1 \\ x_2 \\ x_3 \end{pmatrix} = \boldsymbol{\Phi}\boldsymbol{\eta} = \begin{pmatrix} 1 & -1 & 1 \\ 1 & 1 & 1 \\ 1/2 & 0 & -1/2 \end{pmatrix} \begin{pmatrix} \eta_1 \\ \eta_2 \\ \eta_3 \end{pmatrix} = \begin{pmatrix} \eta_1-\eta_2+\eta_3 \\ \eta_1+\eta_2+\eta_3 \\ 1/2\eta_1-1/2\eta_3 \end{pmatrix} \tag{i}$$

将式（h）代入式（i）中即可分别得到机组、动力吸振器和中间质量块处的稳态响应 $x_1(t)$、$x_2(t)$、$x_3(t)$，而传递到基础上的力 $F_s = (k_3+j\omega c_3)x_3$。若将【例题2-2】和【例题3-2】中的系统参数设置成本例中的参数，容易证明三者的求解结果完全一致。

需要说明的是，上述算例中的参数设置属于特殊情形（即实模态矩阵可以使阻尼矩阵对角化），可以采用实模态分析法进行计算，计算过程相比于机械阻抗法和频响函数法复杂，但作为一个极为通用的振动分析方法，模态分析法具有前面两种方法无法比拟的优点，不但可以求解任意激励下系统的响应，还可以很好地了解系统的固有振动特性。本例中若采取其他参数设置，实模态分析可能无法完成，需要采用下一节中介绍的复模态分析。而且，对于高于3自由度系统的实模态分析甚至更为复杂的复模态分析，建议采用计算机编程（如MATLAB语言编程）完成计算。

4.3 多自由度系统的复模态分析[4]

对于一般黏性阻尼系统，若利用无阻尼系统的实模态矩阵 $\boldsymbol{\Phi}$ 使得阻尼矩阵 $\boldsymbol{C}$ 不能对角化（如【例题4-1】中呈现的那样），这时利用实模态坐标变换进行解耦的方法就不再适用，要用下述的复模态分析法来进行解耦。

令方程式（4-16）右端激励项为零向量，可得一般黏性阻尼系统的固有振动方程如下：

$$M\ddot{x} + C\dot{x} + Kx = 0 \tag{4-20}$$

易知上述方程的解为 $x = \boldsymbol{\phi} e^{\lambda t}$，将其代入式（4-20）中可以得到振型方程为：

$$(\lambda^2 M + \lambda C + K)\boldsymbol{\phi} = 0 \tag{4-21}$$

相应的特征方程为：

$$|\lambda^2 M + \lambda C + K| = 0 \tag{4-22}$$

方程式（4-22）即为一般黏性阻尼系统的特征方程，由此可以确定 $2n$ 个特征值 $\lambda_i(i=1,2,\cdots,2n)$，这里 λ_i 为复数，而且必定以共轭的形式成对出现。另外与此相对应的特征向量 $\boldsymbol{\phi}_i$ 也是共轭的复向量，称为第 i 阶复模态振型。

令复模态矩阵为：$\boldsymbol{\Phi} = (\boldsymbol{\phi}_1 \quad \boldsymbol{\phi}_2 \quad \cdots \quad \boldsymbol{\phi}_{2n})_{n \times 2n}$，这时不能用该复模态矩阵使得方程式 (4-16) 解耦 [因为方程式 (4-21) 不能转化为标准的矩阵特征值问题]。为此，可引入状态变量 $\widetilde{x}$ 进行状态变换，将方程式 (4-16) 改写成如下形式：

$$\widetilde{\boldsymbol{A}} \dot{\widetilde{\boldsymbol{x}}} + \widetilde{\boldsymbol{B}} \widetilde{\boldsymbol{x}} = \widetilde{\boldsymbol{Q}}(t) \tag{4-23}$$

其中

$$\widetilde{\boldsymbol{x}} = \begin{pmatrix} \dot{\boldsymbol{x}} \\ \boldsymbol{x} \end{pmatrix}, \quad \widetilde{\boldsymbol{A}} = \begin{pmatrix} \boldsymbol{0} & \boldsymbol{M} \\ \boldsymbol{M} & \boldsymbol{C} \end{pmatrix}, \quad \widetilde{\boldsymbol{B}} = \begin{pmatrix} -\boldsymbol{M} & \boldsymbol{0} \\ \boldsymbol{0} & \boldsymbol{K} \end{pmatrix}, \quad \widetilde{\boldsymbol{Q}}(t) = \begin{pmatrix} \boldsymbol{0} \\ \boldsymbol{F}(t) \end{pmatrix}$$

由于 $\boldsymbol{M}$，$\boldsymbol{C}$，$\boldsymbol{K}$ 是对称矩阵，因此可以推出 $\widetilde{\boldsymbol{A}}$，$\widetilde{\boldsymbol{B}}$ 也是对称矩阵。

对于方程式 (4-23) 的矩阵特征值问题 [令 $\widetilde{\boldsymbol{Q}}(t) = \boldsymbol{0}$]，考虑到坐标变换前后系统应具有相同的特征值，令 $\widetilde{\boldsymbol{x}} = \widetilde{\boldsymbol{\phi}} e^{\lambda t}$，代入得到

$$\widetilde{\boldsymbol{B}} \widetilde{\boldsymbol{\phi}} = -\lambda \widetilde{\boldsymbol{A}} \widetilde{\boldsymbol{\phi}} \tag{4-24}$$

式中

$$\widetilde{\boldsymbol{\phi}} = \begin{pmatrix} \lambda \boldsymbol{\phi} \\ \boldsymbol{\phi} \end{pmatrix}$$

容易证明 $\widetilde{\boldsymbol{\phi}}$ 具有关于 $\widetilde{\boldsymbol{A}}$，$\widetilde{\boldsymbol{B}}$ 的正交性，即

$$\begin{cases} \widetilde{\boldsymbol{\phi}}_i^T \widetilde{\boldsymbol{A}} \widetilde{\boldsymbol{\phi}}_j = \widetilde{a}_i \delta_{ij} \\ \widetilde{\boldsymbol{\phi}}_i^T \widetilde{\boldsymbol{B}} \widetilde{\boldsymbol{\phi}}_j = \widetilde{b}_i \delta_{ij} \end{cases} \tag{4-25}$$

式中

$$\begin{cases} \widetilde{a}_i = 2\lambda_i \boldsymbol{\phi}_i^T \boldsymbol{M} \boldsymbol{\phi}_i + \boldsymbol{\phi}_i^T \boldsymbol{C} \boldsymbol{\phi}_i = \lambda_i \boldsymbol{\phi}_i^T \boldsymbol{M} \boldsymbol{\phi}_i - \dfrac{\boldsymbol{\phi}_i^T \boldsymbol{K} \boldsymbol{\phi}_i}{\lambda_i} \\ \widetilde{b}_i = -\lambda_i^2 \boldsymbol{\phi}_i^T \boldsymbol{M} \boldsymbol{\phi}_i + \boldsymbol{\phi}_i^T \boldsymbol{K} \boldsymbol{\phi}_i = -\lambda_i \widetilde{a}_i \end{cases} \tag{4-26a, b}$$

设状态变换后的复模态矩阵为：$\widetilde{\boldsymbol{\Phi}} = (\widetilde{\boldsymbol{\phi}}_1 \quad \widetilde{\boldsymbol{\phi}}_2 \quad \cdots \quad \widetilde{\boldsymbol{\phi}}_{2n})_{2n \times 2n}$，则有：

$$\begin{cases} \widetilde{\boldsymbol{\Phi}}^T \widetilde{\boldsymbol{A}} \widetilde{\boldsymbol{\Phi}} = \widetilde{\boldsymbol{A}}_p = \text{diag}(\widetilde{a}_1 \quad \widetilde{a}_2 \quad \cdots \quad \widetilde{a}_{2n}) \\ \widetilde{\boldsymbol{\Phi}}^T \widetilde{\boldsymbol{B}} \widetilde{\boldsymbol{\Phi}} = \widetilde{\boldsymbol{B}}_p = \text{diag}(\widetilde{b}_1 \quad \widetilde{b}_2 \quad \cdots \quad \widetilde{b}_{2n}) \end{cases} \tag{4-27}$$

式中，$\widetilde{\boldsymbol{\Phi}} = \begin{pmatrix} \boldsymbol{\Phi} \boldsymbol{\Lambda} \\ \boldsymbol{\Phi} \end{pmatrix}$，$\boldsymbol{\Lambda} = \text{diag}(\lambda_i)$，$i = 1, 2, \cdots, 2n$。

下面要进行的工作则与实模态分析相类似，进行复模态变换 $\widetilde{\boldsymbol{x}} = \widetilde{\boldsymbol{\Phi}} \widetilde{\boldsymbol{\eta}}$（其中 $\widetilde{\boldsymbol{\eta}}$ 为复模态坐标），将其代入方程式 (4-23) 中，两边左乘 $\widetilde{\boldsymbol{\Phi}}^T$ 得到：

$$\widetilde{\boldsymbol{\Phi}}^T \widetilde{\boldsymbol{A}} \widetilde{\boldsymbol{\Phi}} \dot{\widetilde{\boldsymbol{\eta}}} + \widetilde{\boldsymbol{\Phi}}^T \widetilde{\boldsymbol{B}} \widetilde{\boldsymbol{\Phi}} \widetilde{\boldsymbol{\eta}} = \widetilde{\boldsymbol{\Phi}}^T \widetilde{\boldsymbol{Q}}(t) = (\boldsymbol{\Lambda} \boldsymbol{\Phi}^T \quad \boldsymbol{\Phi}^T) \begin{pmatrix} \boldsymbol{0} \\ \boldsymbol{F}(t) \end{pmatrix} = \boldsymbol{\Phi}^T \boldsymbol{F}(t) \tag{4-28}$$

利用复模态矩阵的正交性［见式（4-27）］，得到如下已经解耦的方程：

$$\widetilde{\boldsymbol{A}}_p \dot{\widetilde{\boldsymbol{\eta}}} + \widetilde{\boldsymbol{B}}_p \widetilde{\boldsymbol{\eta}} = \boldsymbol{\Phi}^{\mathrm{T}} \boldsymbol{F}(t) \tag{4-29}$$

其中第 i 个方程为：

$$\widetilde{a}_i \dot{\widetilde{\eta}}_i + \widetilde{b}_i \widetilde{\eta}_i = \boldsymbol{\phi}_i^{\mathrm{T}} \boldsymbol{F}(t) \tag{4-30}$$

上面的一阶非齐次常微分方程很容易采用拉普拉斯变换法求解。这样，借助于状态变换和复模态变换，方程式（4-16）最终可转化为 $2n$ 个已解耦的一阶复模态响应方程式（4-29）。也就是说一般黏性阻尼情形下的 n 自由度线性系统的响应求解问题，总可以通过复模态分析转化为 $2n$ 个独立的一阶系统的复模态响应求解问题。

因为 $\widetilde{\boldsymbol{x}} = \begin{pmatrix} \dot{\boldsymbol{x}} \\ \boldsymbol{x} \end{pmatrix} = \widetilde{\boldsymbol{\Phi}} \ \widetilde{\boldsymbol{\eta}} = \begin{pmatrix} \boldsymbol{\Phi \Lambda} \\ \boldsymbol{\Phi} \end{pmatrix} \widetilde{\boldsymbol{\eta}}$，所以容易得到系统在物理坐标下的响应如下：

$$\boldsymbol{x} = \boldsymbol{\Phi} \widetilde{\boldsymbol{\eta}} = \sum_{i=1}^{2n} \boldsymbol{\phi}_i \widetilde{\eta}_i(t) \tag{4-31}$$

4.4　一维弹性体的模态分析[4]

工程实际中的机械装备或结构大都具有弹性体的结构形态，它们都属于具有无穷多个自由度且质量和弹性乃至阻尼均连续分布的系统，即连续体系统。在这些系统中，一维的弦、杆和梁，二维的板以及三维的壳体是最基本的结构部件，它们的振动方程不再像前面所述的多自由度系统那样采用常微分方程或方程组来描述，而是要用偏微分方程或方程组来描述。限于篇幅，本节仅仅给出了两个具有代表性的一维弹性体（杆和梁）的模态分析。

4.4.1　纵向振动杆的模态分析

1. 运动微分方程

如图 4-1 所示的一根细长杆，在纵向分布力 $p(x,t)$ 的作用下做纵向振动，假定振动中杆的横截面保持为平面，并且横向变形忽略不计。选取杆的微元做受力分析，如图 4-2 所示。

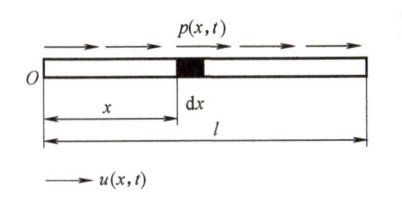

图 4-1　纵向振动杆

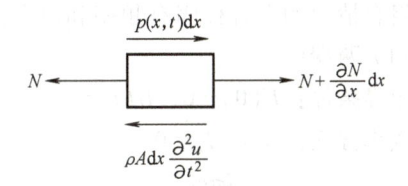

图 4-2　杆微元受力分析

根据牛顿第二定律，可得：

$$N + \rho A \mathrm{d}x \frac{\partial^2 u}{\partial t^2} = N + \frac{\partial N}{\partial x} \mathrm{d}x + p(x,t) \mathrm{d}x \tag{4-32}$$

式中，ρ 为杆的密度；A 为杆的横截面面积；$u(x,t)$ 为杆的纵向位移；$N=EA\dfrac{\partial u}{\partial x}$ 为杆中的内力；E 为杆材料的弹性模量。

化简式（4-32），可得纵向振动杆的运动微分方程如下：

$$\rho A \frac{\partial^2 u}{\partial t^2} = \frac{\partial}{\partial x}\left(EA\frac{\partial u}{\partial x}\right) + p(x,t) \tag{4-33}$$

特别地，对于等直杆，由于此时 EA 为常数，上述方程简化为：

$$\frac{\partial^2 u}{\partial t^2} = c_l^2 \frac{\partial^2 u}{\partial x^2} + \frac{1}{\rho A}p(x,t) \tag{4-34}$$

式中，$c_l = \sqrt{\dfrac{E}{\rho}}$ 为杆中的<u>纵波速度</u>。

2. 固有频率和模态振型

与离散系统的实模态分析相类似，令方程式（4-34）右端的激励项为 0，即 $p(x,t)=0$，易得等直杆的纵向固有振动方程如下：

$$\frac{\partial^2 u}{\partial t^2} = c_l^2 \frac{\partial^2 u}{\partial x^2} \tag{4-35}$$

采用分离变量法可得上述方程的通解为：

$$u(x,t) = U(x)\sin(\omega t + \varphi) \tag{4-36}$$

式中，$U(x) = C_1\cos(k_l x) + C_2\sin(k_l x)$ 为模态振型，其中 $k_l = \dfrac{\omega}{c_l}$，$\omega$ 为固有角频率；待定系数 C_1、C_2 由边界条件确定。

杆的边界条件对于其固有频率和模态振型的确定至关重要。对于纵向振动杆来说，边界条件通常有两种，即端点固定（位移为 0）或端点自由（内力为 0）。举例来说，若杆的右端固定，则右端截面处的位移为 0，即 $u(x,t)|_{x=l}=0 \Rightarrow U(l)=0$；若右端自由，则右端截面处的内力为 0，即 $EA\dfrac{\partial u}{\partial x}|_{x=l}=0 \Rightarrow U'(l)=0$。

将已知的两端边界条件分别代入 $U(x) = C_1\cos(k_l x) + C_2\sin(k_l x)$ 中，可以分别得到关于 k_l 的频率方程，由此确定系统的固有频率，进而得到相应的模态振型。下面给出三种边界条件组合情形的等直杆固有频率和模态振型的表达式：

（1）两端固定

边界条件：$U(0)=0$，$U(l)=0$

频率方程：$\sin(k_l l) = 0$

固有频率：$\omega_i = \dfrac{i\pi c_l}{l}$ $i=1,2,3,\cdots$ （4-37a~d）

模态振型：$U_i(x) = C_i\sin\left(\dfrac{i\pi}{l}x\right)$ $i=1,2,3,\cdots$

（2）一端固定另一端自由（如左端固定右端自由）

$$\begin{cases} 边界条件：U(0)=0,\ U'(l)=0 \\ 频率方程：\cos(k_l l)=0 \\ 固有频率：\omega_i = \dfrac{(2i-1)\pi c_l}{2l} \qquad i=1,2,3,\cdots \\ 模态振型：U_i(x)=C_i\sin\left[\dfrac{(2i-1)\pi}{2l}x\right] \qquad i=1,2,3,\cdots \end{cases} \quad (4\text{-}38\text{a}\sim\text{d})$$

（3）两端自由

$$\begin{cases} 边界条件：U'(0)=0,U'(l)=0 \\ 频率方程：k_l(\sin k_l l)=0 \\ 固有频率：\omega_i = \dfrac{i\pi c_l}{l} \qquad i=0,1,2,\cdots \\ 模态振型：U_i(x)=C_i\cos\left(\dfrac{i\pi}{l}x\right) \qquad i=0,1,2,\cdots \end{cases} \quad (4\text{-}39\text{a}\sim\text{d})$$

可以看出，杆的边界条件相对简单，固有频率和模态振型可以很容易得到解析解。

3. 模态振型的正交性

与多自由度系统相同，弹性体系统的模态振型同样存在正交性。对于任意截面杆来说，其固有振动方程的通解同样具有形如式（4-36）的形式，为此，将式（4-36）代入方程式（4-33）中，同时令激励 $p(x,t)=0$，可得任意截面杆的振型方程如下：

$$(EAU')' = -\omega^2 \rho A U \qquad (4\text{-}40)$$

假设 U_i 和 U_j 分别是相应于固有频率 ω_i 和 ω_j 的模态振型，二者均应满足上述方程，即

$$\begin{cases} (EAU'_i)' = -\omega_i^2 \rho A U_i \\ (EAU'_j)' = -\omega_j^2 \rho A U_j \end{cases} \qquad (4\text{-}41\text{a},\text{b})$$

将上述方程两边分别乘以 U_j 和 U_i，并沿杆长 l 对 x 取积分，同时应用分部积分法，并注意杆的边界条件中总有位移或内力中一个为 0 的情况，同时引入符号函数 δ_{ij}，容易推得杆的质量归一化模态振型的正交性如下：

关于质量的正交性：

$$\int_0^l \rho A U_i U_j \mathrm{d}x = \delta_{ij} \qquad (4\text{-}42)$$

关于刚度的正交性：

$$\begin{cases} \int_0^l EAU'_i U'_j \mathrm{d}x = \omega_i^2 \delta_{ij} \\ \int_0^l U_j (EAU'_i)' \mathrm{d}x = -\omega_i^2 \delta_{ij} \end{cases} \qquad (4\text{-}43\text{a},\text{b})$$

4. 强迫振动响应

与多自由度系统相类似，在上述杆的固有振动分析的基础上，可以用振型叠加法求解杆的强迫振动响应。将杆的响应展开成模态振型的线性组合，即无穷级数形式：

$$u(x,t) = \sum_{i=1}^{\infty} U_i(x)\eta_i(t) \qquad (4\text{-}44)$$

将式 (4-44) 代入方程式 (4-33) 中得:

$$\rho A \sum_{i=1}^{\infty} U_i \ddot{\eta}_i(t) = \sum_{i=1}^{\infty} (EAU'_i)' \eta_i(t) + p(x,t) \tag{4-45}$$

将方程式 (4-45) 两边同时乘以 U_j 并沿杆长对 x 积分, 同时利用模态振型的正交性 [见式 (4-42)~式 (4-43)] 得:

$$\ddot{\eta}_i(t) + \omega_i^2 \eta_i(t) = \int_0^l p(x,t) U_i \mathrm{d}x = q_i(t) \tag{4-46}$$

显然上述方程很容易求解。

5. 复杂边界条件杆的固有频率

上面介绍的杆的边界条件较为简单, 很容易通过模态分析得到其固有频率和模态振型, 但对于具有较为复杂边界条件的杆来说, 其固有频率甚至无法得到解析解。下面通过两种情形来看一下。

(1) 杆端带有弹簧 如图 4-3 所示, 一等直杆左端固定, 右端带有弹簧, 这时的边界条件满足:

$$u(x,t)\big|_{x=0} = 0, \quad EA \frac{\partial u}{\partial x}\bigg|_{x=l} = -ku(x,t)\big|_{x=l}$$

即

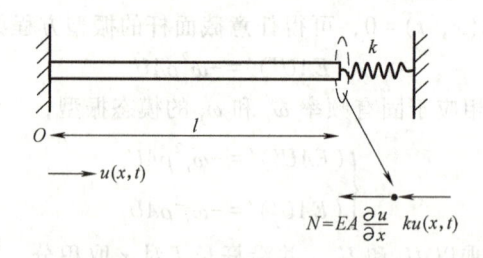

$$U(0) = 0, \quad EAU'(l) = -kU(l)$$

图 4-3 左端固定、右端带有弹簧的纵向振动杆

将上述边界条件代入 $U(x) = C_1 \cos(k_l x) + C_2 \sin(k_l x)$ 中, 可得如下的频率方程:

$$EAk_l \cos(k_l l) = -k \sin(k_l l) \tag{4-47}$$

方程式 (4-47) 是关于 k_l 的一个超越方程, 没有解析解, 只有数值解, 这就意味着对于图 4-3 所示的左端固定、右端带有弹簧的纵向振动等直杆, 其固有频率没有解析解。

(2) 杆端带有集中质量 如图 4-4 所示, 一等直杆左端固定, 右端带有集中质量, 这时的边界条件满足

$$u(x,t)\big|_{x=0} = 0, \quad EA \frac{\partial u}{\partial x}\bigg|_{x=l} = -m \frac{\partial^2 u}{\partial t^2}\bigg|_{x=l}$$

即

$$U(0) = 0, \quad EAU'(l) = m\omega^2 U(l)$$

同样, 将上述边界条件代入 $U(x) = C_1 \cos(k_l x) + C_2 \sin(k_l x)$ 中, 并注意 $k_l = \omega/c_l$, 可得如下的频率方程:

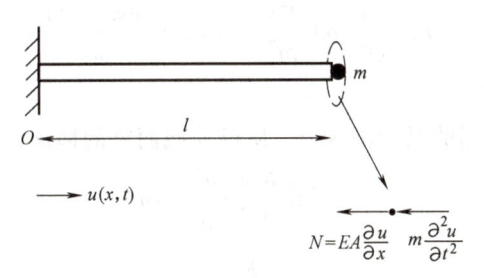

图 4-4 左端固定、右端带有集中质量的纵向振动杆

$$EA\cos(k_l l) = mk_l c_l^2 \sin(k_l l) \tag{4-48}$$

方程式（4-48）同样是关于 k_l 的一个超越方程，也没有解析解，只有数值解。再次表明对于图 4-4 所示的左端固定、右端带有集中质量的纵向振动等直杆，其固有频率没有解析解。

4.4.2 横向振动梁的模态分析

1. 运动微分方程

如图 4-5 所示，一细长梁（伯努利-欧拉梁，忽略转动惯量和剪切变形的影响）在横向分布力 $p(x,t)$ 和分布弯矩 $m(x,t)$ 的作用下做横向弯曲振动。选取梁的微元做受力分析，如图 4-6 所示。

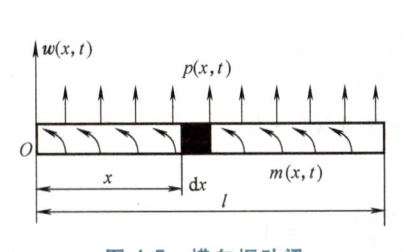

图 4-5 横向振动梁

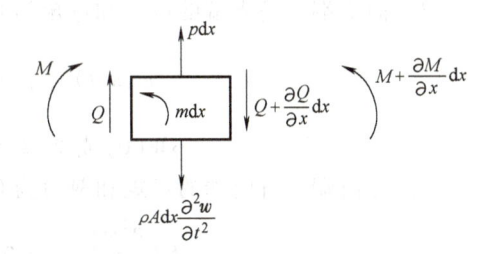

图 4-6 梁微元受力分析

根据牛顿第二定律，分别建立力和力矩的平衡方程（忽略高阶小量）可得：

$$\begin{cases} Q + p(x,t)\mathrm{d}x = Q + \dfrac{\partial Q}{\partial x}\mathrm{d}x + \rho A \mathrm{d}x \dfrac{\partial^2 w}{\partial t^2} \\ M + Q\mathrm{d}x = M + \dfrac{\partial M}{\partial x}\mathrm{d}x + m(x,t)\mathrm{d}x \end{cases} \tag{4-49a, b}$$

式中，ρ 为梁的密度；A 为梁的横截面面积；$w(x,t)$ 为梁的横向位移；Q 为梁截面上的剪力；$M = EJ\dfrac{\partial^2 w}{\partial x^2}$ 为梁截面上的弯矩（其中，E 为梁材料的弹性模量，J 为梁截面对中性轴的惯性矩，EJ 为抗弯刚度）。

化简式（4-49a）和式（4-49b）后，容易得到梁横向振动的运动微分方程如下：

$$\dfrac{\partial^2}{\partial x^2}\left(EJ\dfrac{\partial^2 w}{\partial x^2}\right) + \rho A\dfrac{\partial^2 w}{\partial t^2} = p(x,t) - \dfrac{\partial m(x,t)}{\partial x} \tag{4-50}$$

特别地，对于等截面梁，由于 EJ 为常数，上述方程简化为：

$$EJ\frac{\partial^4 w}{\partial x^4}+\rho A\frac{\partial^2 w}{\partial t^2}=p(x,t)-\frac{\partial m(x,t)}{\partial x} \tag{4-51}$$

2. 固有频率和模态振型

令方程式（4-51）右端的激励项为 0，易得等截面梁的横向固有振动方程如下：

$$R^2 c_l^2 \frac{\partial^4 w}{\partial x^4}+\frac{\partial^2 w}{\partial t^2}=0 \tag{4-52}$$

式中，$R=\sqrt{\dfrac{J}{A}}$ 为梁截面的回转半径；$c_l=\sqrt{\dfrac{E}{\rho}}$ 为梁中的纵波速度。

与杆的固有振动分析相似，同样采用分离变量法可得方程式（4-52）的通解为：

$$w(x,t)=W(x)\sin(\omega t+\varphi) \tag{4-53}$$

式中，$W(x)=C_1\cos(k_b x)+C_2\sin(k_b x)+C_3\text{ch}(k_b x)+C_4\text{sh}(k_b x)$ 为模态振型，其中 $k_b=\sqrt{\dfrac{\omega}{Rc_l}}$，待定系数 $C_1 \sim C_4$ 由边界条件确定。

梁固有频率和模态振型的确定需要给定边界条件，其边界条件共有以下三种：

（1）固定端　固定端的位移和转角为 0，即

$$w(x,t)\big|_{x=0,l}=0, \frac{\partial w}{\partial x}\bigg|_{x=0,l}=0 \tag{4-54}$$

$$\Rightarrow W(0) \text{ 或 } W(l)=0, W'(0) \text{ 或 } W'(l)=0$$

（2）简支端　简支端的位移和弯矩为 0，即

$$w(x,t)\big|_{x=0,l}=0, EJ\frac{\partial^2 w}{\partial x^2}\bigg|_{x=0,l}=0 \tag{4-55}$$

$$\Rightarrow W(0) \text{ 或 } W(l)=0, W''(0) \text{ 或 } W''(l)=0$$

（3）自由端　自由端的弯矩和剪力为 0，即

$$EJ\frac{\partial^2 w}{\partial x^2}\bigg|_{x=0,l}=0, \frac{\partial}{\partial x}\left(EJ\frac{\partial^2 w}{\partial x^2}\right)\bigg|_{x=0,l}=0 \tag{4-56}$$

$$\Rightarrow W''(0) \text{ 或 } W''(l)=0, W'''(0) \text{ 或 } W'''(l)=0$$

根据上述边界条件即可确定梁的固有频率和模态振型。需要说明的是，只有两端简支梁才能得到固有频率和模态振型的解析解，其他任何边界条件均无解析解，只有近似解。

3. 模态振型的正交性

对于任意截面梁来说，其固有振动方程的通解同样具有形如式（4-53）的形式，为此，令方程式（4-50）的右端激励项为 0，同时将式（4-53）代入，得到任意截面梁的振型方程如下：

$$(EJW'')''=\omega^2 \rho A W \tag{4-57}$$

假设 W_i 和 W_j 分别是相应于固有频率 ω_i 和 ω_j 的模态振型，二者均应满足上述振型方程，即

$$\begin{cases}(EJW_i'')''=\omega_i^2\rho AW_i \\ (EJW_j'')''=\omega_j^2\rho AW_j\end{cases} \tag{4-58a, b}$$

与前面杆模态振型正交性分析一样，将上述方程两边分别乘以 W_j 和 W_i，并沿梁长 l 对 x 取积分，同时应用分部积分法，并注意到梁的边界条件中总有位移或剪力中的一个与转角

或弯矩中的一个同时为 0 的情况，同时引入符号函数 δ_{ij} 容易推得梁的质量归一化模态振型的正交性如下：

关于质量的正交性：

$$\int_0^l \rho A W_i W_j \mathrm{d}x = \delta_{ij} \tag{4-59}$$

关于刚度的正交性：

$$\begin{cases} \int_0^l EJW_i'' W_j'' \mathrm{d}x = \omega_i^2 \delta_{ij} \\ \int_0^l W_j (EJW_i'')'' \mathrm{d}x = \omega_i^2 \delta_{ij} \end{cases} \tag{4-60a，b}$$

4. 强迫振动响应

梁的强迫振动响应的求解与杆一样，都是采用振型叠加法。先将响应展开成模态振型的无穷级数的形式，代入强迫振动方程中，然后利用模态振型的正交性条件使得方程解耦，转换成模态坐标下的响应求解问题，从而求得系统在物理坐标下的响应，这里不再赘述。下面通过一个例子来看看其强迫响应的求解过程。

【例题 4-3】

试求图 4-7 所示的等截面两端简支梁在集中力 $F = F_A \sin\omega t$ 作用下梁中点处的稳态响应 $w\left(\dfrac{l}{2}, t\right)$（梁的参数同前）。

【解】 先对该梁进行固有振动分析，确定其固有频率和模态振型。

图 4-7 [例题 4-3] 图

对于两端简支的边界条件，根据式（4-55）有：

$$W(0) = 0,\ W''(0) = 0 \tag{a}$$

$$W(l) = 0,\ W''(l) = 0 \tag{b}$$

将式（a）代入梁模态振型表达式 $W(x) = C_1 \cos(k_b x) + C_2 \sin(k_b x) + C_3 \mathrm{ch}(k_b x) + C_4 \mathrm{sh}(k_b x)$ 及其二阶导数 $W''(x) = -k_b^2 C_1 \cos(k_b x) - k_b^2 C_2 \sin(k_b x) + k_b^2 C_3 \mathrm{ch}(k_b x) + k_b^2 C_4 \mathrm{sh}(k_b x)$ 中可得：

$$\begin{cases} C_1 + C_3 = 0 \\ -C_1 + C_3 = 0 \end{cases} \Rightarrow C_1 = C_3 = 0 \tag{c}$$

同样将式（b）代入梁模态振型表达式及其二阶导数的表达式中，有：

$$C_2 \sin(k_b l) + C_4 \mathrm{sh}(k_b l) = 0 \tag{d}$$

$$-C_2 \sin(k_b l) + C_4 \mathrm{sh}(k_b l) = 0 \tag{e}$$

将式（d）、式（e）相加可得：$2C_4 \mathrm{sh}(k_b l) = 0$，因 $\mathrm{sh}(k_b l) \neq 0$，所以有：

$$C_4 = 0 \tag{f}$$

将式（f）代入式（d）或式（e），可得两端简支梁的频率方程为：$\sin(k_b l) = 0$，从中可确定其固有频率表达式如下：

$$\omega_i = k_{bi}^2 Rc_l = \left(\frac{i\pi}{l}\right)^2 \sqrt{\frac{EJ}{\rho A}} = (i\pi)^2 \sqrt{\frac{EJ}{\rho A l^4}} \tag{g}$$

则相应的模态振型为：

$$W_i(x) = C_i \sin(k_{bi} x) = C_i \sin\frac{i\pi x}{l} \tag{h}$$

利用质量归一化条件：$\int_0^l \rho A W_i^2 \mathrm{d}x = 1 \Rightarrow C_i = \sqrt{\frac{2}{\rho A l}}$，可得质量归一化模态振型为：

$$W_i(x) = \sqrt{\frac{2}{\rho A l}} \sin\frac{i\pi x}{l} \tag{i}$$

下面来求解梁的强迫振动响应，由式（4-51）易得梁的强迫振动微分方程为（注意激励为点力，应借助于 δ 函数写成分布力形式）：

$$EJ\frac{\partial^4 w}{\partial x^4} + \rho A \frac{\partial^2 w}{\partial t^2} = F_A \sin\omega t \, \delta\left(x - \frac{l}{2}\right) \tag{j}$$

令梁的稳态响应为 $w(x,t) = \sum_{i=1}^{\infty} W_i(x)\eta_i(t)$，代入式（j），并利用质量归一化模态振型的正交性［式（4-59）~式（4-60）］，可得关于模态坐标 $\eta_i(t)$ 的解耦方程如下：

$$\ddot{\eta}_i(t) + \omega_i^2 \eta_i(t) = \int_0^l F_A \sin\omega t \, \delta\left(x - \frac{l}{2}\right) W_i(x) \mathrm{d}x = \sqrt{\frac{2}{\rho A l}} F_A \sin\omega t \sin\frac{i\pi}{2} \tag{k}$$

易得：

$$\eta_i(t) = \sqrt{\frac{2}{\rho A l}} F_A \sin\omega t \frac{\sin\frac{i\pi}{2}}{\omega_i^2 - \omega^2}$$

进而可得该两端简支梁的强迫振动响应为：

$$w(x,t) = \frac{2}{\rho A l} F_A \sin\omega t \sum_{i=1}^{\infty} \frac{\sin\frac{i\pi}{2}\sin\frac{i\pi x}{l}}{\omega_i^2 - \omega^2} \tag{l}$$

则该两端简支梁中点处的稳态响应为：

$$w\left(\frac{l}{2}, t\right) = \frac{2}{\rho A l} F_A \sin\omega t \sum_{i=1}^{\infty} \frac{\sin^2\frac{i\pi}{2}}{\omega_i^2 - \omega^2} \tag{m}$$

4.5 动态特征灵敏度分析[2,13]

在结构动态设计中，往往需要对结构进行一定程度的修改，为此常常存在多种结构参数的修改方式可供选择。为了确定何种方式最为有效，分析结构参数的改变对于结构动态特性变化的敏感程度（或变化率）是十分必要的，这就是所谓的结构动态特征灵敏度分析。它可以避免结构修改中的盲目性，提高设计效率，降低设计成本，为结构动态特性的优化设计提供依据。

对于振动系统而言，动态特征灵敏度是指结构特征参数（特征值和特征向量）对于结构参数的变化率，即所谓的特征值灵敏度 $\frac{\partial \lambda}{\partial s}$ 和特征向量灵敏度 $\frac{\partial \psi}{\partial s}$（二者统称为特征灵敏度），其中 s 泛指结构参数（包括质量、刚度和阻尼）。

灵敏度分析方法常用直接求导法，它是将特征值与特征向量视为结构参数的多元函数，直接求导即可迅速得到灵敏度的计算公式。该方法物理概念明确，数学推导简单，计算方便，可从一阶灵敏度扩展到高阶灵敏度，是目前应用广泛的一种灵敏度分析方法，下面将针对一阶灵敏度分析予以介绍。

4.5.1 一阶特征值灵敏度

对于 n 自由度无阻尼系统，重写方程式（4-4）的振型方程如下：

$$\boldsymbol{D}_i \boldsymbol{\psi}_i = \boldsymbol{0} \tag{4-61}$$

式中，$\boldsymbol{D}_i = \boldsymbol{K} - \lambda_i \boldsymbol{M}$ 为特征矩阵；λ_i 为特征值；$\boldsymbol{\psi}_i$ 为特征向量（质量归一化模态振型）。

将式（4-61）两端左乘 $\boldsymbol{\psi}_i^\mathrm{T}$ 得：

$$\boldsymbol{\psi}_i^\mathrm{T} \boldsymbol{D}_i \boldsymbol{\psi}_i = 0 \tag{4-62}$$

两端同时对参数 s 求导得：

$$\frac{\partial \boldsymbol{\psi}_i^\mathrm{T}}{\partial s} \boldsymbol{D}_i \boldsymbol{\psi}_i + \boldsymbol{\psi}_i^\mathrm{T} \frac{\partial \boldsymbol{D}_i}{\partial s} \boldsymbol{\psi}_i + \boldsymbol{\psi}_i^\mathrm{T} \boldsymbol{D}_i \frac{\partial \boldsymbol{\psi}_i}{\partial s} = 0$$

$$\xRightarrow{\text{根据式(4-61)}} \boldsymbol{\psi}_i^\mathrm{T} \frac{\partial \boldsymbol{D}_i}{\partial s} \boldsymbol{\psi}_i = 0$$

$$\Rightarrow \boldsymbol{\psi}_i^\mathrm{T} \left(\frac{\partial \boldsymbol{K}}{\partial s} - \frac{\partial \lambda_i}{\partial s} \boldsymbol{M} - \lambda_i \frac{\partial \boldsymbol{M}}{\partial s} \right) \boldsymbol{\psi}_i = 0 \tag{4-63}$$

利用正交性条件 $\boldsymbol{\psi}_i^\mathrm{T} \boldsymbol{M} \boldsymbol{\psi}_i = 1$，式（4-63）可改写成：

$$\frac{\partial \lambda_i}{\partial s} = \boldsymbol{\psi}_i^\mathrm{T} \left(\frac{\partial \boldsymbol{K}}{\partial s} - \lambda_i \frac{\partial \boldsymbol{M}}{\partial s} \right) \boldsymbol{\psi}_i \tag{4-64}$$

式（4-64）即为无阻尼多自由度系统一阶特征值灵敏度的计算公式。

4.5.2 一阶特征向量灵敏度

将方程式（4-61）两端对参数 s 求导得：

$$\frac{\partial \boldsymbol{D}_i}{\partial s} \boldsymbol{\psi}_i + \boldsymbol{D}_i \frac{\partial \boldsymbol{\psi}_i}{\partial s} = \boldsymbol{0} \tag{4-65}$$

由线性代数的知识可知，当 λ_i 各不相同时，$\frac{\partial \boldsymbol{\psi}_i}{\partial s}$ 可以表示成 $\boldsymbol{\psi}_i$ 的线性组合形式：

$$\frac{\partial \boldsymbol{\psi}_i}{\partial s} = \sum_{j=1}^{n} \beta_{ij} \boldsymbol{\psi}_j \tag{4-66}$$

代入式（4-65）后，将其两端左乘 $\boldsymbol{\psi}_j^T$ 得：

$$\boldsymbol{\psi}_j^T\left(\frac{\partial \boldsymbol{K}}{\partial s}-\frac{\partial \lambda_i}{\partial s}\boldsymbol{M}-\lambda_i\frac{\partial \boldsymbol{M}}{\partial s}\right)\boldsymbol{\psi}_i+\boldsymbol{\psi}_j^T(\boldsymbol{K}-\lambda_i\boldsymbol{M})\sum_{j=1}^{n}\beta_{ij}\boldsymbol{\psi}_j=\boldsymbol{0} \tag{4-67}$$

利用特征向量的正交性，化简式（4-67）得：

当 $i\neq j$ 时：

$$\boldsymbol{\psi}_j^T\left(\frac{\partial \boldsymbol{K}}{\partial s}-\lambda_i\frac{\partial \boldsymbol{M}}{\partial s}\right)\boldsymbol{\psi}_i+\beta_{ij}(\lambda_j-\lambda_i)=\boldsymbol{0}$$

$$\Rightarrow \beta_{ij}=(\lambda_i-\lambda_j)^{-1}\boldsymbol{\psi}_j^T\left(\frac{\partial \boldsymbol{K}}{\partial s}-\lambda_i\frac{\partial \boldsymbol{M}}{\partial s}\right)\boldsymbol{\psi}_i \tag{4-68}$$

当 $i=j$ 时，利用正交性条件 $\boldsymbol{\psi}_i^T\boldsymbol{M}\boldsymbol{\psi}_i=1$，该式两边对参数 s 求导得：

$$\frac{\partial \boldsymbol{\psi}_i^T}{\partial s}\boldsymbol{M}\boldsymbol{\psi}_i+\boldsymbol{\psi}_i^T\frac{\partial \boldsymbol{M}}{\partial s}\boldsymbol{\psi}_i+\boldsymbol{\psi}_i^T\boldsymbol{M}\frac{\partial \boldsymbol{\psi}_i}{\partial s}=0$$

$$\Rightarrow 2\boldsymbol{\psi}_i^T\boldsymbol{M}\frac{\partial \boldsymbol{\psi}_i}{\partial s}=-\boldsymbol{\psi}_i^T\frac{\partial \boldsymbol{M}}{\partial s}\boldsymbol{\psi}_i$$

$$\xrightarrow{\text{将式(4-66)代入}} 2\boldsymbol{\psi}_i^T\boldsymbol{M}\sum_{j=1}^{n}\beta_{ij}\boldsymbol{\psi}_j=-\boldsymbol{\psi}_i^T\frac{\partial \boldsymbol{M}}{\partial s}\boldsymbol{\psi}_i$$

$$\xrightarrow{\text{利用正交性条件}} \beta_{ii}=-\frac{1}{2}\boldsymbol{\psi}_i^T\frac{\partial \boldsymbol{M}}{\partial s}\boldsymbol{\psi}_i \tag{4-69}$$

为了方便起见，同样将式（4-66）写成矩阵形式有：

$$\frac{\partial \boldsymbol{\Psi}}{\partial s}=\boldsymbol{\Psi}(\beta_{ij})^T \tag{4-70}$$

式中，$\boldsymbol{\Psi}=(\boldsymbol{\psi}_1\ \boldsymbol{\psi}_2\ \cdots\ \boldsymbol{\psi}_n)$；$\dfrac{\partial \boldsymbol{\Psi}}{\partial s}=\left(\dfrac{\partial \boldsymbol{\psi}_1}{\partial s}\ \dfrac{\partial \boldsymbol{\psi}_2}{\partial s}\ \cdots\ \dfrac{\partial \boldsymbol{\psi}_n}{\partial s}\right)$。

式（4-70）即为无阻尼多自由度系统一阶特征向量灵敏度的计算公式。

值得一提的是，本节只给出了无阻尼系统的一阶特征灵敏度公式，关于二阶特征灵敏度公式以及有阻尼情形相应公式的推导，感兴趣的读者可以根据本节的思路自行完成，这里不再赘述。

【例题 4-4】

试求图 4-8 所示的无阻尼多自由度串联系统的一阶特征值灵敏度。

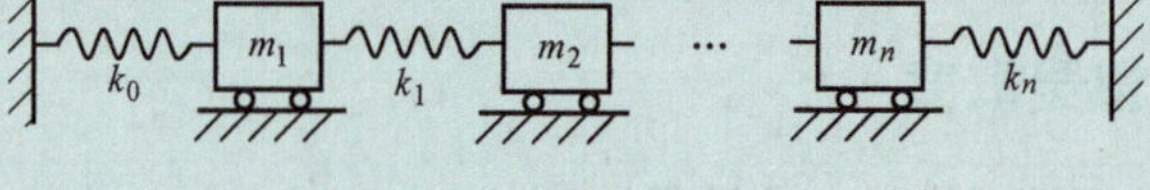

图 4-8 [例题 4-4] 图

【解】 由题意可知串联系统的质量矩阵 $\boldsymbol{M}$ 为对角阵，而刚度矩阵 $\boldsymbol{K}$ 为三对角阵，即

$$\boldsymbol{M}=\text{diag}(m_i) \tag{a}$$

$$\boldsymbol{K}=\text{trid}(k_{ij}) \tag{b}$$

式中，$k_{ii}=k_{i-1}+k_i$，$i=1,2,\cdots,n$；$k_{i,i+1}=k_{i+1,i}=-k_i$，$i=1,2,\cdots,n-1$。

这时系统的物理参数 m_i 仅包含在质量矩阵 M 内，而 k_i 仅包含在刚度矩阵 K 内，故有：

$$\frac{\partial M}{\partial k_i} = \frac{\partial K}{\partial m_i} = 0 \tag{c}$$

且有

$$\frac{\partial M}{\partial m_j} = \text{diag}(\delta_{ij}) \tag{d}$$

以及

$$\frac{\partial K}{\partial k_j} = \text{trid}(\rho_{ij}) \tag{e}$$

式中，$\rho_{jj} = \rho_{j+1,j+1} = 1$；$\rho_{j,j+1} = \rho_{j+1,j} = -1$；其余 $\rho_{ij} = 0$。

根据一阶特征值灵敏度计算公式（4-64）可得：

$$\begin{cases} \dfrac{\partial \lambda_i}{\partial m_j} = -\psi_{ji}^2 \lambda_i & j = 1, 2, \cdots, n \\ \dfrac{\partial \lambda_i}{\partial k_j} = (\psi_{ji} - \psi_{j+1,i})^2 & j = 1, 2, \cdots, n-1 \\ \dfrac{\partial \lambda_i}{\partial k_0} = \psi_{1i}^2, \dfrac{\partial \lambda_i}{\partial k_n} = \psi_{ni}^2 \end{cases} \tag{f}$$

由式（f）可见，串联系统仍保持着单自由度系统的如下特性：增大质量将使系统的固有频率降低；而增大刚度则会提高系统的固有频率。这实际上也是一般的多自由度系统的固有特性。

4.6 试验模态分析

试验模态分析（Experimental Modal Analysis，EMA）又称模态分析的试验过程，是综合运用振动理论、测试技术、数字信号处理等手段进行系统参数识别、结构动力修改、结构健康状态监测等的一项非常实用而有效的结构动态分析工具。自 20 世纪七八十年代出现试验模态分析以来，特别是随着计算机与信号处理技术以及快速傅里叶变换（FFT）分析仪、高速数据采集系统与传感器、激振器等硬件测试设备的不断发展，试验模态分析技术以其强大的分析能力在工程领域得到了蓬勃的发展，与有限元分析一起成为结构动力学分析的两大支柱。

4.6.1 分类

1. 基于输入-输出信号的识别方式[14-18]

在基于输入-输出信号的模态参数识别中，按照输出（待测响应）的不同，试验模态分析分为**位移模态分析**（Displacement Modal Analysis，DMA）和**应变模态分析**（Strain Modal Analysis，SMA）两种。位移模态分析也称为经典试验模态分析，是与理论模态分析相对应的最为常用的一种模态测试技术，常用带有力传感器的脉冲锤（即力锤）或电动激振器，人为地施加激励（输入信号）来使处于静止状态的结构（质量较小的结构常采用自由悬挂，而重型结构常采用台架方式）产生振动，采用压电加速度计（接触式测量）或激光测振仪（非接触式测量）测量结构的位移响应（输出信号），基于快速傅里叶变换（FFT）技术，得到激励点与测量点之间的频响函数。通过对频响函数的提取，识别出结构的模态参数（固有频率、模态振型与模态阻尼等）。位移模态分析主要用于结构动态特性预测与评价以及结构动力修改。

应变模态分析与位移模态分析的唯一不同在于采用压电应变计来测量结构的应变。虽然应用领域不及位移模态分析的范围广，但也有其独特的优点。该技术由于采用结构应变作为待测响应物理量，因此在结构健康状态监测，即缺陷或损伤识别与诊断方面具有经典试验模态分析无法比拟的优势。研究表明应变模态分析与位移模态分析相比，在结构模态参数识别上具有相同的精度，缺点是应变模态振型不能进行质量归一化处理。而且相比压电加速度计，压电应变计的成本较高，而且只能是单轴形式，不能进行三轴压电加速度计的三向同时测量。为了得到良好的测试效果，压电应变计应置于结构变形最大的位置，而压电加速度计则应远离结构的模态节线。托架位移模态分析和应变模态分析如图4-9所示。

图4-9 托架位移模态分析（左图）和应变模态分析（右图）[18]

2. 唯输出信号的识别方式[19-21]

唯输出信号的模态参数识别，通常称为**工作状态模态分析**（Operational Modal Analysis，OMA），它是一种激励信息未知而仅仅测量结构在自然状态（如桥梁的风载或交通流负荷等）或工作状态下的振动响应来进行结构模态参数识别的技术，与经典试验模态分析最大的区别在于没有人为激励。采用工作状态模态分析主要基于如下原因：①实验室条件下的静止状态与结构的实际工作状态不可等价，结构的非线性、特殊的边界条件以及特定部件的影响是实验室条件无法模拟的；②可操作性方面，桥梁、建筑、海洋平台等超大、超重型结构根本无法施加或采集激励信号。

工作状态模态分析常用的识别算法主要分为基于时域信号的随机子空间辨识（Stochastic Subspace Identification，SSI）法和基于互功率谱的最小二乘复频域（Least Square Complex Frequency，LSCF）法。其中SSI法主要用于桥梁与大型平台结构的工作状态模态测试，而LSCF法主要用于旋转机械与常规结构的工作状态模态测试。相比于经典试验模态分析，工作状态模态分析的缺点是所提取的模态不如前者丰富，但其优点在于可显著节约模态测试的成本。工作状态模态分析自20世纪90年代得到推广普及以来，已经越来越多地应用于土木工程、航空工程以及车辆工程等领域。工作状态模态分析作为经典试验模态分析技术的有力补充，随着数据信号识别技术的不断完善与成熟，具有很好的发展与应用前景。台北市淡水河桥的工作状态模态分析测试如图4-10所示，320t铁路凹底平板车工作状态模态分析测试现场如图4-11所示。

a) 桥梁外景

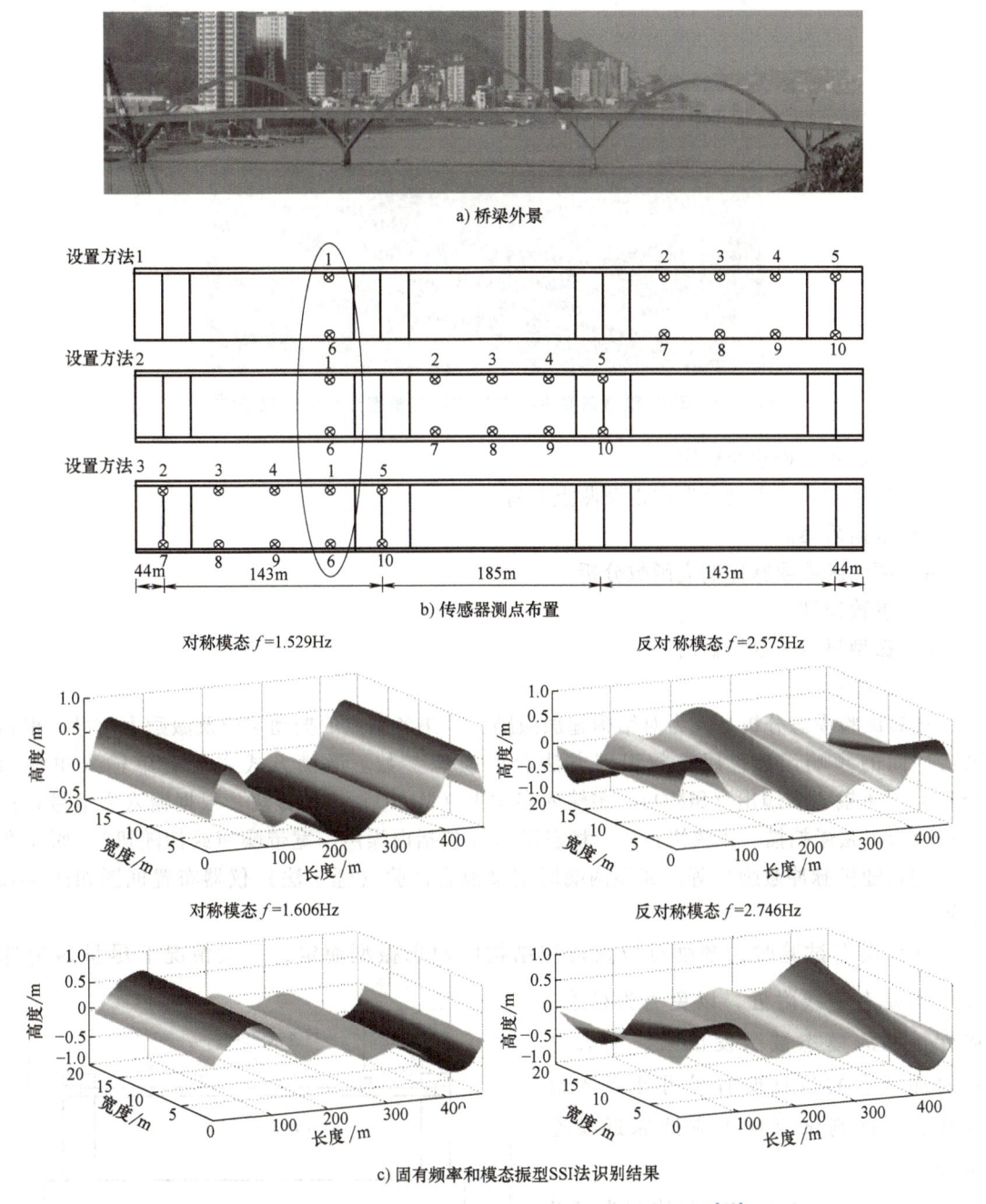

b) 传感器测点布置

对称模态 f=1.529Hz   反对称模态 f=2.575Hz

对称模态 f=1.606Hz   反对称模态 f=2.746Hz

c) 固有频率和模态振型SSI法识别结果

图 4-10 台北市淡水河桥的工作状态模态分析测试[19]

考虑到经典试验模态分析技术的应用更为广泛，下面将主要围绕该技术的技术流程与工程应用予以介绍。

4.6.2 技术流程

1. 主要步骤

试验模态分析大致可以分为以下几个步骤：

图 4-11 320t 铁路凹底平板车工作状态模态分析测试现场[20]

1) 测试系统搭建与标定。
2) 激励方式、激励点选取以及测点布置。
3) 数据采集。
4) 频响函数或脉冲响应函数分析。
5) 参数识别。
6) 振型显示与数据输出。

2. 技术要点

经典试验模态分析是人为对结构施加激励，采集各测点的振动响应及激励力信号，根据两者之间的频响函数，用参数识别方法获取模态参数。激励方式主要有单输入单输出（SISO）、单输入多输出（SIMO）、多输入多输出（MIMO）三种方法。根据输入力信号特征还可分为正弦慢扫描、正弦快扫描、稳态随机（包括白噪声、宽带噪声或伪随机）、瞬态激励（包括随机脉冲激励）等。典型两端固定梁模态试验（锤击法）仪器布置框图如图 4-12 所示。

进行模态试验时，激励点应视待测结构的模态振型而定，一般情况下尽量避免选在结构模态节线附近，以免丢失模态，确保更多的模态被激发出来。模态试验时测试点的信息要有尽可能高的信噪比，因此测试点也不应该靠近模态节线。

由于试验模态分析主要体现为试验测试工作，因此系统物理边界条件模拟、测试系统搭建以及后续的信号与数据处理等内容是至关重要的，这涉及许多与测试技术与信号处理有关的知识，限于篇幅，本书不再赘述，感兴趣的读者可参阅相关书籍。

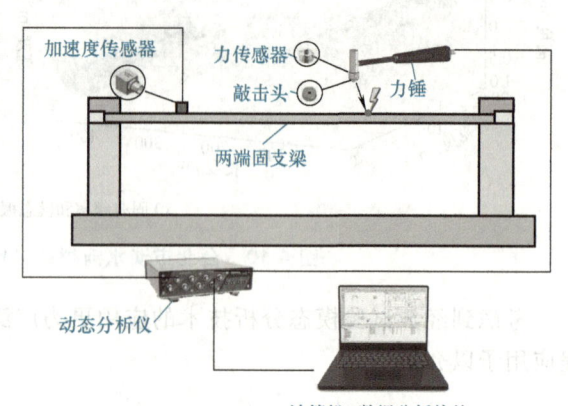

图 4-12 典型两端固定梁模态试验（锤击法）仪器布置框图

4.6.3 工程应用

随着计算机与数字信号处理技术的迅猛发展，试验模态分析技术已成为计算机辅助工程领域产品设计阶段不可或缺的重要环节之一，广泛应用于航空、航天、船舶、兵器、机械、土木、能源与动力、交通运输以及生物医学工程领域，如图 4-13 所示。本节将给出若干实例以供参考学习。

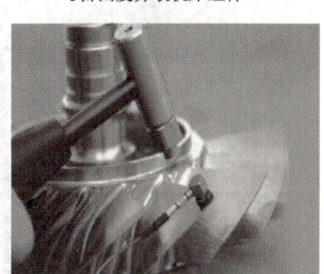

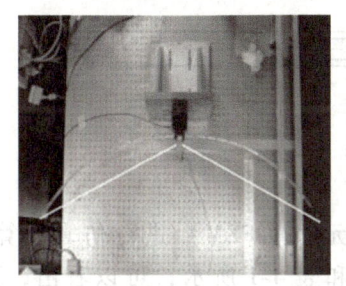

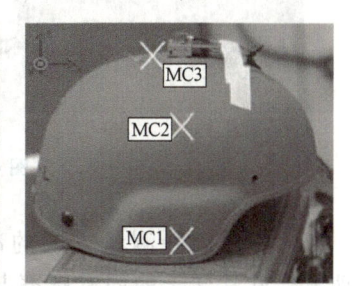

空客A380客机　　　　　轿车白车身　　　　　列车车厢

卧式加工中心　　　　　铣床主轴　　　　　3自由度并联机床组件

风力发电机叶片　　　　　齿轮　　　　　叶轮

航天器太阳帆吊杆　　　　　核磁共振仪漏斗形入口　　　　　作战头盔

图 4-13　试验模态分析技术的工程应用[22-31]

古典乐器 　　　　　　　　　沙滩网球拍 　　　　　　　带有椎间盘的牛尾骨

图 4-13　试验模态分析技术的工程应用[22-31]（续）

1. 主动复合叶片转子的试验模态分析[32]

压电巨纤维复合结构（即 MFC，详见 11.4 节）是一种新型机敏材料，具有耐久性高和灵活性好等特点，已成功应用于飞机垂直尾翼、转子叶片等结构的振动主动控制领域。开展主动复合叶片转子的试验模态分析，对于了解转子的动态特性与结构优化设计具有积极的意义。

波兰卢布林工业大学的学者们针对带有 MFC 的三叶转子进行了模态测试。他们采用两种测量方式：一种是接触式测量（脉冲锤激振，加速度计测振）；另一种是非接触式测量（Polytec 激光测振仪内置的信号发生器发出激励信号，经过功率放大后输出至叶片上的 MFC 作动器，使叶片产生振动，由激光头测量叶片的位移），如图 4-14 所示。

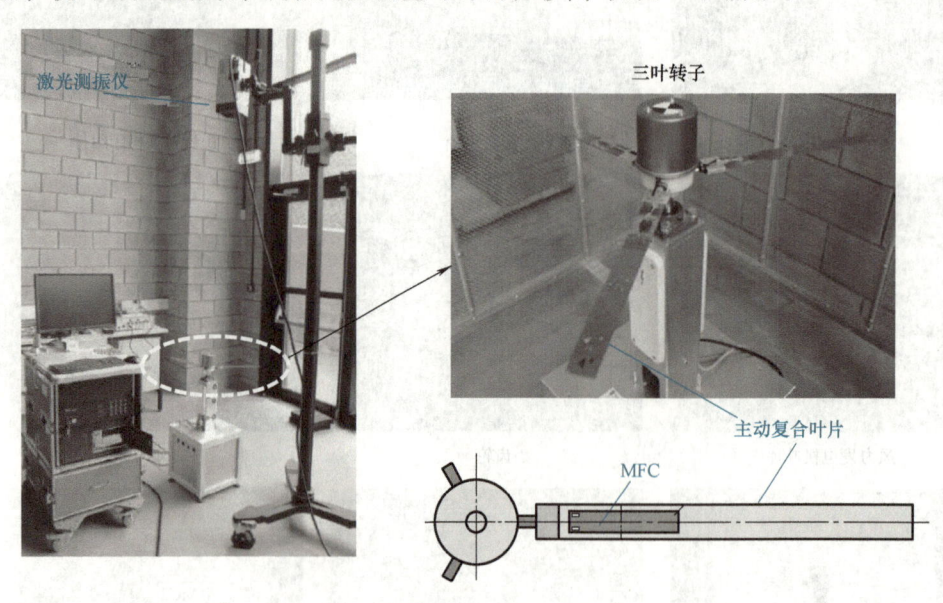

图 4-14　三叶转子模态试验现场[32]

为了对比两种测量方式的准确性，他们采用了有限元法（FEM）进行仿真计算。主动复合叶片转子的固有频率与模态振型对比如图 4-15 和表 4-1 所示，可以看出，两种方式的模态测试结果均与有限元法仿真结果相一致，尤其是非接触式测量结果的精度更高。

a) 有限元法仿真

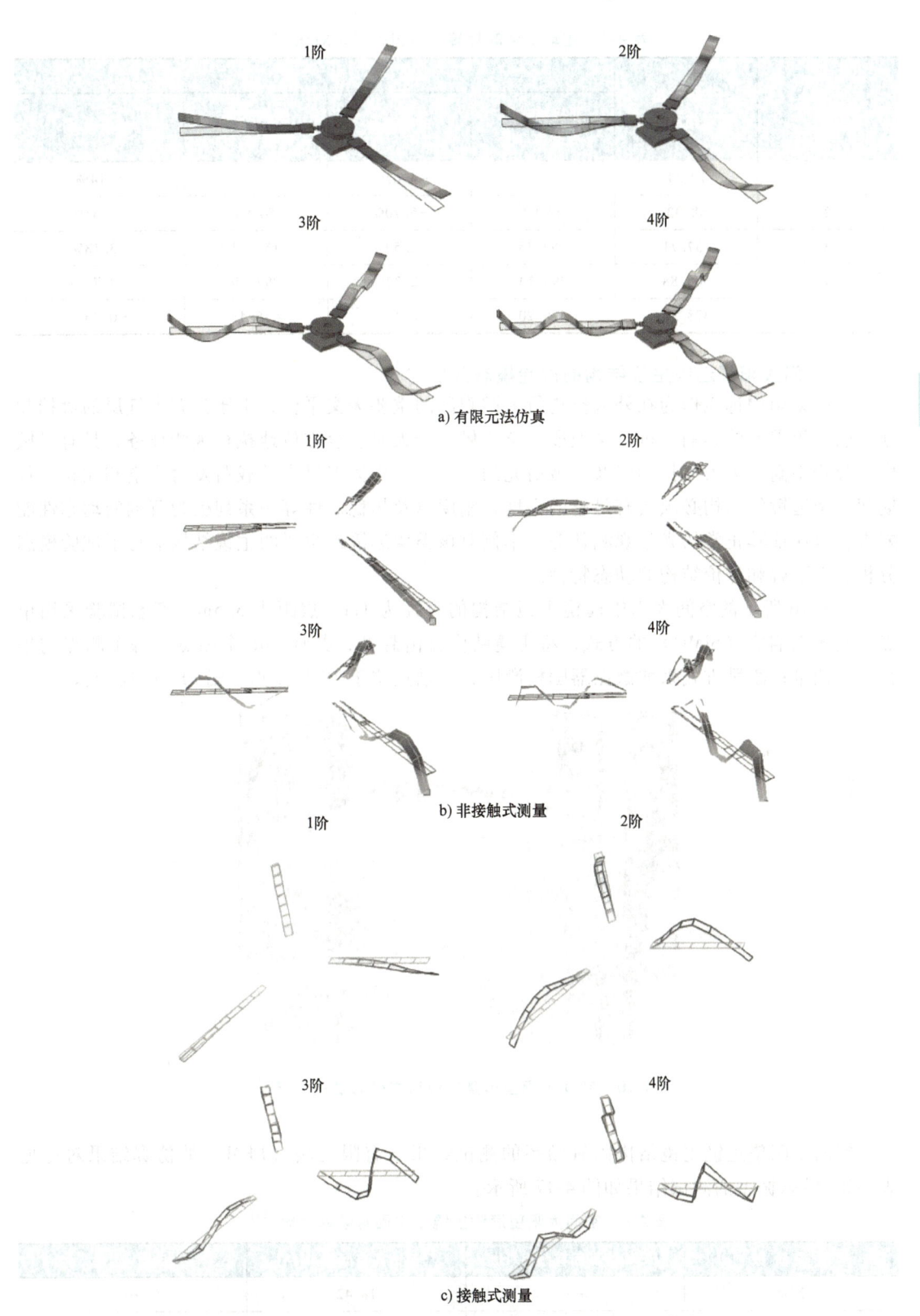

b) 非接触式测量

c) 接触式测量

图 4-15　主动复合叶片转子前 4 阶弯曲模态振型对比[32]

表 4-1 主动复合叶片转子的固有频率对比[32]

模态阶数	FEM 仿真固有频率/Hz	测试 非接触式固有频率/Hz	相对误差	测试 接触式固有频率/Hz	相对误差
1	10.51	10.01	-4.67%	11.04	5.14%
2	58.33	54.92	-5.70%	54.95	-5.65%
3	157.71	153.35	-2.59%	152.43	-3.18%
4	306.88	299.14	-2.33%	297.99	-2.71%
5	478.38	478.20	-0.11%	476.43	-0.26%

2. 空间太阳望远镜主镜结构的试验模态分析[33]

空间太阳望远镜作为在外太空进行太阳观测的重要天文平台，由于没有大气层的遮挡和地球引力等因素的影响，可以全波段、全天候、全天时、全方位地执行观测任务，具有灵敏度和分辨率高、无大气抖动以及无散射光的特点。在作为卫星有效载荷发射升空和在轨运行期间，望远镜的结构必须具有足够的强度、刚度以及热稳定性等一系列极为苛刻的动态性能要求，以保证其正常的光学观测任务。本例对该类望远镜最主要的主镜结构进行了试验模态分析，以了解和评价结构的动态特性。

图 4-16 所示的空间太阳望远镜主镜结构的直径为 1m、焦距为 3.5m。模态试验采用单点激励多点响应（SIMO）的方式，将主镜结构自由悬挂，共计 168 个测点，每个测点均进行三向测量；激励方式采取激振器随机激励，激励点位于 19 号测点，沿+Y 方向激振。

图 4-16 空间太阳望远镜主镜结构模态试验现场[33]

空间太阳望远镜主镜结构固有频率的测试结果与有限元法（FEM）的仿真结果对比见表 4-2，模态振型的测试结果如图 4-17 所示。

表 4-2 空间太阳望远镜主镜结构固有频率对比[33]

模态阶数	FEM 仿真固有频率/Hz	测试固有频率/Hz	相对误差
1 阶	—	18.42	—
2 阶	—	47.63	—

（续）

模态阶数	FEM仿真固有频率/Hz	测试固有频率/Hz	相对误差
3阶	—	76.75	—
4阶	138.84	132.85	4.3%
5阶	185.11	175.81	5%
6阶	185.11	179.42	3%

从上述结果可以看出，主镜结构第4阶模态为弯扭组合模态，而第5阶和第6阶模态为对称弯曲模态，而且以上模态的对比显示，试验测试结果与有限元法仿真结果吻合良好，最大误差不超过5%，说明模态试验结果很准确。需要说明的是，模态测试中由于受橡皮绳的影响，主镜结构的1阶模态为典型的刚体运动模态，其固有频率对应于由主镜结构（刚性质量块）和橡皮绳（弹簧）组成的单自由度系统的固有频率，但在有限元法计算中并未设置这样的边界条件，因此表4-2中无此模态的计算结果。另外，有限元法建模中简化了主镜结构的夹爪块和浮动梁部件，它们所对应的模态（第2~3阶）在表4-2中也没有给出。

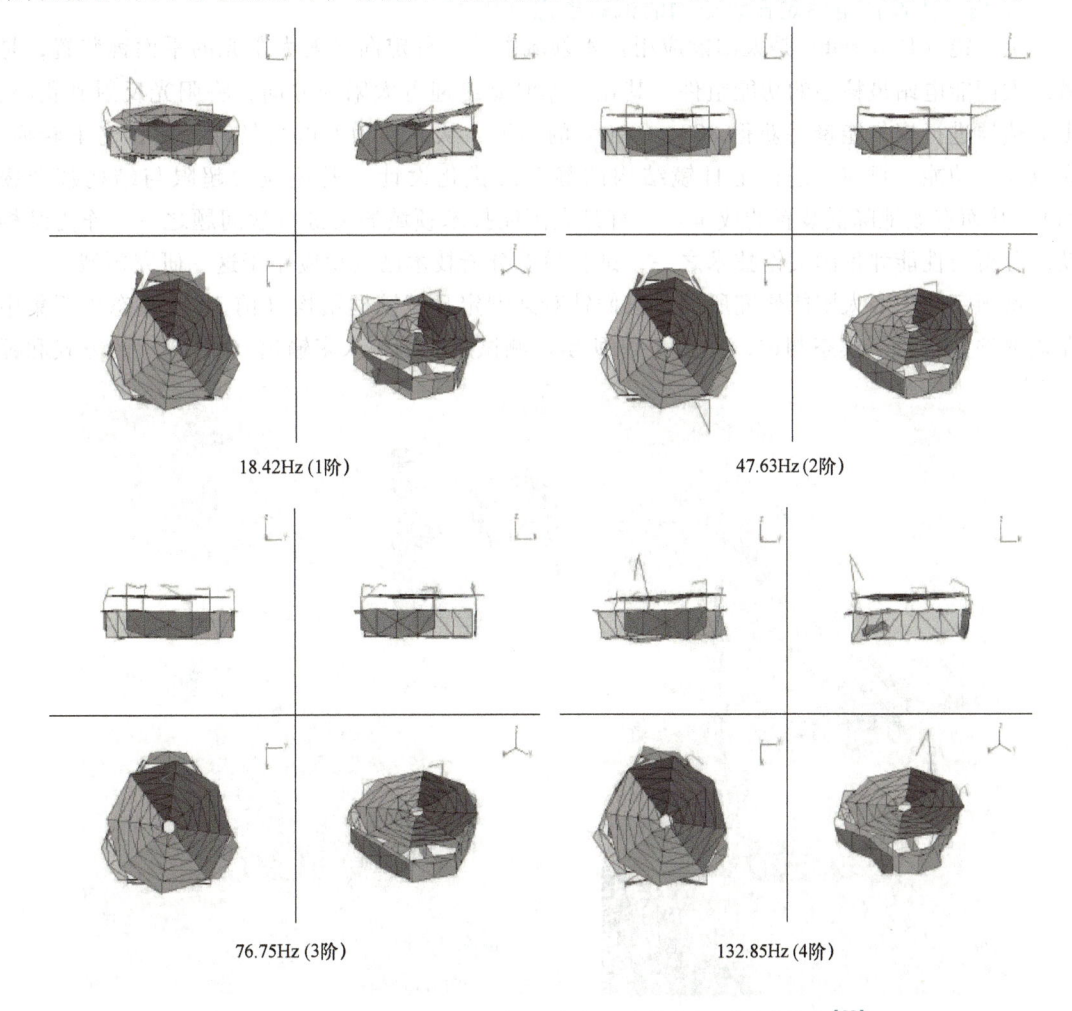

18.42Hz (1阶)　　　　47.63Hz (2阶)

76.75Hz (3阶)　　　　132.85Hz (4阶)

图4-17　空间太阳望远镜主镜结构前6阶模态振型测试结果[33]

175.81Hz(5阶)   179.42Hz(6阶)

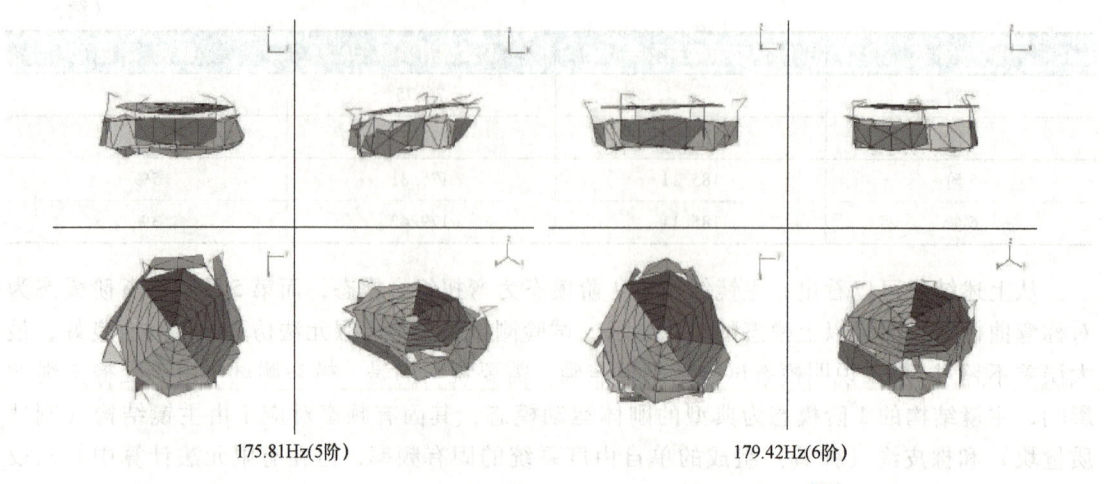

图 4-17 空间太阳望远镜主镜结构前 6 阶模态振型测试结果[33]（续）

3. 塔式太阳能电站定日镜结构的试验模态分析[34]

定日镜（Heliostat）是太阳能应用技术领域中的一种定向投射太阳光的平面镜装置，是塔式太阳能电站最核心的功能组件。其在工作时始终迎着太阳的方向，将阳光反射到靶心，由集热器进行聚集能量并获得 800~1000℃ 的高温，从而推动发电机转动，实行光电转换，完成发电功能。目前，进行定日镜结构的静动态优化设计（避免应力超限与结构疲劳损伤），从而有效地降低装置的成本，一直是太阳能技术领域的关键科学问题之一。作为结构动态分析与性能评价的关键技术之一，试验模态分析技术已成功应用于这一研究领域。

德国宇航中心太阳能研究所的专家们针对某型定日镜镜框结构（前 10 阶模态主要集中在该部件）进行了模态测试，如图 4-18 所示。测试采取单输入多输出（SIMO）的方式和锤

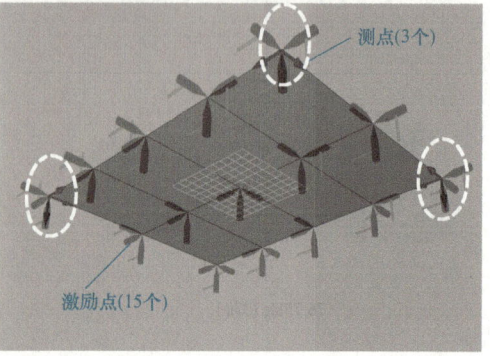

图 4-18 定日镜实物及镜框模态测试仪器与测点布置[34]

击法，测点固定不变，共计 3 个（每个测点安装 3 个加速度计，分别拾取 3 个方向的振动信号），激励点共计 15 个（每个激励点分别用脉冲锤进行 3 个方向的激励）。信号通过多通道前端机进行数据采样，利用以太网与微型计算机（内置丹麦 B&K 公司的数据采集分析软件 PULSE LABSHOP）连接进行数据处理与分析。

定日镜镜框结构前 6 阶模态振型（仰角 30°）测试结果与有限元法（FEM）仿真结果对比如图 4-19 所示，固有频率对比见表 4-3。

表 4-3　定日镜镜框结构固有频率对比[34]　　　　（单位：Hz）

仰角		模态阶数						
		1	2	3	4	5	6	7
测试	0°	3.3	3.8	4.0	6.8	8.0	10.7	15.0
仿真	0°	4.3	4.5	4.6	7.7	10.1	11.9	17.2
测试	30°	3.2	3.8	3.9	6.2	8.3	10.7	15.9
仿真	30°	4.3	4.5	4.7	7.2	9.8	12.0	18.4
测试	60°	3.2	3.8	4.1	5.9	8.1	10.7	18.0
仿真	60°	4.3	4.7	4.8	6.8	9.3	12.1	21.2

由图 4-19 和表 4-3 可以看出：定日镜镜框结构前 3 阶模态分别为绕 3 个方向轴的刚体运动；第 4、5 阶模态分别与第 3、2 阶相似，是由支撑塔弯曲振动导致的平移运动的叠加；第 6 阶则为扭转模态；随着仰角的增加，第 4 阶模态频率有所降低，而第 7 阶模态频率有所提高。受实际脉动风载及有限元法建模简化的影响，定日镜镜框结构固有频率的测试结果与有限元法仿真结果存在一定偏差，并且仿真结果大于测试结果，特别是 1 阶模态尤为明显[有限元法建模时由于对方位驱动轴（Z 轴）的简化而引起]。鉴于定日镜结构的复杂性（由大量的零件组成），上述偏差在可接受的范围内。

4. 高速列车车轮副的试验模态分析[35]

车轮副是轨道车辆的重要支撑与运动组件，随着列车速度的提高，其动态性能的好坏直接影响轨道车辆的运行安全以及乘坐舒适性。开展轨道车辆车轮副的试验模态分析，对于评价车轮副的动态性能乃至结构优化设计均具有重要的指导意义。

图 4-20 所示为国产 350km/h 高速列车车轮副（动车车轮副和拖车车轮副）模态测试现场。测试中将车轮副用橡皮绳（其柔度选择应避免刚体运动模态的影响）自由悬挂，采用 SIMO 测量方式和锤击法，激励点位置分别位于车轮顶部边缘（0°）和左下侧边缘（135°）部位，以保证更多的模态被激发出来。动车车轮副测量点为 96 个（轴上 18 个，每个轮子 32 个，齿轮箱 14 个），拖车车轮副测量点为 114 个（轴上 18 个，每个轮子 32 个，每个制动盘 16 个），采用 8 个加速度计同时测量振动信号。

为了评价模态测试结果的准确性，同样采用有限元法（FEM）进行仿真计算，两种车轮副固有频率对比结果见表 4-4，模态振型测试结果与仿真结果如图 4-21～图 4-24 所示。可以看出：高速列车两种车轮副固有频率和模态振型的测试结果与仿真结果具有高度的一致性，说明了车轮副的试验模态分析方法是正确、可靠的，为车轮动力学分析与结构优化设计以及高速列车车体/轨道耦合动力学的进一步深入研究奠定了基础。

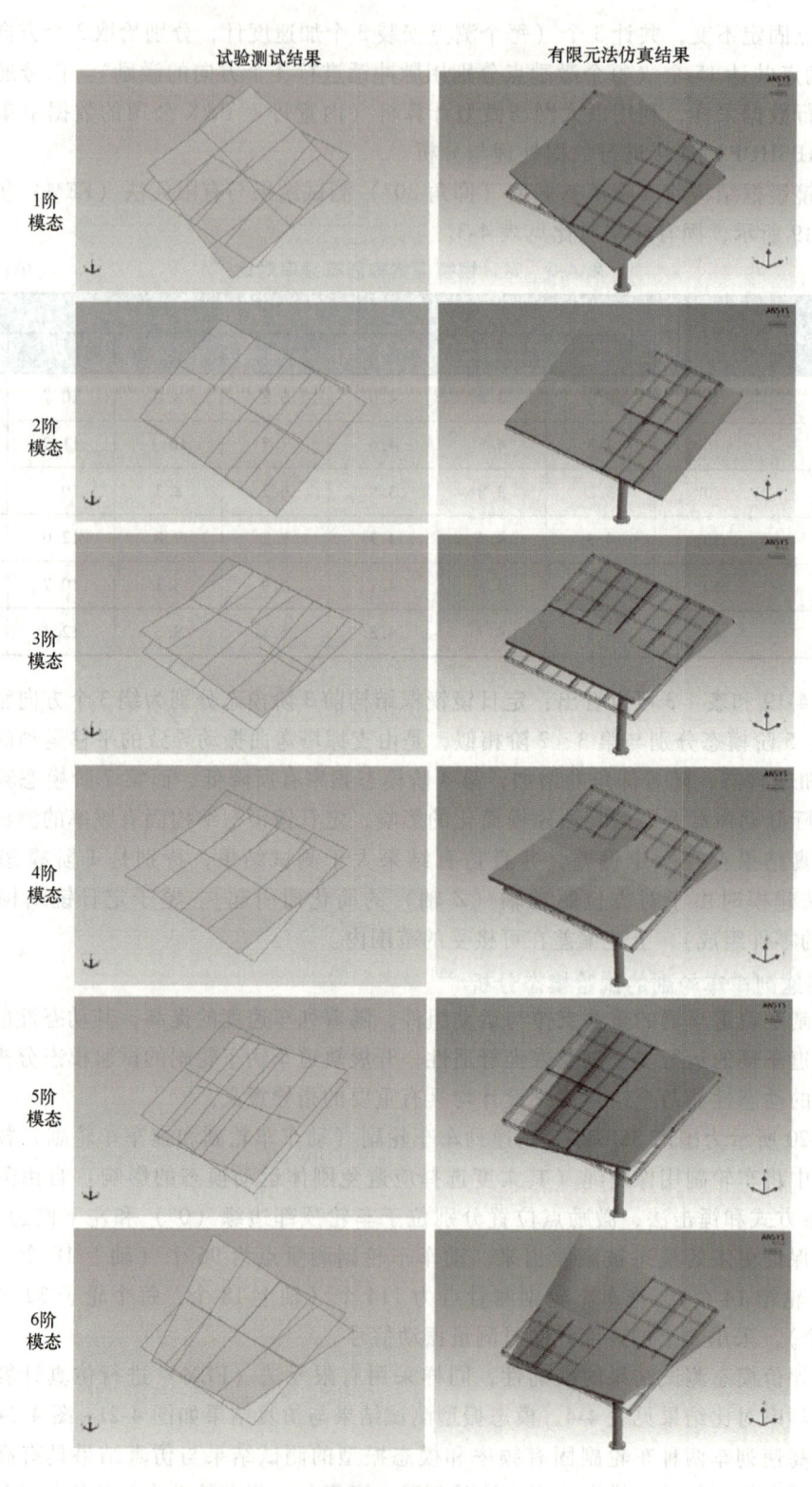

图 4-19　定日镜镜框结构前 6 阶模态振型（仰角 30°）测试结果与 FEM 仿真结果对比[34]

a) 动车车轮副(一端带有齿轮箱)

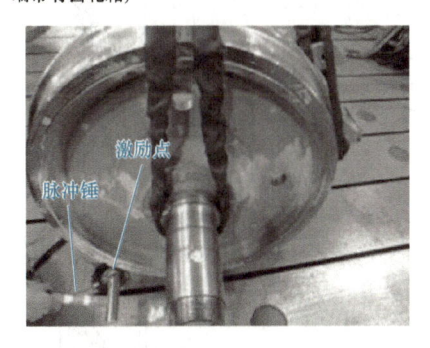

b) 拖车车轮副(中间带有两个制动盘)

图 4-20　国产 350km/h 高速列车车轮副（动车车轮副和拖车车轮副）模态测试现场[35]

表 4-4　高速列车车轮副固有频率对比结果[35]　　　　（单位：Hz）

模态阶数	动车车轮副 仿真	动车车轮副 测试	拖车车轮副 仿真	拖车车轮副 测试
轴扭转模态	93.03	92	92.87	92
轴1阶弯曲模态（对称）	103.18 103.43	104	98.48 98.48	98
轴2阶弯曲模态（对称）	181.95 182.51	180	179.6 179.6	178
轮轴1阶弯曲模态（对称）	265.32 267.62	265	263.5 263.5	262
车轮1阶伞状模态	287.2	286	290.1	289
车轮2阶伞状模态	361.5	360	380	378
车轮扭转模态（对称）	419 419.3	418	416.5 416.5	415
轮轴2阶弯曲模态（对称）	—	—	436 436	435

a) 92Hz

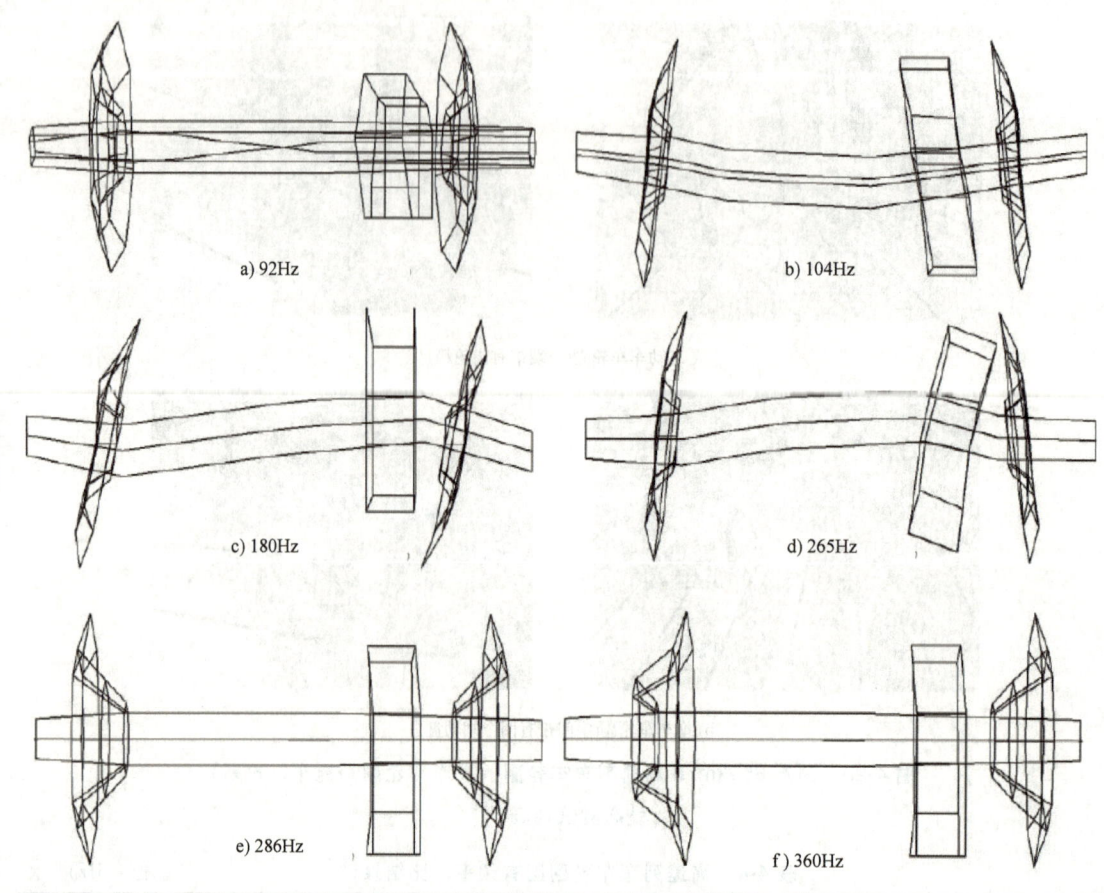

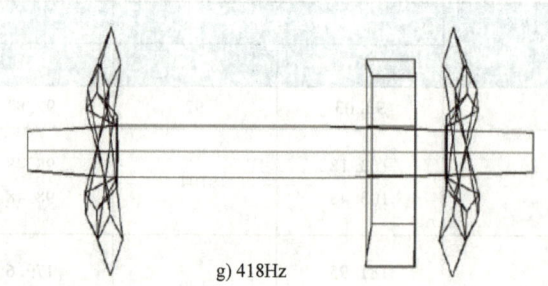

b) 104Hz

c) 180Hz

d) 265Hz

e) 286Hz

f) 360Hz

g) 418Hz

图 4-21 动车车轮副模态振型测试结果[35]

a) 93.03Hz

b) 103.18Hz

图 4-22 动车车轮副模态振型有限元法仿真结果[35]

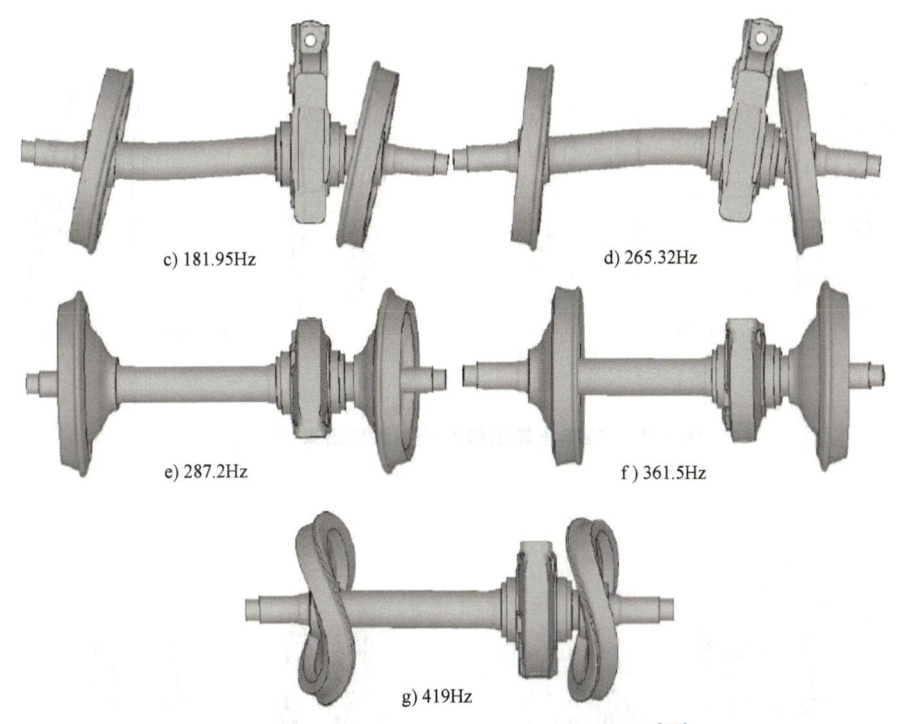

第4章 模态分析法

c) 181.95Hz
d) 265.32Hz
e) 287.2Hz
f) 361.5Hz
g) 419Hz

图 4-22 动车车轮副模态振型有限元法仿真结果[35]（续）

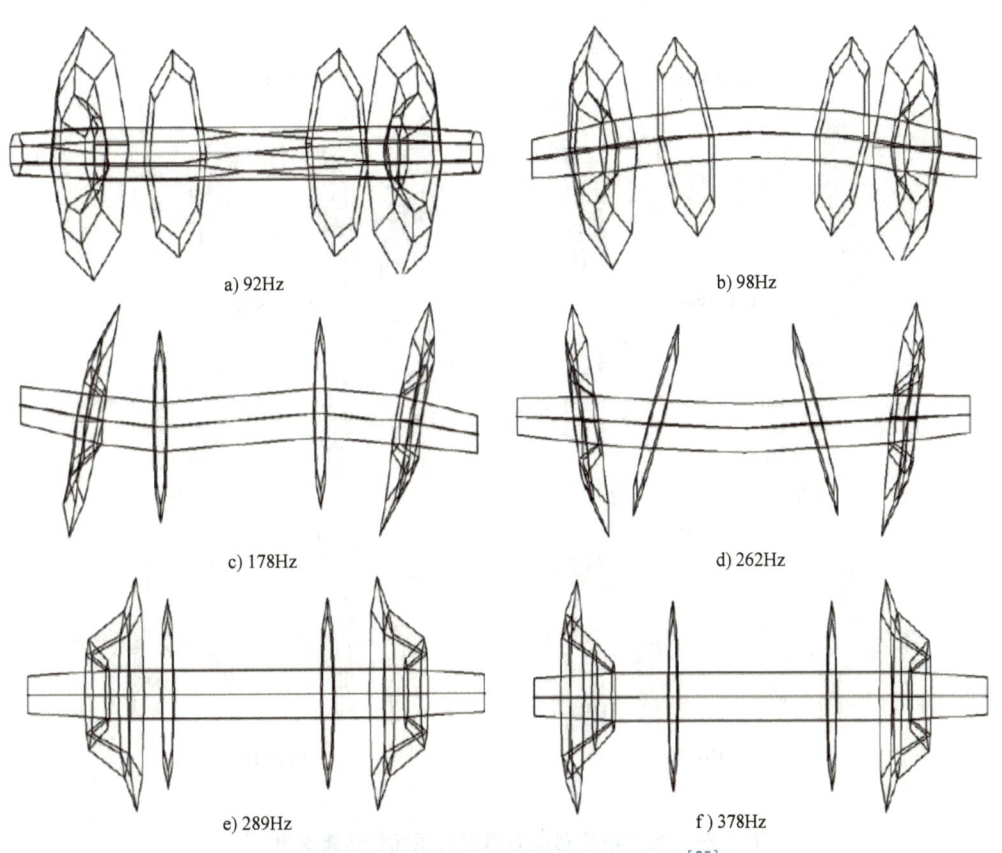

a) 92Hz
b) 98Hz
c) 178Hz
d) 262Hz
e) 289Hz
f) 378Hz

图 4-23 拖车车轮副模态振型测试结果[35]

g) 415Hz h) 435Hz

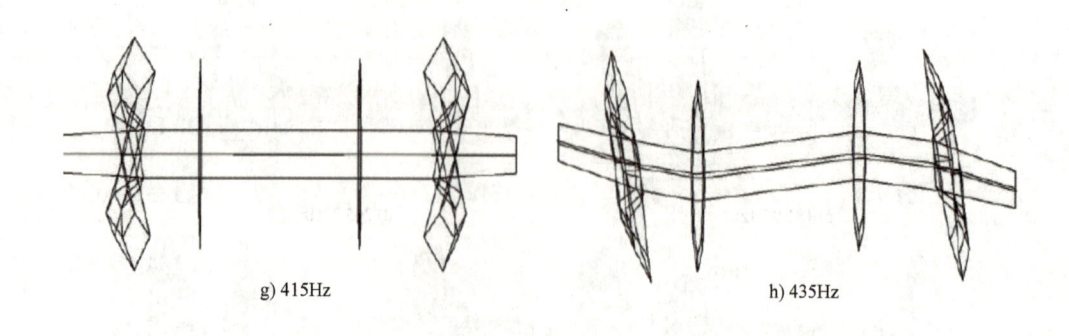

图 4-23　拖车车轮副模态振型测试结果[35]（续）

a) 92.87Hz b) 98.48Hz

c) 179.6Hz d) 263.5Hz

e) 290.1Hz f) 380Hz

g) 416.5Hz h) 436Hz

图 4-24　拖车车轮副模态振型有限元法仿真结果[35]

第5章

传递矩阵法

5.1 引　言

传递矩阵法（Transfer Matrix Method）是伴随计算机的出现和发展而逐步形成并广泛应用的一种工程结构动态分析方法，其基本思想是把一个整体结构系统的力学分析问题转化为若干单元或子结构的"对接"与"传递"的力学分析问题。具体来说，就是先将系统分解为若干个具有简单力学特性的两端单元，经过受力分析建立单元一端由广义位移和广义力组成的状态向量与另一端对应的状态向量之间的数学联系，从而得到单元的传递矩阵。然后，根据单元之间的传递关系，得到系统的传递矩阵及相应的矩阵方程，最后利用边界条件，进行系统的固有振动分析，甚至进行强迫振动响应的求解。传递矩阵法非常适合进行工程实际中具有链式分布特征的结构系统的振动分析，往往要求采用基于拉格朗日方程的分析力学方法将复杂结构简化为集总参数系统（Lumped Parameters System），再利用传递矩阵法进行分析和求解。本章将对这一方法进行介绍。

5.2 状态向量

状态向量是描述某一单元端面力学特性的物理量，通常由单元端面内的广义位移（位移、转角）和广义力（力、力矩）组成的一个矩阵向量来表示。

对于直线振动单元，如离散系统的质量、弹簧和黏性阻尼器单元以及纵向振动杆单元，其状态向量 $\mathbf{Z}_i$ 通常由位移 x_i 和力 F_i 组成如下：

$$\mathbf{Z}_i = \begin{pmatrix} x \\ F \end{pmatrix}_i \tag{5-1}$$

对于角振动单元，如转动惯量单元、扭转弹簧单元和扭转振动杆单元，其状态向量 $\mathbf{Z}_i$ 由转角 θ_i 和扭矩 $T_{\mathrm{M}i}$ 组成如下：

$$\mathbf{Z}_i = \begin{pmatrix} \theta \\ T_{\mathrm{M}} \end{pmatrix}_i \tag{5-2}$$

对于既有直线振动又有角振动的单元，如弯曲振动梁单元，其状态向量 $\mathbf{Z}_i$ 分别由位移 w_i、转角 θ_i、弯矩 M_i 和剪力 Q_i 组成如下：

$$\mathbf{Z}_i = \begin{pmatrix} w \\ \theta \\ M \\ Q \end{pmatrix}_i \tag{5-3}$$

对于弯曲振动板来说，其状态向量为 8 阶，而弯曲振动壳体为 12 阶。

5.3 基本单元的传递矩阵

根据单元两端面的受力情况，应用牛顿第二定律，容易建立单元末端与前端状态向量之间力学特性的传递矩阵方程，如下式表示（以直线振动单元为例）：

$$\begin{pmatrix} x \\ F \end{pmatrix}_i = \begin{pmatrix} T_{11} & T_{12} \\ T_{21} & T_{22} \end{pmatrix}_i \begin{pmatrix} x \\ F \end{pmatrix}_{i-1} \tag{5-4}$$

或

$$\boldsymbol{Z}_i = \boldsymbol{T}_i \boldsymbol{Z}_{i-1} \tag{5-5}$$

式中，$\boldsymbol{T}_i$ 为第 i 个单元的**传递矩阵**，$\boldsymbol{T}_i = \begin{pmatrix} T_{11} & T_{12} \\ T_{21} & T_{22} \end{pmatrix}_i$。

需要说明的是，传递矩阵方程体现了系统末端状态向量与前端状态向量之间的函数关系，末端与前端的设定并不是固定的，可以是正向传递，也可以是反向传递，这时传递矩阵的元素仅仅发生了调换，但矩阵的行列式恒等于 1，这可以利用互易定理来证明。

一般情况下，质量单元和转动惯量单元左、右两端状态向量常常分别用 $\boldsymbol{Z}_i^L$ 和 $\boldsymbol{Z}_i^R$ 表示（当然也可视具体情况用上、下两端的状态向量描述），两者之间的传递矩阵称为**点传递矩阵**，用 $\boldsymbol{T}_i^p$ 表示。而其他基本单元（如弹簧、扭簧和黏性阻尼器单元以及纵向振动杆单元、扭转振动杆单元和弯曲振动梁单元等）两端的状态向量之间的传递矩阵通常称为**场传递矩阵**，用 $\boldsymbol{T}_i^f$ 表示。

下面分别给出常用基本单元的传递矩阵。

1. 质量单元

对于做简谐振动、质量为 m 的刚性质量单元，其左右两端状态向量之间的传递矩阵方程如下：

$$\begin{pmatrix} x \\ F \end{pmatrix}_i^R = \begin{pmatrix} 1 & 0 \\ -m\omega^2 & 1 \end{pmatrix} \begin{pmatrix} x \\ F \end{pmatrix}_i^L \tag{5-6}$$

则该单元的点传递矩阵为：

$$\boldsymbol{T}_i^p = \begin{pmatrix} 1 & 0 \\ -m\omega^2 & 1 \end{pmatrix} \tag{5-7}$$

2. 转动惯量单元

对于做简谐振动、转动惯量为 I 的纯转动惯量单元，其左右两端状态向量之间的传递矩阵方程如下：

$$\begin{pmatrix} \theta \\ T_M \end{pmatrix}_i^R = \begin{pmatrix} 1 & 0 \\ -I\omega^2 & 1 \end{pmatrix} \begin{pmatrix} \theta \\ T_M \end{pmatrix}_i^L \tag{5-8}$$

则该单元的点传递矩阵为：

$$T_i^{\mathrm{p}} = \begin{pmatrix} 1 & 0 \\ -I\omega^2 & 1 \end{pmatrix} \tag{5-9}$$

3. 弹簧单元

对于做简谐振动、刚度为 k 的弹簧单元，其两端状态向量之间的传递矩阵方程如下：

$$\begin{pmatrix} x \\ F \end{pmatrix}_i = \begin{pmatrix} 1 & 1/k \\ 0 & 1 \end{pmatrix} \begin{pmatrix} x \\ F \end{pmatrix}_{i-1} \tag{5-10}$$

则该单元的场传递矩阵为：

$$T_i^{\mathrm{f}} = \begin{pmatrix} 1 & 1/k \\ 0 & 1 \end{pmatrix} \tag{5-11}$$

4. 扭转弹簧单元

对于做简谐振动、抗扭刚度为 k_{t} 的扭转弹簧单元，其两端状态向量之间的传递矩阵方程如下：

$$\begin{pmatrix} x \\ T_{\mathrm{M}} \end{pmatrix}_i = \begin{pmatrix} 1 & 1/k_{\mathrm{t}} \\ 0 & 1 \end{pmatrix} \begin{pmatrix} x \\ T_{\mathrm{M}} \end{pmatrix}_{i-1} \tag{5-12}$$

则该单元的场传递矩阵为：

$$T_i^{\mathrm{f}} = \begin{pmatrix} 1 & 1/k_{\mathrm{t}} \\ 0 & 1 \end{pmatrix} \tag{5-13}$$

5. 黏性阻尼器单元

对于做简谐振动、阻尼系数为 c 的黏性阻尼器单元，其两端状态向量之间的传递矩阵方程如下：

$$\begin{pmatrix} x \\ F \end{pmatrix}_i = \begin{pmatrix} 1 & \dfrac{1}{\mathrm{j}\omega c} \\ 0 & 1 \end{pmatrix} \begin{pmatrix} x \\ F \end{pmatrix}_{i-1} \tag{5-14}$$

则该单元的场传递矩阵为：

$$T_i^{\mathrm{f}} = \begin{pmatrix} 1 & \dfrac{1}{\mathrm{j}\omega c} \\ 0 & 1 \end{pmatrix} \tag{5-15}$$

6. 纵向振动杆单元

对于长度为 l、截面面积为 A、密度为 ρ、弹性模量为 E 的做简谐振动的纵向振动杆单元，其两端状态向量之间的传递矩阵方程可借助于第 4 章的式（4-36）及其振型表达式 $U(x) = C_1 \cos(k_l x) + C_2 \sin(k_l x)$ 推导得出。

易知：

$$C_1 = U(0), \quad C_2 = \frac{1}{k_l} U'(0)$$

则有：

$$\begin{cases} U(l) = U(0)\cos(k_l l) + \dfrac{1}{k_l}U'(0)\sin(k_l l) \\ U'(l) = -U(0)k_l\sin(k_l l) + U'(0)\cos(k_l l) \end{cases} \quad (5\text{-}16\mathrm{a, b})$$

令 $k = \dfrac{EA}{l}$，即

$$\begin{cases} U(l) = U(0)\cos(k_l l) + EAU'(0)\dfrac{1}{k_l k l}\sin(k_l l) \\ EAU'(l) = -U(0)k_l k l\sin(k_l l) + EAU'(0)\cos(k_l l) \end{cases} \quad (5\text{-}17\mathrm{a, b})$$

写成矩阵形式：

$$\begin{pmatrix} U(l) \\ EAU'(l) \end{pmatrix} = \begin{pmatrix} \cos(k_l l) & \dfrac{1}{k_l k l}\sin(k_l l) \\ -k_l k l\sin(k_l l) & \cos(k_l l) \end{pmatrix} \begin{pmatrix} U(0) \\ EAU'(0) \end{pmatrix} \quad (5\text{-}18)$$

注意到 $x = l$ 对应杆的末端 i，$x = 0$ 对应杆的前端 $i-1$，以及 $N = EA\dfrac{\partial u}{\partial x}$，并利用式（4-36），则有：

$$\begin{pmatrix} u \\ N \end{pmatrix}_i = \begin{pmatrix} \cos(k_l l) & \dfrac{1}{k k_l l}\sin(k_l l) \\ -k k_l l\sin(k_l l) & \cos(k_l l) \end{pmatrix} \begin{pmatrix} u \\ N \end{pmatrix}_{i-1} \quad (5\text{-}19)$$

则该单元的场传递矩阵为：

$$\boldsymbol{T}_i^{\mathrm{f}} = \begin{pmatrix} \cos(k_l l) & \dfrac{1}{k k_l l}\sin(k_l l) \\ -k k_l l\sin(k_l l) & \cos(k_l l) \end{pmatrix} \quad (5\text{-}20)$$

式中，k 为单元的抗拉刚度，$k = \dfrac{EA}{l}$；$k_l = \dfrac{\omega}{c_l}$；$u$，$N$ 分别为单元截面的纵向位移和内力。

特别地，对于无质量纵向振动杆单元（可等效为弹簧单元），这时 $\rho \to 0$，即 $k_l \to 0$，对式（5-20）取极限可得其场传递矩阵为：

$$\boldsymbol{T}_i^{\mathrm{f}} = \begin{pmatrix} 1 & \dfrac{1}{k} \\ 0 & 1 \end{pmatrix} \quad (5\text{-}21)$$

显然，式（5-21）与弹簧单元的场传递矩阵表达式（5-11）相一致。

7. 扭转振动杆单元

对于长度为 l、截面极惯性矩为 J_p、密度为 ρ、剪切模量为 G 的做简谐振动的圆形截面扭转振动杆单元，容易得到其两端状态向量之间的传递矩阵方程如下：

$$\begin{pmatrix} \theta \\ T_\mathrm{M} \end{pmatrix}_i = \begin{pmatrix} \cos(k_\mathrm{t} l) & \dfrac{1}{k_\mathrm{t} k_\mathrm{t} l}\sin(k_\mathrm{t} l) \\ -k_\mathrm{t} k_\mathrm{t} l\sin(k_\mathrm{t} l) & \cos(k_\mathrm{t} l) \end{pmatrix} \begin{pmatrix} \theta \\ T_\mathrm{M} \end{pmatrix}_{i-1} \quad (5\text{-}22)$$

则该单元的场传递矩阵为：

$$T_i^f = \begin{pmatrix} \cos(k_{tl}l) & \dfrac{1}{k_t k_{tl} l}\sin(k_{tl}l) \\ -k_t k_{tl} l \sin(k_{tl}l) & \cos(k_{tl}l) \end{pmatrix} \tag{5-23}$$

式中，k_t 为单元的抗扭刚度，$k_t = \dfrac{GJ_p}{l}$；$k_{tl} = \dfrac{\omega}{c_{tl}}$，$c_{tl} = \sqrt{\dfrac{G}{\rho}}$；$\theta$，$T_M$ 分别为单元截面的转角和扭矩。

特别地，对于无质量圆形截面扭转振动杆单元（等效为扭转弹簧单元），这时 $\rho \to 0$，即 $k_{tl} \to 0$，对式（5-20）取极限可得其场传递矩阵为：

$$T_i^f = \begin{pmatrix} 1 & \dfrac{1}{k_t} \\ 0 & 1 \end{pmatrix} \tag{5-24}$$

显然，式（5-24）与扭转弹簧单元的场传递矩阵表达式（5-13）相一致。

8. 弯曲振动梁单元

对于长度为 l、截面积为 A、惯性矩为 J、密度为 ρ、弹性模量为 E 的做简谐振动的弯曲振动梁单元，其两端状态向量之间的传递矩阵方程可借助于第 4 章的式（4-53）及其振型表达式 $W(x) = C_1 \cos(k_b x) + C_2 \sin(k_b x) + C_3 \mathrm{ch}(k_b x) + C_4 \mathrm{sh}(k_b x)$ 推导得出，与杆的纵向振动相类似，方程如下：

$$\begin{pmatrix} w \\ \theta \\ M \\ Q \end{pmatrix}_i = \begin{pmatrix} C^+ & \dfrac{S^+}{k_b} & \dfrac{C^-}{EJk_b^2} & \dfrac{S^-}{EJk_b^3} \\ k_b S^- & C^+ & \dfrac{S^+}{EJk_b} & \dfrac{C^-}{EJk_b^2} \\ EJk_b^2 C^- & EJk_b S^- & C^+ & \dfrac{S^+}{k_b} \\ EJk_b^3 S^+ & EJk_b^2 C^- & k_b S^- & C^+ \end{pmatrix} \begin{pmatrix} w \\ \theta \\ M \\ Q \end{pmatrix}_{i-1} \tag{5-25}$$

则该单元的场传递矩阵为：

$$T_i^f = \begin{pmatrix} C^+ & \dfrac{S^+}{k_b} & \dfrac{C^-}{EJk_b^2} & \dfrac{S^-}{EJk_b^3} \\ k_b S^- & C^+ & \dfrac{S^+}{EJk_b} & \dfrac{C^-}{EJk_b^2} \\ EJk_b^2 C^- & EJk_b S^- & C^+ & \dfrac{S^+}{k_b} \\ EJk_b^3 S^+ & EJk_b^2 C^- & k_b S^- & C^+ \end{pmatrix} \tag{5-26}$$

式中

$$\begin{cases} C^+ = \dfrac{1}{2}[\,\mathrm{ch}(k_b l)+\cos(k_b l)\,] \\[4pt] C^- = \dfrac{1}{2}[\,\mathrm{ch}(k_b l)-\cos(k_b l)\,] \\[4pt] S^+ = \dfrac{1}{2}[\,\mathrm{sh}(k_b l)+\sin(k_b l)\,] \\[4pt] S^- = \dfrac{1}{2}[\,\mathrm{sh}(k_b l)-\sin(k_b l)\,] \end{cases} \tag{5-27}$$

其中

$$k_b = \sqrt{\dfrac{\omega}{Rc_l}}$$

特别地，对于无质量弯曲振动梁单元，这时 $\rho\to 0$，即 $k_b\to 0$，对式（5-26）取极限可得其场传递矩阵为：

$$T_i^f = \begin{pmatrix} 1 & l & \dfrac{l^2}{2EJ} & \dfrac{l^3}{6EJ} \\ 0 & 1 & \dfrac{l}{EJ} & \dfrac{l^2}{2EJ} \\ 0 & 0 & 1 & l \\ 0 & 0 & 0 & 1 \end{pmatrix} \tag{5-28}$$

当然，对于弯曲振动的板单元或壳体单元，它们的场传递矩阵也可以推导得出，这里不再赘述。

5.4 系统的固有振动分析

5.4.1 系统的传递矩阵方程

设某链式分布系统由 n 个单元组成，第 i 个单元的传递矩阵为 T_i，系统前端的状态向量为 Z_0，系统末端的状态向量为 Z_n，则该系统的传递矩阵方程为：

$$Z_n = T_n T_{n-1} \cdots T_i \cdots T_2 T_1 Z_0 \tag{5-29}$$

则系统的总传递矩阵为：

$$T_{\text{total}} = T_n T_{n-1} \cdots T_i \cdots T_2 T_1 \tag{5-30}$$

对于由质量单元、弹簧单元和黏性阻尼器单元组成的离散系统，以及纵向振动（或扭转振动）的杆系（或轴系），易知系统的总传递矩阵为 2 阶方阵（矩阵阶数等于单元的状态向量的行数）；而对于弯曲振动的梁系，系统的总传递矩阵则为 4 阶方阵。传递矩阵中的元素 T_{ij} 实际上是频率 ω 的函数（对于固有振动分析来说，频率 ω 即对应系统的固有频率），若考虑系统的两端边界条件，就可以将系统总的传递矩阵降阶，确定出系统的固有频率，进而得到系统的模态振型。下面分别以离散系统、扭转振动轴系以及弯曲振动梁为例，介绍它们的固有振动分析过程。

5.4.2 离散系统的固有振动分析

对于离散系统（单自由度和多自由度系统），具有两种边界条件，即固定和自由条件，固定端：位移 $x=0$；自由端：力 $F=0$。

对于两端固定的离散系统，可以得到如下频率方程：
$$T_{12}(\omega) = 0 \tag{5-31}$$

对于一端固定、另一端自由的离散系统，频率方程如下：

1) 前端固定、末端自由：$T_{22}(\omega) = 0$。 (5-32)

2) 前端自由、末端固定：$T_{11}(\omega) = 0$。 (5-33)

由上述频率方程，很容易求得系统的固有频率。

需要指出的是，对于多自由度系统，其模态振型可以按如下步骤得到：

1) 先指定好系统的前端和末端（前端与末端是相对而言，对于任意系统或组成单元来说，总存在一个前端与末端），一般将系统存在边界条件的一端设为前端，其中由于固定端的位移为 0，因此状态向量设为 $(0 \quad 1)^T$；而自由端的力为 0，则其状态向量设为 $(1 \quad 0)^T$。

2) 分别求得系统中各质量单元末端（相对于前端而言）的状态向量，按顺序取其第一行元素（对应于位移）组成位移向量。

3) 分别将各阶固有频率代入该位移向量，经归一化处理后得到系统的模态振型。

下面通过一个例子来看看具体的求解过程。

【例题 5-1】

试用传递矩阵法求图 5-1 所示 2 自由度系统的固有频率和模态振型[3]。

【解】 易知该 2 自由度系统由 5 个单元组成（3 个弹簧单元和 2 个质量单元），单元编号如图 5-1 所示。

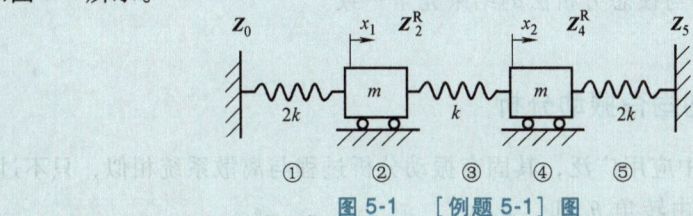

图 5-1 ［例题 5-1］图

将系统左、右端（Z_0 和 Z_5）分别视为前端和末端，容易求出系统的总传递矩阵为：

$$T_{\text{total}} = T_5^f T_4^p T_3^f T_2^p T_1^f$$

$$= \begin{pmatrix} 1 & \dfrac{1}{2k} \\ 0 & 1 \end{pmatrix} \begin{pmatrix} 1 & 0 \\ -m\omega^2 & 1 \end{pmatrix} \begin{pmatrix} 1 & \dfrac{1}{k} \\ 0 & 1 \end{pmatrix} \begin{pmatrix} 1 & 0 \\ -m\omega^2 & 1 \end{pmatrix} \begin{pmatrix} 1 & \dfrac{1}{2k} \\ 0 & 1 \end{pmatrix} \tag{a}$$

因为系统两端固定，则根据式(5-31)可得频率方程为 $\left(\text{令 } \alpha = \dfrac{m\omega^2}{k}\right)$：

$$T_{12} = \dfrac{1}{4k}(2-\alpha)(4-\alpha) = 0 \tag{b}$$

解得：$\alpha_1 = 2$，$\alpha_2 = 4$。

则系统的固有频率为：$\omega_1 = \sqrt{\dfrac{2k}{m}}$，$\omega_2 = \sqrt{\dfrac{4k}{m}}$。

由于系统前端 Z_0 为固定端，令其状态向量为 $Z_0 = \begin{pmatrix} 0 \\ 1 \end{pmatrix}$，则系统两个质量单元（即第 2 单元和第 4 单元）的右端 Z_2^R 和 Z_4^R 分别为末端，其状态向量分别为：

$$Z_2^R = \begin{pmatrix} x \\ F \end{pmatrix}_2^R = T_2^p T_1^f Z_0 = \begin{pmatrix} 1 & 0 \\ -m\omega^2 & 1 \end{pmatrix} \begin{pmatrix} 1 & \dfrac{1}{2k} \\ 0 & 1 \end{pmatrix} \begin{pmatrix} 0 \\ 1 \end{pmatrix} = \begin{pmatrix} \dfrac{1}{2k} \\ 1 - \dfrac{\alpha}{2} \end{pmatrix} \tag{c}$$

$$Z_4^R = \begin{pmatrix} x \\ F \end{pmatrix}_4^R = T_4^p T_3^f Z_2^R = \begin{pmatrix} 1 & 0 \\ -m\omega^2 & 1 \end{pmatrix} \begin{pmatrix} 1 & \dfrac{1}{k} \\ 0 & 1 \end{pmatrix} \begin{pmatrix} \dfrac{1}{2k} \\ 1 - \dfrac{\alpha}{2} \end{pmatrix} = \begin{pmatrix} \dfrac{1}{2k}(3-\alpha) \\ (1-\alpha)\left(1-\dfrac{\alpha}{2}\right) - \dfrac{\alpha}{2} \end{pmatrix} \tag{d}$$

分别将 $\alpha_1 = 2$，$\alpha_2 = 4$ 代入上述两个状态向量中的第一行元素组成的向量 $\begin{pmatrix} \dfrac{1}{2k} \\ \dfrac{1}{2k}(3-\alpha) \end{pmatrix}$ 中，经归一化处理，可得系统的模态振型分别为：

$$\phi_1 = \begin{pmatrix} 1 \\ 1 \end{pmatrix}, \phi_2 = \begin{pmatrix} 1 \\ -1 \end{pmatrix}$$

容易知道，以上结果与模态分析法的结果完全一致。

5.4.3 扭转振动轴系的固有振动分析

扭转振动轴系在工程中应用广泛，其固有振动分析过程与离散系统相似，只不过系统的状态向量为角振动向量（由转角 θ_i 和扭矩 T_{Mi} 组成），下面予以简要介绍。

考虑如图 5-2 所示的扭转振动轴系，它是由 n 个抗扭刚度 k_{ti} 的无质量杆单元和 $n+1$ 个转动惯量为 I_i 的纯转动惯量刚性圆盘组成的链式系统，很容易得到系统的传递矩阵方程如下：

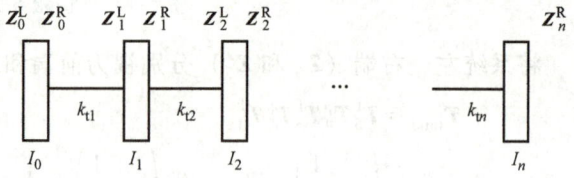

图 5-2 扭转振动轴系示意图

$$Z_n^R = T_n T_{n-1} \cdots T_i \cdots T_2 T_1 T_0^p Z_0^L \tag{5-34}$$

式中：

$$T_i = T_i^p T_i^f = \begin{pmatrix} 1 & 0 \\ -I_i\omega^2 & 1 \end{pmatrix} \begin{pmatrix} 1 & \dfrac{1}{k_{ti}} \\ 0 & 1 \end{pmatrix} = \begin{pmatrix} 1 & \dfrac{1}{k_{ti}} \\ -I_i\omega^2 & 1 - \dfrac{I_i\omega^2}{k_{ti}} \end{pmatrix} \quad (i=1,2,\cdots,n) \tag{5-35}$$

则系统总传递矩阵为：

$$T_{\text{total}} = T_n T_{n-1} \cdots T_i \cdots T_2 T_1 T_0^{\text{p}} \tag{5-36}$$

知道了系统的传递矩阵，就可以根据边界条件（固定端：转角 $\theta = 0$；自由端：扭矩 $T_M = 0$）来确定系统的固有频率，从而得到模态振型，步骤与上一节的离散系统完全一样，这里不再赘述。

以上介绍的轴系属于直列轴系，工程实际中还有相当多的轴系为带有齿轮传动的分支轴系，这类轴系的固有振动分析可以采用等效的办法（等效前后系统的动能与势能保持不变）来解决。图 5-3a 所示为一类最简单的具有齿轮传动的分支轴系，齿轮 2 与齿轮 1 的转速比为 n（传动比 $i_{12} = 1/n$），则可以等效为图 5-3b 所示的直列轴系，再利用传递矩阵法即可进行固有振动分析。

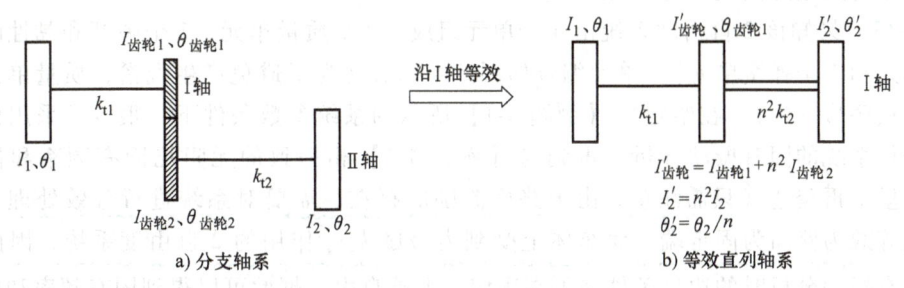

图 5-3 具有齿轮传动的分支轴系示意图

5.4.4 弯曲振动梁的固有振动分析

弯曲振动梁的固有振动分析也同前面的离散系统和扭转轴系一样，也是通过单元矩阵的相乘得到系统的总传递矩阵 T_{total}（为 4 阶方阵），再利用边界条件，从而得到系统的固有频率和模态振型。只不过弯曲振动梁的边界条件比较复杂，它有 3 种边界条件，即固定、简支和自由条件，其中：

1）固定端：位移 $w = 0$，转角 $\theta = 0$。
2）简支端：位移 $w = 0$，弯矩 $M = 0$。
3）自由端：弯矩 $M = 0$，剪力 $Q = 0$。

对于两端固定梁，可以得到如下频率方程：

$$\begin{vmatrix} T_{13} & T_{14} \\ T_{23} & T_{24} \end{vmatrix} = 0 \tag{5-37}$$

对于两端简支梁，可以得到如下的频率方程：

$$\begin{vmatrix} T_{12} & T_{14} \\ T_{32} & T_{34} \end{vmatrix} = 0 \tag{5-38}$$

对于一端固定、另一端自由的悬臂梁，频率方程如下：

1）前端固定、末端自由：

$$\begin{vmatrix} T_{33} & T_{34} \\ T_{43} & T_{44} \end{vmatrix} = 0 \tag{5-39a}$$

2）前端自由、末端固定：

$$\begin{vmatrix} T_{11} & T_{12} \\ T_{21} & T_{22} \end{vmatrix} = 0 \tag{5-39b}$$

5.5 系统的稳态响应

上一节利用传递矩阵法分别对离散系统、扭转振动轴系和弯曲振动梁的固有振动进行了分析，传递方向也就是前、末端的确定与系统受到的激励无关。但是在用传递矩阵法进行系统强迫振动稳态响应求解时，系统的前端和末端就必须按照如下原则设定，即激励端为末端，而存在边界条件的一端为前端。而且这时传递矩阵中的频率 ω 不再是固有振动分析时系统的固有频率，而是对应于激励频率。下面通过一个算例来看一下系统稳态响应的求解过程。

【例题 5-3】

试用传递矩阵法重解【例题 2-1】。

【解】 易知该 2 自由度系统由 4 个单元组成（2 个质量单元、1 个弹簧和黏性阻尼器并联单元和 1 个弹簧单元），单元编号如图 5-4 所示（为了避免产生混淆，质量单元编号与质量块序号一致）。在给定如【例题 4-1】所示的系统参数条件下，很容易采用传递矩阵法进行系统的固有振动分析，得到与【例题 4-1】相一致的无阻尼固有频率和模态振型，这里不再赘述（只需注意，由于路面激励的存在，需要对系统进行等效处理，将车辆系统等效为路面为固定端、而车体上受到力激励 $k_s x_s$ 作用的 2 自由度系统，因此进行系统固有振动分析时的边界条件为下端固定、上端自由，据此可以得到固有频率和模态振型）。下面来看看如何求解系统的稳态响应。

由于该车辆系统存在混合激励，因此与机械阻抗法一样，将激励单独考虑进行叠加求解。

（1）路面位移激励单独作用 路面位移激励单独作用时，发动机上无激励，这时其上端 $\mathbf{Z}_2^U$（上标 U 表示上端）为自由端，边界条件满足 $\mathbf{Z}_2^U = \begin{pmatrix} x \\ 0 \end{pmatrix}_2^{(1)}$ [上标（1）表示位移激励情形，自由端力为 0]。将该端视为前端，而激励端 $\mathbf{Z}_s$ 视为末端，传递方向自下而上。

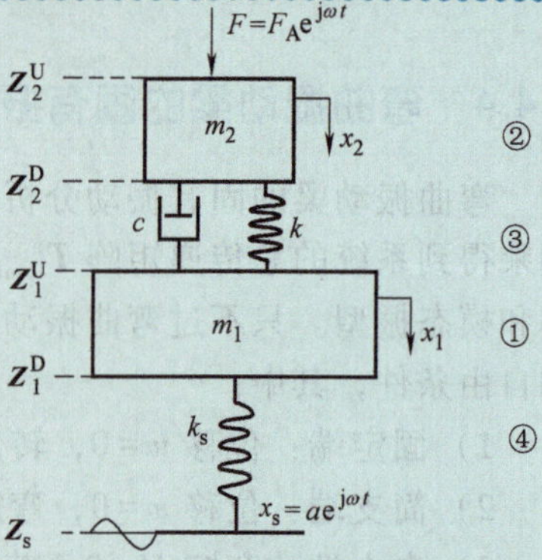

为了求解系统的响应，需要进行分步传递，$\mathbf{Z}_1^D \rightarrow \mathbf{Z}_2^U$，质量块 1 的下端 $\mathbf{Z}_1^D$（上标 D 表示下端）作为末端，则有：

图 5-4 ［例题 5-2］图

$$\mathbf{Z}_1^D = \begin{pmatrix} x \\ F \end{pmatrix}_1^{(1)} = \mathbf{T}_1^p \mathbf{T}_3^f \mathbf{T}_2^p \mathbf{Z}_2^U = \begin{pmatrix} 1 & 0 \\ -m_1 \omega^2 & 1 \end{pmatrix} \begin{pmatrix} 1 & \dfrac{1}{k+j\omega c} \\ 0 & 1 \end{pmatrix} \begin{pmatrix} 1 & 0 \\ -m_2 \omega^2 & 1 \end{pmatrix} \mathbf{Z}_2^U$$

$$= \begin{pmatrix} \dfrac{k - m_2 \omega^2 + j\omega c}{k + j\omega c} & \dfrac{1}{k + j\omega c} \\ \dfrac{-m_1 \omega^2 (k + j\omega c) - m_2 \omega^2 (k - m_1 \omega^2 + j\omega c)}{k + j\omega c} & \dfrac{k - m_1 \omega^2 + j\omega c}{k + j\omega c} \end{pmatrix} \begin{pmatrix} x \\ 0 \end{pmatrix}_2^{(1)} \quad (a)$$

由式（a）可得：

$$(x)_1^{(1)} = \frac{k - m_2\omega^2 + j\omega c}{k + j\omega c}(x)_2^{(1)} \tag{b}$$

另外考虑 $\mathbf{Z}_s \to \mathbf{Z}_1^D$ 的传递，则有

$$\mathbf{Z}_s = \begin{pmatrix} x \\ F \end{pmatrix}_s^{(1)} = \mathbf{T}_4^f \mathbf{Z}_1^D = \begin{pmatrix} 1 & \dfrac{1}{k_s} \\ 0 & 1 \end{pmatrix} \begin{pmatrix} \dfrac{k - m_2\omega^2 + j\omega c}{k + j\omega c} & \dfrac{1}{k + j\omega c} \\ \dfrac{-m_1\omega^2(k + j\omega c) - m_2\omega^2(k - m_1\omega^2 + j\omega c)}{k + j\omega c} & \dfrac{k - m_1\omega^2 + j\omega c}{k + j\omega c} \end{pmatrix} \begin{pmatrix} x \\ 0 \end{pmatrix}_2^{(1)}$$

$$= \begin{pmatrix} \dfrac{(k_s - m_1\omega^2)(k - m_2\omega^2 + j\omega c) - m_2\omega^2(k + j\omega c)}{k_s(k + j\omega c)} & \dfrac{k + k_s - m_1\omega^2 + j\omega c}{k_s(k + j\omega c)} \\ \dfrac{-m_1\omega^2(k + j\omega c) - m_2\omega^2(k - m_1\omega^2 + j\omega c)}{k + j\omega c} & \dfrac{k - m_1\omega^2 + j\omega c}{k + j\omega c} \end{pmatrix} \begin{pmatrix} x \\ 0 \end{pmatrix}_2^{(1)} \tag{c}$$

由式（c）可得：

$$(x)_s^{(1)} = \frac{(k_s - m_1\omega^2)(k - m_2\omega^2 + j\omega c) - m_2\omega^2(k + j\omega c)}{k_s(k + j\omega c)}(x)_2^{(1)} \tag{d}$$

式中，$(x)_s^{(1)} = x_s$，$(x)_2^{(1)} = x_2^{(1)}$，则有：

$$x_2^{(1)} = \frac{k_s x_s (k + j\omega c)}{(k_s - m_1\omega^2)(k - m_2\omega^2 + j\omega c) - m_2\omega^2(k + j\omega c)}$$

$$= \frac{k_s a e^{j\omega t}(k + j\omega c)}{(k_s - m_1\omega^2)(k - m_2\omega^2 + j\omega c) - m_2\omega^2(k + j\omega c)} \tag{e}$$

将式（e）代入式（b），得：

$$x_1^{(1)} = \frac{k_s a e^{j\omega t}(k - m_2\omega^2 + j\omega c)}{(k_s - m_1\omega^2)(k - m_2\omega^2 + j\omega c) - m_2\omega^2(k + j\omega c)} \tag{f}$$

（2）发动机力激励单独作用 发动机力激励单独作用时，路面无位移激励，该端需等效为固定端（不可按自由端处理），边界条件满足 $\mathbf{Z}_s = \begin{pmatrix} 0 \\ F \end{pmatrix}_s^{(2)}$ ［上标（2）表示发动机力激励情形，固定端位移为 0］。$\mathbf{Z}_s$ 端视为前端，激励端 $\mathbf{Z}_2^U$ 视为末端，传递方向自上而下。

同样需要分步传递，$\mathbf{Z}_1^U \to \mathbf{Z}_s$，质量块 1 的上端 $\mathbf{Z}_1^U$ 作为末端，则有：

$$\mathbf{Z}_1^U = \begin{pmatrix} x \\ F \end{pmatrix}_1^{(2)} = \mathbf{T}_1^p \mathbf{T}_4^f \mathbf{Z}_s = \begin{pmatrix} 1 & 0 \\ -m_1\omega^2 & 1 \end{pmatrix} \begin{pmatrix} 1 & \dfrac{1}{k_s} \\ 0 & 1 \end{pmatrix} \mathbf{Z}_s$$

$$= \begin{pmatrix} 1 & \dfrac{1}{k_s} \\ -m_1\omega^2 & \dfrac{k_s - m_1\omega^2}{k_s} \end{pmatrix} \begin{pmatrix} 0 \\ F \end{pmatrix}_s^{(2)} \tag{g}$$

由式（g）可得：

$$(x)_1^{(2)} = \frac{1}{k_s}(F)_s^{(2)} \tag{h}$$

另外考虑 $\mathbf{Z}_2^U \to \mathbf{Z}_1^U$ 的传递，则有：

$$\mathbf{Z}_2^U = \begin{pmatrix} x \\ F \end{pmatrix}_2^{(2)} = \mathbf{T}_2^p \mathbf{T}_3^f \mathbf{Z}_1^U = \begin{pmatrix} 1 & 0 \\ -m_2\omega^2 & 1 \end{pmatrix} \begin{pmatrix} 1 & \dfrac{1}{k+j\omega c} \\ 0 & 1 \end{pmatrix} \begin{pmatrix} 1 & \dfrac{1}{k_s} \\ -m_1\omega^2 & \dfrac{k_s - m_1\omega^2}{k_s} \end{pmatrix} \begin{pmatrix} 0 \\ F \end{pmatrix}_s^{(2)}$$

$$= \begin{pmatrix} \dfrac{k - m_1\omega^2 + j\omega c}{k+j\omega c} & \dfrac{k_s + k - m_1\omega^2 + j\omega c}{k_s(k+j\omega c)} \\ -m_1\omega^2 & \dfrac{(k_s - m_1\omega^2)(k - m_2\omega^2 + j\omega c) - m_2\omega^2(k+j\omega c)}{k_s(k+j\omega c)} \end{pmatrix} \begin{pmatrix} 0 \\ F \end{pmatrix}_s^{(2)} \tag{i}$$

由式（i）可得：

$$\frac{(x)_2^{(2)}}{(F)_2^{(2)}} = \frac{k_s + k - m_1\omega^2 + j\omega c}{(k_s - m_1\omega^2)(k - m_2\omega^2 + j\omega c) - m_2\omega^2(k+j\omega c)} \tag{j}$$

式中，$(x)_2^{(2)} = x_2^{(2)}$，$(F)_2^{(2)} = F = F_A e^{j\omega t}$，则有：

$$x_2^{(2)} = \frac{F_A e^{j\omega t}(k_s + k - m_1\omega^2 + j\omega c)}{(k_s - m_1\omega^2)(k - m_2\omega^2 + j\omega c) - m_2\omega^2(k+j\omega c)} \tag{k}$$

再由式（i）可得：

$$(F)_s^{(2)} = \frac{k_s(k+j\omega c)F_A e^{j\omega t}}{(k_s - m_1\omega^2)(k - m_2\omega^2 + j\omega c) - m_2\omega^2(k+j\omega c)} \tag{l}$$

将式（l）代入式（h），可得：

$$x_1^{(2)} = (x)_1^{(2)} = \frac{(k+j\omega c)F_A e^{j\omega t}}{(k_s - m_1\omega^2)(k - m_2\omega^2 + j\omega c) - m_2\omega^2(k+j\omega c)} \tag{m}$$

则该车体与发动机上的总响应如下：

$$\begin{cases} x_1 = x_1^{(1)} + x_1^{(2)} = \dfrac{k_s a e^{j\omega t}(k - m_2\omega^2 + j\omega c) + F_A e^{j\omega t}(k+j\omega c)}{(k_s - m_1\omega^2)(k - m_2\omega^2 + j\omega c) - m_2\omega^2(k+j\omega c)} \\ x_2 = x_2^{(1)} + x_2^{(2)} = \dfrac{k_s a e^{j\omega t}(k+j\omega c) + F_A e^{j\omega t}(k + k_s - m_1\omega^2 + j\omega c)}{(k_s - m_1\omega^2)(k - m_2\omega^2 + j\omega c) - m_2\omega^2(k+j\omega c)} \end{cases} \tag{n}$$

很显然，上述结果与机械阻抗法和频响函数法的结果完全一致，但求解过程相对较为烦琐，特别是对于不同的激励，需要视边界条件而确定不同的前端和末端方能顺利完成求解。对于【例题2-2】所示的分支系统，传递矩阵法处理起来就显得更为烦琐，感兴趣的读者可以尝试一下。

第6章

有限元法

6.1 引 言

有限元法（Finite Element Method，FEM）是一种灵活、快速、有效地进行各领域数理方程求解的通用数值分析方法，自20世纪50年代问世以来，在固体力学、流体力学、生物力学、机械振动、热传导、电磁学和声学等领域得到了广泛的应用。它能进行由杆、梁、板、壳、质量块等各类基本单元组成的结构系统的弹性（线性和非线性）或塑性问题的求解，包括静力学和动力学问题；还能求解流体场、温度场、声场和电磁场等独立场分布以及它们与结构之间的多物理场耦合问题。采用有限元法进行结构分析的过程称为**有限元分析**（Finite Element Analysis，FEA）。

有限元法的基本思想是将连续体（弹性体）系统离散成有限多个单元组成的多自由度系统进行近似求解，即将复杂结构分割为若干彼此之间仅在结点处相互连接的单元，每一个单元都是一个弹性体，为了保证单元之间的连续性，插值函数通常由结点处的广义位移来表示。

有限元法涉及的主要近似解法主要有变分法、瑞利—里茨（Rayleigh-Ritz）法、权重余项法（如伽辽金法）等方法。对于振动分析来说，主要以瑞利—里茨法为主，它实际上是一种基于拉格朗日方程的能量法，目前的商用有限元分析软件在进行结构振动分析时大多依据该方法进行求解。但是通常情况下，瑞利—里茨法较为复杂，不利于直观描述有限元法求解的基本思路。

鉴于本章的目的是以一维弹性体振动为例介绍有限元法的基本思想，因此引入振动分析特有的、相对于瑞利—里茨法更为简单的假设模态法来对有限元法进行介绍。实际上假设模态法也是基于拉格朗日方程的一种能量法，对于相同的插值函数，可以得到与瑞利—里茨法完全一致的近似解。下面将首先介绍假设模态法，在此基础上给出一维弹性体的有限元分析过程，最后对目前商用的几种主流有限元分析软件进行介绍。

6.2 假设模态法[4]

假设模态法是一种将弹性体系统离散化的方法，可用于求解弹性体在激励下的近似强迫响应，其主要思路是选取合适的假设模态（又称容许函数，即满足广义位移边界条件，这里的广义位移泛指位移或转角），将弹性体的响应展开成假设模态和待定广义坐标的线性组合形式，进而计算弹性体在广义坐标下的动能和势能，代入拉格朗日方程后，将弹性体系统强迫响应的求解转换成 n 个自由度系统强迫响应的求解问题。

设弹性体的响应为：

$$r(x,t) = \sum_{i=1}^{n} \varphi_i(x) q_i(t) = \boldsymbol{\phi}^T \boldsymbol{q} = \boldsymbol{q}^T \boldsymbol{\phi} \tag{6-1}$$

式中，$r(x,t)$ 为弹性体的响应［对于纵向振动杆为 $u(x,t)$，对于横向振动梁为 $w(x,t)$］；$\varphi_i(x)$ 为假设模态；$q_i(t)$ 为广义坐标；$\boldsymbol{\phi} = (\varphi_1, \varphi_2, \cdots, \varphi_n)^T$；$\boldsymbol{q} = (q_1, q_2, \cdots, q_n)^T$。

对于纵向振动杆，易知其动能和势能表达式分别为：

$$E_k = \frac{1}{2} \int_0^l \rho A \left(\frac{\partial u}{\partial t}\right)^2 dx \tag{6-2}$$

$$E_p = \frac{1}{2} \int_0^l EA \left(\frac{\partial u}{\partial x}\right)^2 dx \tag{6-3}$$

将式（6-1）分别代入式（6-2）和式（6-3），可得杆的动能为：

$$E_k = \frac{1}{2} \int_0^l \rho A \left(\frac{\partial u}{\partial t}\right)^2 dx = \frac{1}{2} \int_0^l \rho A (\dot{\boldsymbol{q}}^T \boldsymbol{\phi})(\boldsymbol{\phi}^T \dot{\boldsymbol{q}}) dx = \frac{1}{2} \dot{\boldsymbol{q}}^T \boldsymbol{M} \dot{\boldsymbol{q}} \tag{6-4}$$

式中，$\boldsymbol{M} = (m_{ij})$，$m_{ij} = \int_0^l \rho A \varphi_i \varphi_j dx$。

杆的势能为：

$$E_p = \frac{1}{2} \int_0^l EA \left(\frac{\partial u}{\partial x}\right)^2 dx = \frac{1}{2} \int_0^l EA (\boldsymbol{q}^T \boldsymbol{\phi}')(\boldsymbol{\phi}'^T \boldsymbol{q}) dx = \frac{1}{2} \boldsymbol{q}^T \boldsymbol{K} \boldsymbol{q} \tag{6-5}$$

式中，$\boldsymbol{K} = (k_{ij})$，$k_{ij} = \int_0^l EA \varphi_i' \varphi_j' dx$。

对于梁，同样将式（6-1）代入如下公式：

$$E_k = \frac{1}{2} \int_0^l \rho A \left(\frac{\partial w}{\partial t}\right)^2 dx \tag{6-6}$$

$$E_p = \frac{1}{2} \int_0^l EJ \left(\frac{\partial^2 w}{\partial x^2}\right)^2 dx \tag{6-7}$$

很容易得到其动能和势能，二者形式分别与式（6-4）和式（6-5）完全一致，只不过矩阵 $\boldsymbol{K}$ 中的元素 k_{ij} 为：$k_{ij} = \int_0^l EJ \varphi_i'' \varphi_j'' dx$。

考虑激励存在的拉格朗日方程为：

$$\frac{d}{dt}\left(\frac{\partial E_k}{\partial \dot{q}_i}\right) - \frac{\partial E_k}{\partial q_i} + \frac{\partial E_p}{\partial q_i} = R_i(t) \qquad i = 1, 2, \cdots, n \tag{6-8}$$

式中，$R_i(t)$ 为对应于广义坐标 $q_i(t)$ 的广义力。

设沿杆作用有分布力 $p(x,t)$，当杆有虚位移 $\delta u = \sum_{i=1}^{n} \varphi_i \delta q_i$ 时，分布力做的虚功为：

$$\delta W = \int_0^l p(x,t)\delta u \mathrm{d}x = \int_0^l p(x,t) \sum_{i=1}^n \varphi_i \delta q_i \mathrm{d}x = \sum_{i=1}^n \left(\int_0^l p(x,t)\varphi_i(x)\mathrm{d}x \right) \delta q_i \quad (6\text{-}9)$$

而按广义力的定义又有：

$$\delta W = \sum_{i=1}^n R_i(t)\delta q_i \quad (6\text{-}10)$$

比较式（6-9）和式（6-10），得到：

$$R_i(t) = \int_0^l p(x,t)\varphi_i(x)\mathrm{d}x \quad (6\text{-}11)$$

式（6-8）中的 n 个方程可以合写为如下矩阵方程：

$$\frac{\mathrm{d}}{\mathrm{d}t}\left(\frac{\partial E_k}{\partial \dot{\boldsymbol{q}}}\right) - \frac{\partial E_k}{\partial \boldsymbol{q}} + \frac{\partial E_p}{\partial \boldsymbol{q}} = \boldsymbol{R}(t) \quad (6\text{-}12)$$

式中，$\frac{\partial}{\partial \boldsymbol{q}} = \left(\frac{\partial}{\partial q_1}, \frac{\partial}{\partial q_2}, \cdots, \frac{\partial}{\partial q_n}\right)^{\mathrm{T}}$；$\boldsymbol{R}(t) = (R_1(t), R_2(t), \cdots, R_n(t))^{\mathrm{T}}$。

将式（6-4）~式（6-5）代入式（6-12），得到

$$\boldsymbol{M}\ddot{\boldsymbol{q}} + \boldsymbol{K}\boldsymbol{q} = \boldsymbol{R}(t) \quad (6\text{-}13)$$

这样就将弹性体强迫振动的求解转换成 n 自由度系统强迫振动的求解问题，从式（6-13）求解出广义坐标下的响应 $q_i(t)$，代入式（6-1），即可得到系统在物理坐标下的近似响应。

值得说明的是，若弹性体上有附加质量或弹性支撑，则只要在计算弹性体动能和势能时计入附加质量的动能和弹性支撑的势能，据此写出系统相应的矩阵 $\boldsymbol{M}$ 和 $\boldsymbol{K}$ 即可。

从以上推导可以看出，用假设模态法求解弹性体的近似强迫振动响应，首要的前提是需要知道假设模态，即容许函数，假设模态取得越精确（越接近于真实模态振型），则得到的强迫响应的近似程度就越高。然而在实际求解过程中，选取足够精确的假设模态是较为困难的，这也是阻碍假设模态法广泛应用的瓶颈。

6.3 一维弹性体振动的有限元分析[2,36]

6.2 节介绍了假设模态法，本节将在该方法的基础上，以一维杆、梁的振动为例，较为详尽地介绍有限元法的求解过程。在有限元法中，满足广义位移边界条件的容许函数通常称为**插值函数**，其实际上就是一种假设模态。这里的有限元法与前面介绍的假设模态法的不同之处在于：①这里不是对整个弹性体系统，而是对每个单元取假设模态，由于单元的数目通常比较多（即单元尺寸相对的小），所以它们的假设模态可以取得非常简单；②它是以结点位移作为系统的广义坐标，所以常常可以降低系统微分方程的耦合程度，方便计算机求解。

6.3.1 网格划分

进行结构有限元分析时，最重要的前处理工作之一是将结构进行网格划分。对于本节研究的一维弹性体，首先把结构划分成 s 个单元，再分别对单元和结点进行编号，如图 6-1 所示，可得 $s+1$ 个结点。显然，网格划分得越细，计算精度也越高，但计算工作量也越大，计算时间就越长。所以要根据实际情况和要求，综合考虑精度要求和计算量这两方面因素，对

结构进行适当、合理的网格划分。

需要指出的是，本节介绍的一维弹性体结构的网格划分非常简单。但若采用大型商用有限元分析软件（见 6.4 节介绍）对工程实际结构进行有限元分析时，由于网格划分的质量直接影响有限元分析的精度，网格划分就成为技巧要求非常高的前处理技术，需要相当多的经验与积累方能良好驾驭。目前，相比现有商用有限元分析软件内部自带的前处理模块更为优秀的专业前处理软件 HYPERMESH（被业界称为前处理专家，具有强大的网格划分能力）已得到了广泛的应用，它与商用有限元分析软件的搭配，如 HYPERMESH+NASTRAN、HYPERMESH+ABAQUS 等，已成为很多工业领域有限元分析的标准配置，感兴趣的读者可以自行学习一下。

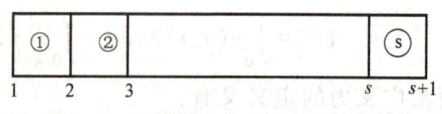

图 6-1 一维弹性体结构的网格划分

6.3.2 杆单元的质量阵和刚度阵

下面针对图 6-2 所示的长度为 l_e 的杆单元，采用假设模态法确定其单元质量阵 M_e 和刚度阵 K_e。假设在单元局部坐标系 x_e 下，杆单元的两端结点位移分别为 q_{e1} 和 q_{e2}，$u(x_e, t)$ 为单元位移，杆单元的位移边界条件如下：

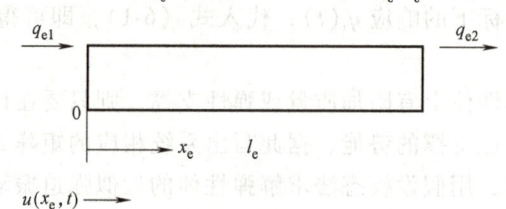

$$u(x_e,t)|_{x_e=0}=q_{e1}, \ u(x_e,t)|_{x_e=l_e}=q_{e2} \qquad (6\text{-}14\text{a, b})$$

图 6-2 杆单元示意图

令杆单元位移具有如下形式：

$$u(x_e,t)=C_1 x_e+C_2 \qquad (6\text{-}15)$$

式中，C_1、C_2 为待定系数，需要用边界条件确定。

将边界条件式（6-14）代入式（6-15）得：

$$C_1=\frac{q_{e2}-q_{e1}}{l_e}, \ C_2=q_{e1} \qquad (6\text{-}16)$$

则满足位移边界条件的杆单元位移如下：

$$u(x_e,t)=\left(1-\frac{x_e}{l_e}\right)q_{e1}+\frac{x_e}{l_e}q_{e2} \qquad (6\text{-}17)$$

对比式（6-1），容易得到长度为 l_e 的杆单元满足位移边界条件下的插值函数分别为：

$$\varphi_1=1-\frac{x_e}{l_e}, \varphi_2=\frac{x_e}{l_e} \qquad (6\text{-}18\text{a, b})$$

计算杆单元的动能：

$$E_{k,e}=\frac{1}{2}\int_0^{l_e}\rho A\left(\frac{\partial u}{\partial t}\right)^2 dx_e=\frac{1}{2}\int_0^{l_e}\rho A\left[\left(1-\frac{x_e}{l_e}\right)\dot{q}_{e1}+\frac{x_e}{l_e}\dot{q}_{e2}\right]^2 dx_e$$

$$= \frac{1}{2} \frac{\rho A l_e}{3} (\dot{q}_{e1}^2 + \dot{q}_{e1}\dot{q}_{e2} + \dot{q}_{e2}^2)$$

$$= \frac{1}{2} \frac{\rho A l_e}{6} \begin{pmatrix} \dot{q}_{e1} & \dot{q}_{e2} \end{pmatrix} \begin{pmatrix} 2 & 1 \\ 1 & 2 \end{pmatrix} \begin{pmatrix} \dot{q}_{e1} \\ \dot{q}_{e2} \end{pmatrix} = \frac{1}{2} \dot{\boldsymbol{q}}_e^T \boldsymbol{M}_e \dot{\boldsymbol{q}}_e \tag{6-19}$$

由此得到杆单元的质量矩阵如下：

$$\boldsymbol{M}_e = \frac{\rho A l_e}{6} \begin{pmatrix} 2 & 1 \\ 1 & 2 \end{pmatrix} \tag{6-20}$$

同理计算杆单元的势能：

$$E_{p,e} = \frac{1}{2} \int_0^{l_e} EA \left(\frac{\partial u}{\partial x_e} \right)^2 dx_e = \frac{1}{2} \int_0^{l_e} EA \left(-\frac{q_{e1}}{l_e} + \frac{q_{e2}}{l_e} \right)^2 dx_e = \frac{1}{2} \frac{EA}{l_e} (q_{e1}^2 - 2q_{e1}q_{e2} + q_{e2}^2)$$

$$= \frac{1}{2} \frac{EA}{l_e} \begin{pmatrix} q_{e1} & q_{e2} \end{pmatrix} \begin{pmatrix} 1 & -1 \\ -1 & 1 \end{pmatrix} \begin{pmatrix} q_{e1} \\ q_{e2} \end{pmatrix} = \frac{1}{2} \boldsymbol{q}_e^T \boldsymbol{K}_e \boldsymbol{q}_e \tag{6-21}$$

得到杆单元的刚度矩阵如下：

$$\boldsymbol{K}_e = \frac{EA}{l_e} \begin{pmatrix} 1 & -1 \\ -1 & 1 \end{pmatrix} \tag{6-22}$$

6.3.3 梁单元的质量阵和刚度阵

梁单元的质量阵和刚度阵的推导过程与杆单元相似，只不过对于梁单元来说，其结点广义位移有 2 个（分别为挠度和转角，见图 6-3）。

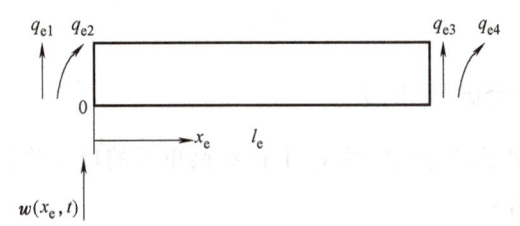

图 6-3 梁单元示意图

因此两端结点位移一共有 4 个，相应的单元位移边界条件也有 4 个，即

$$w(x_e, t)|_{x_e=0} = q_{e1}, \frac{\partial w}{\partial x_e}(x_e, t)|_{x_e=0} = q_{e2}, w(x_e, t)|_{x_e=l_e} = q_{e3}, \frac{\partial w}{\partial x_e}(x_e, t)|_{x_e=l_e} = q_{e4}$$

$$(6\text{-}23\text{a} \sim \text{d})$$

令单元位移为 $w(x_e, t) = C_1 x_e^3 + C_2 x_e^2 + C_3 x_e + C_4$，将上述边界条件代入得：

$$\begin{cases} C_1 = \frac{1}{l_e^3} (2q_{e1} + l_e q_{e2} - 2q_{e3} + l_e q_{e4}) \\ C_2 = \frac{1}{l_e^2} (-3q_{e1} - 2l_e q_{e2} + 3q_{e3} - l_e q_{e4}) \\ C_3 = q_{e2} \\ C_4 = q_{e1} \end{cases} \tag{6-24}$$

整理得：

$$w(x_e,t) = \left(1 - \frac{3x_e^2}{l_e^2} + \frac{2x_e^3}{l_e^3}\right)q_{e1} + \left(\frac{x_e}{l_e} - 2\frac{x_e^2}{l_e^2} + \frac{x_e^3}{l_e^3}\right)l_e q_{e2} + \left(3\frac{x_e^2}{l_e^2} - 2\frac{x_e^3}{l_e^3}\right)q_{e3} + \left(-\frac{x_e^2}{l_e^2} + \frac{x_e^3}{l_e^3}\right)l_e q_{e4}$$

(6-25)

由此容易得到长度为 l_e 的梁单元满足位移边界条件下的插值函数分别为：

$$\begin{cases} \varphi_1 = 1 - \dfrac{3x_e^2}{l_e^2} + \dfrac{2x_e^3}{l_e^3} \\ \varphi_2 = \left(\dfrac{x_e}{l_e} - \dfrac{2x_e^2}{l_e^2} + \dfrac{x_e^3}{l_e^3}\right)l_e \\ \varphi_3 = \dfrac{3x_e^2}{l_e^2} - \dfrac{2x_e^3}{l_e^3} \\ \varphi_4 = \left(-\dfrac{x_e^2}{l_e^2} + \dfrac{x_e^3}{l_e^3}\right)l_e \end{cases}$$

(6-26)

与杆单元相似，容易得到梁单元的质量阵和刚度阵分别如下：

$$M_e = \frac{\rho A l_e}{420}\begin{pmatrix} 156 & 22l_e & 54 & -13l_e \\ 22l_e & 4l_e^2 & 13l_e & -3l_e^2 \\ 54 & 13l_e & 156 & -22l_e \\ -13l_e & -3l_e^2 & -22l_e & 4l_e^2 \end{pmatrix}, K_e = \frac{EJ}{l_e^3}\begin{pmatrix} 12 & 6l_e & -12 & 6l_e \\ 6l_e & 4l_e^2 & -6l_e & 2l_e^2 \\ -12 & -6l_e & 12 & -6l_e \\ 6l_e & 2l_e^2 & -6l_e & 4l_e^2 \end{pmatrix}$$

(6-27a, b)

6.3.4 单元集成与稳态响应求解

以上分别得到了在单元局部坐标系 x_e 下杆和梁单元的质量阵和刚度阵，进而可以得到相应的单元运动微分方程：

$$M_e \ddot{q}_e + K_e q_e = R_e(t) \tag{6-28}$$

式中，单元激励力向量 $R_e(t)$ 的第 j 个元素的表达式为：$R_e^j(t) = \int_0^{l_e} p(x_e,t)\varphi_j(x_e)\mathrm{d}x_e$，其中的 $\varphi_j(x_e)$ 见式（6-18）（对于杆）或式（6-26）（对于梁）。

求解该方程所得到的解并不是划分了 s 个单元的整个系统的解，我们所要得到的是整个系统的运动微分方程，也就是说要确定系统的总质量阵 M 和总刚度阵 K。那么能否将所得到的单元矩阵通过简单的代数求和（即 $M = \sum_{i=1}^{s} M_{ei}$ 或 $K = \sum_{i=1}^{s} K_{ei}$）来确定系统的总矩阵呢？回答是否定的，因为这样做并没有反映各单元之间的联系和相互约束。下面给出确定系统总矩阵的步骤。

首先引入全局坐标系 x 下的总结点位移向量 $q = (q_1 \quad q_2 \quad \cdots \quad q_n)^\mathrm{T}$ [n 为系统的自由度数。对于杆，$n = s+1$；对于梁，$n = 2(s+1)$]。给出总结点位移向量 q 与单元结点位移向量 q_e [对于杆，$q_e = (q_{e1} \quad q_{e2})^\mathrm{T}$，对于梁，$q_e = (q_{e1} \quad q_{e2} \quad q_{e3} \quad q_{e4})^\mathrm{T}$] 之间的关系矩阵

S_i，即

$$q_{ei} = S_i q \quad i = 1, 2, \cdots, s \tag{6-29}$$

式中，i 为单元编号；s 为单元数目；S_i 为一长方阵，其列数为 n，其行数为单元的自由度数（对于杆和梁分别为 2 和 4）。

根据式（6-19），则系统的总动能为：

$$E_{k,\text{total}} = \sum_{i=1}^{s} E_{k,ei} = \frac{1}{2} \sum_{i=1}^{s} \dot{q}_{ei}^T M_{ei} \dot{q}_{ei} \tag{6-30}$$

将式（6-29）代入式（6-30）得：

$$E_{k,\text{total}} = \frac{1}{2} \sum_{i=1}^{s} \dot{q}^T S_i^T M_{ei} S_i \dot{q} = \frac{1}{2} \dot{q}^T \left(\sum_{i=1}^{s} S_i^T M_{ei} S_i \right) \dot{q} = \frac{1}{2} \dot{q}^T M \dot{q} \tag{6-31}$$

式中，$M \left(= \sum_{i=1}^{s} S_i^T M_{ei} S_i = \sum_{i=1}^{s} \widetilde{M}_{ei} \right)$ 为系统的总质量阵，其中 $\widetilde{M}_{ei}$ 记为在全局坐标系下的单元质量阵（注意它与局部坐标系下单元质量阵 M_{ei} 的区别）。

按照同样的方法可求得系统的总刚度阵 $K = \sum_{i=1}^{s} S_i^T K_{ei} S_i = \sum_{i=1}^{s} \widetilde{K}_{ei}$，其中 $\widetilde{K}_{ei}$ 为在全局坐标系下的单元刚度阵。

在式（6-29）中引入了变换矩阵 S，从中不难看出，它的任一行只有一个元素为 1，其余元素为 0。因此当用 S 对各单元特性矩阵（如单元质量阵）进行合同变换 $S^T M_e S$ 时，只不过是将 M_e 中的元素搬到零矩阵 $0_{i \times j}$ 的适当位置上，即变换矩阵 S 起着定位作用，使得相应的单元质量元素对号入座地进入它们应该分配的位置上。

以上得到的总质量阵和总刚度阵并未考虑系统的边界条件，若边界条件给出的是零结点位移，首先需要确定该零结点位移对应的序号，进而将系统总矩阵中与该序号相一致的行和列全部删去，所得到的降阶矩阵就是考虑了系统边界条件后的系统总矩阵，这一点非常重要。

下面以 3 个单元两端固定梁为例来说明这一降阶过程，由于是 3 个单元两端固定梁，因此共有 4 个结点，8 个自由度（即 8 个结点位移序号，按顺序从 1~8 排列），由于第 1 结点和第 4 结点固定（固定端位移和转角为 0），因而 $q_1 = 0$，$q_2 = 0$，$q_7 = 0$，$q_8 = 0$，因此将系统总矩阵中的第 1，2，7，8 行和第 1，2，7，8 列删去，即可得到降阶的系统总矩阵。

得到考虑了边界条件的系统总质量阵和总刚度阵后，即可得到形如方程式（6-13）的广义坐标下整个系统的运动微分方程，为了方便起见，在此重写方程式（6-13）如下：

$$M \ddot{q} + K q = R(t) \tag{6-32}$$

式（6-32）中考虑了边界条件的系统总质量阵 M 和总刚度阵 K 均已知，现在需要确定考虑边界条件后系统的总激励向量 $R(t)$。容易知道不考虑边界条件时系统的 $R(t)$ 为：

$$R(t) = \sum_{i=1}^{s} S_i^T R_{ei} = \sum_{i=1}^{s} \widetilde{R}_{ei} \tag{6-33}$$

若考虑边界条件，则将 $R(t)$ 向量中对应的行中的元素删去，即可得到降阶的激励力向量。

至此，就可以按照多自由度系统的模态分析法对方程式（6-32）进行求解，先通过固有振动分析得到系统的固有频率和模态振型的近似值，进而利用振型叠加法确定简谐激励下系统稳态响应的近似值。下面通过两个实例来呈现一下有限元法的求解过程。

【例题 6-1】

试用 3 个单元有限元法求解图 6-4 所示等直悬臂杆（E，ρ，A，l 已知）的前 3 阶固有频率和模态振型。

【解】 由题意将该悬臂杆划分为 3 个相同的杆单元（$l_e = l/3$），共计 4 个结点，每个结点有一个自由度，则总结点位移向量为 $\boldsymbol{q} = (q_1 \quad q_2 \quad q_3 \quad q_4)^T$，单元与结点编号如图 6-4 所示。

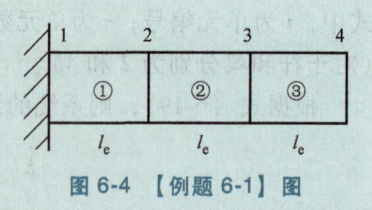

图 6-4 【例题 6-1】图

对于单元①：

$$\begin{pmatrix} q_{e1} \\ q_{e2} \end{pmatrix} = \begin{pmatrix} 1 & 0 & 0 & 0 \\ 0 & 1 & 0 & 0 \end{pmatrix} \begin{pmatrix} q_1 \\ q_2 \\ q_3 \\ q_4 \end{pmatrix} \Rightarrow \boldsymbol{S}_1 = \begin{pmatrix} 1 & 0 & 0 & 0 \\ 0 & 1 & 0 & 0 \end{pmatrix}$$

$$\widetilde{\boldsymbol{M}}_{e1} = \boldsymbol{S}_1^T \boldsymbol{M}_e \boldsymbol{S}_1 = \begin{pmatrix} 1 & 0 \\ 0 & 1 \\ 0 & 0 \\ 0 & 0 \end{pmatrix} \frac{\rho A l_e}{6} \begin{pmatrix} 2 & 1 \\ 1 & 2 \end{pmatrix} \begin{pmatrix} 1 & 0 & 0 & 0 \\ 0 & 1 & 0 & 0 \end{pmatrix} = \frac{\rho A l_e}{6} \begin{pmatrix} 2 & 1 & 0 & 0 \\ 1 & 2 & 0 & 0 \\ 0 & 0 & 0 & 0 \\ 0 & 0 & 0 & 0 \end{pmatrix}$$

$$\widetilde{\boldsymbol{K}}_{e1} = \boldsymbol{S}_1^T \boldsymbol{K}_e \boldsymbol{S}_1 = \begin{pmatrix} 1 & 0 \\ 0 & 1 \\ 0 & 0 \\ 0 & 0 \end{pmatrix} \frac{EA}{l_e} \begin{pmatrix} 1 & -1 \\ -1 & 1 \end{pmatrix} \begin{pmatrix} 1 & 0 & 0 & 0 \\ 0 & 1 & 0 & 0 \end{pmatrix} = \frac{EA}{l_e} \begin{pmatrix} 1 & -1 & 0 & 0 \\ -1 & 1 & 0 & 0 \\ 0 & 0 & 0 & 0 \\ 0 & 0 & 0 & 0 \end{pmatrix}$$

对于单元②：

$$\begin{pmatrix} q_{e1} \\ q_{e2} \end{pmatrix} = \begin{pmatrix} 0 & 1 & 0 & 0 \\ 0 & 0 & 1 & 0 \end{pmatrix} \begin{pmatrix} q_1 \\ q_2 \\ q_3 \\ q_4 \end{pmatrix} \Rightarrow \boldsymbol{S}_2 = \begin{pmatrix} 0 & 1 & 0 & 0 \\ 0 & 0 & 1 & 0 \end{pmatrix}$$

$$\widetilde{\boldsymbol{M}}_{e2} = \boldsymbol{S}_2^T \boldsymbol{M}_e \boldsymbol{S}_2 = \begin{pmatrix} 0 & 0 \\ 1 & 0 \\ 0 & 1 \\ 0 & 0 \end{pmatrix} \frac{\rho A l_e}{6} \begin{pmatrix} 2 & 1 \\ 1 & 2 \end{pmatrix} \begin{pmatrix} 0 & 1 & 0 & 0 \\ 0 & 0 & 1 & 0 \end{pmatrix} = \frac{\rho A l_e}{6} \begin{pmatrix} 0 & 0 & 0 & 0 \\ 0 & 2 & 1 & 0 \\ 0 & 1 & 2 & 0 \\ 0 & 0 & 0 & 0 \end{pmatrix}$$

$$\widetilde{\boldsymbol{K}}_{\mathrm{e}2}=\boldsymbol{S}_2^{\mathrm{T}}\boldsymbol{K}_{\mathrm{e}}\boldsymbol{S}_2=\begin{pmatrix}0&0\\1&0\\0&1\\0&0\end{pmatrix}\frac{EA}{l_{\mathrm{e}}}\begin{pmatrix}1&-1\\-1&1\end{pmatrix}\begin{pmatrix}0&1&0&0\\0&0&1&0\end{pmatrix}=\frac{EA}{l_{\mathrm{e}}}\begin{pmatrix}0&0&0&0\\0&1&-1&0\\0&-1&1&0\\0&0&0&0\end{pmatrix}$$

对于单元③：

$$\begin{pmatrix}q_{\mathrm{e}1}\\q_{\mathrm{e}2}\end{pmatrix}=\begin{pmatrix}0&0&1&0\\0&0&0&1\end{pmatrix}\begin{pmatrix}q_1\\q_2\\q_3\\q_4\end{pmatrix}\Rightarrow\boldsymbol{S}_3=\begin{pmatrix}0&0&1&0\\0&0&0&1\end{pmatrix}$$

$$\widetilde{\boldsymbol{M}}_{\mathrm{e}3}=\boldsymbol{S}_3^{\mathrm{T}}\boldsymbol{M}_{\mathrm{e}}\boldsymbol{S}_3=\begin{pmatrix}0&0\\0&0\\1&0\\0&1\end{pmatrix}\frac{\rho Al_{\mathrm{e}}}{6}\begin{pmatrix}2&1\\1&2\end{pmatrix}\begin{pmatrix}0&0&1&0\\0&0&0&1\end{pmatrix}=\frac{\rho Al_{\mathrm{e}}}{6}\begin{pmatrix}0&0&0&0\\0&0&0&0\\0&0&2&1\\0&0&1&2\end{pmatrix}$$

$$\widetilde{\boldsymbol{K}}_{\mathrm{e}3}=\boldsymbol{S}_3^{\mathrm{T}}\boldsymbol{K}_{\mathrm{e}}\boldsymbol{S}_3=\begin{pmatrix}0&0\\0&0\\1&0\\0&1\end{pmatrix}\frac{EA}{l_{\mathrm{e}}}\begin{pmatrix}1&-1\\-1&1\end{pmatrix}\begin{pmatrix}0&0&1&0\\0&0&0&1\end{pmatrix}=\frac{EA}{l_{\mathrm{e}}}\begin{pmatrix}0&0&0&0\\0&0&0&0\\0&0&1&-1\\0&0&-1&1\end{pmatrix}$$

则杆的总质量阵和总刚度阵如下：

$$\boldsymbol{M}=\sum_{i=1}^{3}\widetilde{\boldsymbol{M}}_{\mathrm{e}i}=\frac{\rho Al_{\mathrm{e}}}{6}\begin{pmatrix}2&1&0&0\\1&4&1&0\\0&1&4&1\\0&0&1&2\end{pmatrix},\quad\boldsymbol{K}=\sum_{i=1}^{3}\widetilde{\boldsymbol{K}}_{\mathrm{e}i}=\frac{EA}{l_{\mathrm{e}}}\begin{pmatrix}1&-1&0&0\\-1&2&-1&0\\0&-1&2&-1\\0&0&-1&1\end{pmatrix}$$

下面考虑边界条件，由于该悬臂杆左端固定，因此 $q_1=0$，则将上述得到的系统总矩阵进行降阶处理，分别除去第 1 行和第 1 列，得到最终的系统总矩阵如下：

$$\boldsymbol{M}=\frac{\rho Al_{\mathrm{e}}}{6}\begin{pmatrix}4&1&0\\1&4&1\\0&1&2\end{pmatrix},\quad\boldsymbol{K}=\frac{EA}{l_{\mathrm{e}}}\begin{pmatrix}2&-1&0\\-1&2&-1\\0&-1&1\end{pmatrix}$$

通过求解 $(\boldsymbol{K}-\omega^2\boldsymbol{M})\boldsymbol{\phi}=0$ 的特征值问题，很容易得到该杆的固有频率和相应的质量归一化模态振型如表 6-1 和图 6-5 所示。为了方便对比，这里还给出了 24 个单元的计算结果。计算过程中所用的参数为：$l=1$，$EA=1$，$\rho A=1$。

表 6-1 【例题 6-1】悬臂杆前 3 阶固有频率有限元近似解与解析解对比（单位：rad/s）

模态阶数 i	1	2	3
3 个单元近似解 $\overline{\omega}_i$	0.5057π	1.6540π	3.0006π
24 个单元近似解 $\overline{\omega}_i$	0.5001π	1.5024π	2.5112π
解析解 ω_i	0.5π	1.5π	2.5π

a) 一阶振型

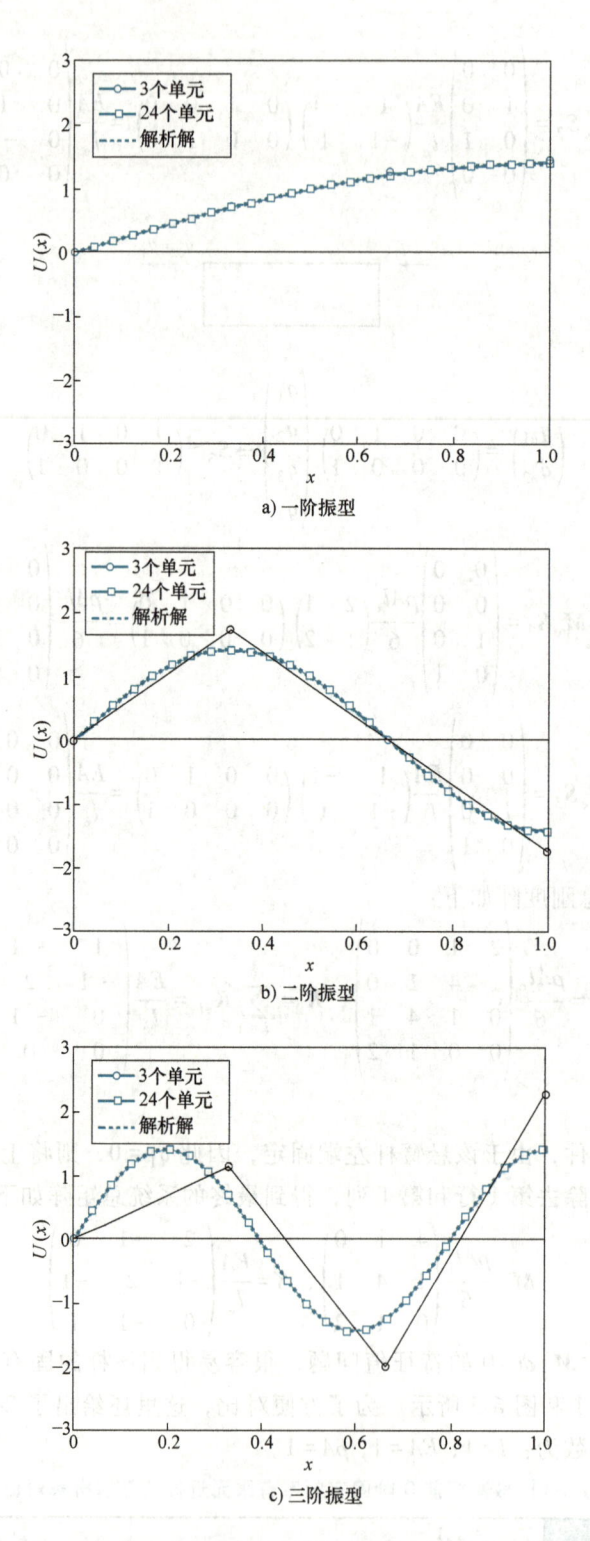

b) 二阶振型

c) 三阶振型

图 6-5 【例题 6-1】悬臂杆前 3 阶质量归一化模态振型对比

由上述结果可以看出，随着单元数目的增加，前 3 阶模态的有限元计算精度将显著提高。

本例可用 MATLAB 语言进行编程（可参考文献［36，37］）计算，源程序如下，仅供参考（需要注意的是，编程中用"eig"命令进行特征值问题求解时，得到的特征值和特征向量均以矩阵形式呈现。其中的特征值矩阵是一个对角阵，主对角线的元素即为特征值，但它们的排列有可能是随机的，并非按照从小到大的顺序，也就意味着需要对其进行一定的操作并进行开方处理才能得到真正意义上的固有频率；而所得到的特征向量也是一个矩阵，也需要根据上述不同阶次固有频率在特征值矩阵中所处的位置进行适当处理才能得到真正意义上的振型矩阵）。

```
    % [主程序]:This program is to solve natural frequency and modal shape
of a cantilever bar by FEM
    fignum=3;                     % set mode shape order to plot
% input parameters
    L=1;                          % length of bar
    denA=1;                       % product of density and area of bar
    EA=1;                         % product of modulus and area of bar
    nel=3;                        % number of element
    nnel=2;                       % number of nodes of each element
    ndof=1;                       % number of DOF of each node
    nnode=nel+1;                  % total node number of system
    sdof=nnode* ndof;             % total number of DOF of system
    le=L/nel;                     % length of element
    K=EA/le* [1,-1;-1,1];         % stiffness matrix of element
    M=denA* le/6* [2,1;1,2];      % mass matrix of element
% initialization of matrice
    KK=zeros(sdof,sdof);
    MM=zeros(sdof,sdof);
    index=zeros(nnel* ndof,1);    % vector containing system dofs associ-
ated with each element
% calculation of assembly matrice of stiffness and mass of system
    for iel=1:nel
        index=FEM1(iel,nnel,ndof);
        [KK,MM]=FEM2(KK,MM,K,M,index);
    end
% given boundary condition
    KK=KK(2:sdof,2:sdof);
    MM=MM(2:sdof,2:sdof);
    ind=length(MM);
```

```matlab
% calculation of eigen value problem
    [V,lam]=eig(MM\KK);              % eigen vector and eigen value
% order of natural frequency and the index
    [w2,IndexofSort]=sort(diag(lam));
    w=sqrt(w2);                      % natural frequency (rad/s)
    disp('The natural frequencies (rad/s) of the first 3 modes denoted by the form of pi are as follows')
    w=w(1:3)/pi
    MP=V'* MM* V;                    % modal mass matrix
    KP=V'* KK* V;                    % modal stiffness matrix
% descending order of modal mass
    [MPI,IndexofMP]=sort(eig(MP),'descend');
    KPItemp=eig(KP);
    KPI=KPItemp;
% numerical solution of mode shape
    VV=zeros(nnode,nel);
                % initialization of mode shape with boundary condition
    for i=1:nel
    VV(2:nnode,i)=V(:,IndexofSort(i));
                % order of mode shape by sort index of natural frequency
    KPI(i)=KPItemp(IndexofMP(i));
                % order of modal stiffness by sort index of modal mass
    end
    x=0:L/nel:L; % data point of length (x)-FEM computation
    xx=0:0.01:L; % data point of length (x)-analytical computation
    UU=sqrt(2/denA* L)* sin((2* fignum-1)* pi* xx/2);
                % analytical solution of mode shape
    sym=(UU(2)/VV(2,fignum))/abs(UU(2)/VV(2,fignum));
                % control mode direction of VV
    hold on
    title('Comparison between numerical results and analytical results');
    xlabel('x');
    ylabel('U(x)');
    plot(x,sym* VV(:,fignum)/sqrt(MPI(fignum)),'ro-','LineWidth',2);
    plot(xx,UU,'b-','LineWidth',2);
    legend('Numerical results','Analytical results');
```

% [子程序 1]

```
function [index]=FEM1(iel,nnel,ndof)
edof=nnel*ndof;
start=(iel-1)*(nnel-1)*ndof;
  for i=1:edof
    index(i)=start+i;
  end
```

% [子程序2]
```
function [KK,MM]=FEM2(KK,MM,K,M,index)
edof=length(index);
  for i=1:edof
    ii=index(i);
    for j=1:edof
      jj=index(j);
      KK(ii,jj)=KK(ii,jj)+K(i,j);
      MM(ii,jj)=MM(ii,jj)+M(i,j);
    end
  end
```

3个单元运行结果：

```
>> EX6_1
The natural frequencies (rad/s) of the first 3 modes denoted by the form of pi are as follows
w =
    0.5057
    1.6540
    3.0006
```

24个单元运行结果：

```
>> EX6_1
The natural frequencies (rad/s) of the first 3 modes denoted by the form of pi are as follows
w =
    0.5001
    1.5024
    2.5112
```

【例题 6-2】

试用 2 个单元有限元法重新计算【例题 4-3】。

【解】 单元划分如图 6-6 所示，共 2 个相同单元 $\left(l_e = \dfrac{l}{2}\right)$，3 个结点，6 个自由度，则总结点位移向量为 $\boldsymbol{q} = (q_1 \quad q_2 \quad q_3 \quad q_4 \quad q_5 \quad q_6)^{\mathrm{T}}$。

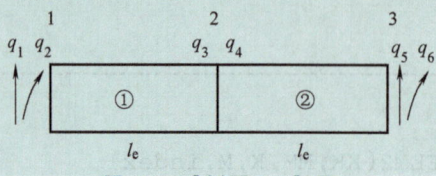

图 6-6 【例题 6-2】图

对于单元①：

易知：$q_{e1} = q_1$，$q_{e2} = q_2$，$q_{e3} = q_3$，$q_{e4} = q_4$，即 $\boldsymbol{S}_1 = \begin{pmatrix} 1 & 0 & 0 & 0 & 0 & 0 \\ 0 & 1 & 0 & 0 & 0 & 0 \\ 0 & 0 & 1 & 0 & 0 & 0 \\ 0 & 0 & 0 & 1 & 0 & 0 \end{pmatrix}$。

则有：

$$\widetilde{\boldsymbol{M}}_{e1} = \dfrac{\rho A l_e}{420} \begin{pmatrix} 156 & 22l_e & 54 & -13l_e & 0 & 0 \\ 22l_e & 4l_e^2 & 13l_e & -3l_e^2 & 0 & 0 \\ 54 & 13l_e & 156 & -22l_e & 0 & 0 \\ -13l_e & -3l_e^2 & -22l_e & 4l_e^2 & 0 & 0 \\ 0 & 0 & 0 & 0 & 0 & 0 \\ 0 & 0 & 0 & 0 & 0 & 0 \end{pmatrix}$$

$$\widetilde{\boldsymbol{K}}_{e1} = \dfrac{EJ}{l_e^3} \begin{pmatrix} 12 & 6l_e & -12 & 6l_e & 0 & 0 \\ 6l_e & 4l_e^2 & -6l_e & 2l_e^2 & 0 & 0 \\ -12 & -6l_e & 12 & -6l_e & 0 & 0 \\ 6l_e & 2l_e^2 & -6l_e & 4l_e^2 & 0 & 0 \\ 0 & 0 & 0 & 0 & 0 & 0 \\ 0 & 0 & 0 & 0 & 0 & 0 \end{pmatrix}$$

局部坐标系下的单元激励向量为：

$$R_{e1}^1(t) = \int_0^{l_e} F_A \sin\omega t \, \delta(x_e - l_e) \varphi_1 \mathrm{d}x_e = \int_0^{l_e} F_A \sin\omega t \, \delta(x_e - l_e) \left(1 - \dfrac{3x_e^2}{l_e^2} + \dfrac{2x_e^3}{l_e^3}\right) \mathrm{d}x_e = 0$$

$$R_{e1}^2(t) = \int_0^{l_e} F_A \sin\omega t \, \delta(x_e - l_e) \varphi_2 \mathrm{d}x_e = \int_0^{l_e} F_A \sin\omega t \, \delta(x_e - l_e) \left(x_e - \dfrac{2x_e^2}{l_e} + \dfrac{x_e^3}{l_e^3}\right) l_e \mathrm{d}x_e = 0$$

$$R_{e1}^3(t) = \int_0^{l_e} F_A \sin\omega t \, \delta(x_e - l_e) \varphi_3 \mathrm{d}x_e = \int_0^{l_e} F_A \sin\omega t \, \delta(x_e - l_e) \left(\dfrac{3x_e^2}{l_e^2} - \dfrac{2x_e^3}{l_e^3}\right) \mathrm{d}x_e = F_A \sin\omega t$$

$$R_{e1}^4(t) = \int_0^{l_e} F_A \sin\omega t \delta(x_e - l_e)\varphi_4 dx_e = \int_0^{l_e} F_A \sin\omega t \delta(x_e - l_e)\left(-\frac{x_e^2}{l_e} + \frac{x_e^3}{l_e^3}\right)l_e dx_e = 0$$

则全局坐标系下的单元激励向量为：

$$\widetilde{\boldsymbol{R}}_{e1} = \boldsymbol{S}_1^T \boldsymbol{R}_{e1} = \begin{pmatrix} 1 & 0 & 0 & 0 \\ 0 & 1 & 0 & 0 \\ 0 & 0 & 1 & 0 \\ 0 & 0 & 0 & 1 \\ 0 & 0 & 0 & 0 \\ 0 & 0 & 0 & 0 \end{pmatrix} \begin{pmatrix} 0 \\ 0 \\ F_A \sin\omega t \\ 0 \end{pmatrix} = \begin{pmatrix} 0 \\ 0 \\ F_A \sin\omega t \\ 0 \\ 0 \\ 0 \end{pmatrix}$$

对于单元②：

易知：$q_{e1} = q_3$，$q_{e2} = q_4$，$q_{e3} = q_5$，$q_{e4} = q_6$，即 $\boldsymbol{S}_2 = \begin{pmatrix} 0 & 0 & 1 & 0 & 0 & 0 \\ 0 & 0 & 0 & 1 & 0 & 0 \\ 0 & 0 & 0 & 0 & 1 & 0 \\ 0 & 0 & 0 & 0 & 0 & 1 \end{pmatrix}$。

则有：

$$\widetilde{\boldsymbol{M}}_{e2} = \frac{\rho A l_e}{420} \begin{pmatrix} 0 & 0 & 0 & 0 & 0 & 0 \\ 0 & 0 & 0 & 0 & 0 & 0 \\ 0 & 0 & 156 & 22l_e & 54 & -13l_e \\ 0 & 0 & 22l_e & 4l_e^2 & 13l_e & -3l_e^2 \\ 0 & 0 & 54 & 13l_e & 156 & -22l_e \\ 0 & 0 & -13l_e & -3l_e^2 & -22l_e & 4l_e^2 \end{pmatrix}$$

$$\widetilde{\boldsymbol{K}}_{e2} = \frac{EJ}{l_e^3} \begin{pmatrix} 0 & 0 & 0 & 0 & 0 & 0 \\ 0 & 0 & 0 & 0 & 0 & 0 \\ 0 & 0 & 12 & 6l_e & -12 & 6l_e \\ 0 & 0 & 6l_e & 4l_e^2 & -6l_e & 2l_e^2 \\ 0 & 0 & -12 & -6l_e & 12 & -6l_e \\ 0 & 0 & 6l_e & 2l_e^2 & -6l_e & 4l_e^2 \end{pmatrix}$$

局部坐标系下的单元激励向量为：

$$R_{e2}^1(t) = \int_0^{l_e} 0 \cdot \delta(x_e)\varphi_1 dx_e = \int_0^{l_e} 0 \cdot \delta(x_e)\left(1 - \frac{3x_e^2}{l_e^2} + \frac{2x_e^3}{l_e^3}\right)dx_e = 0$$

$$R_{e2}^2(t) = \int_0^{l_e} 0 \cdot \delta(x_e)\varphi_2 dx_e = \int_0^{l_e} 0 \cdot \delta(x_e)\left(\frac{x_e}{l_e} - \frac{2x_e^2}{l_e^2} + \frac{x_e^3}{l_e^3}\right)l_e dx_e = 0$$

$$R_{e2}^3(t) = \int_0^{l_e} 0 \cdot \delta(x_e)\varphi_3 dx_e = \int_0^{l_e} 0 \cdot \delta(x_e)\left(\frac{3x_e^2}{l_e^2} - \frac{2x_e^3}{l_e^3}\right)dx_e = 0$$

$$R_{e2}^4(t) = \int_0^{l_e} 0 \cdot \delta(x_e)\varphi_4 dx_e = \int_0^{l_e} 0 \cdot \delta(x_e)\left(-\frac{x_e^2}{l_e^2} + \frac{x_e^3}{l_e^3}\right)l_e dx_e = 0$$

则全局坐标系下的单元激励向量为：

$$\widetilde{R}_{e2} = S_2^T R_{e2} = \begin{pmatrix} 0 & 0 & 0 & 0 \\ 0 & 0 & 0 & 0 \\ 1 & 0 & 0 & 0 \\ 0 & 1 & 0 & 0 \\ 0 & 0 & 1 & 0 \\ 0 & 0 & 0 & 1 \end{pmatrix} \begin{pmatrix} 0 \\ 0 \\ 0 \\ 0 \end{pmatrix} = \begin{pmatrix} 0 \\ 0 \\ 0 \\ 0 \\ 0 \\ 0 \end{pmatrix}$$

系统的总质量阵、总刚度阵和总激励力向量分别为：

$$M = \sum_{i=1}^{2} \widetilde{M}_{ei} = \frac{\rho A l_e}{420} \begin{pmatrix} 156 & 22l_e & 54 & -13l_e & 0 & 0 \\ 22l_e & 4l_e^2 & 13l_e & -3l_e^2 & 0 & 0 \\ 54 & 13l_e & 312 & 0 & 54 & -13l_e \\ -13l_e & -3l_e^2 & 0 & 8l_e^2 & 13l_e & -3l_e^2 \\ 0 & 0 & 54 & 13l_e & 156 & 22l_e \\ 0 & 0 & -13l_e & -3l_e^2 & 22l_e & 4l_e^2 \end{pmatrix}$$

$$K = \sum_{i=1}^{2} \widetilde{K}_{ei} = \frac{EJ}{l_e^3} \begin{pmatrix} 12 & 6l_e & -12 & 6l_e & 0 & 0 \\ 6l_e & 4l_e^2 & -6l_e & 2l_e^2 & 0 & 0 \\ -12 & -6l_e & 24 & 0 & -12 & 6l_e \\ 6l_e & 2l_e^2 & 0 & 8l_e^2 & -6l_e & 2l_e^2 \\ 0 & 0 & -12 & -6l_e & 12 & -6l_e \\ 0 & 0 & 6l_e & 2l_e^2 & -6l_e & 4l_e^2 \end{pmatrix}$$

$$R = \sum_{i=1}^{2} \widetilde{R}_{ei} = \begin{pmatrix} 0 \\ 0 \\ F_A \sin\omega t \\ 0 \\ 0 \\ 0 \end{pmatrix}$$

由于是两端简支的边界条件，则 $q_1=0$，$q_5=0$，因此将上述质量阵和刚度阵的第1，5行和第1，5列划去得到相应的降阶矩阵；将激励力向量的第1行和第5行划去得到相应的降阶向量。

该2个单元简支梁系统的运动微分方程如下：

$$\frac{\rho A l_e}{420} \begin{pmatrix} 4l_e^2 & 13l_e & -3l_e^2 & 0 \\ 13l_e & 312 & 0 & -13l_e \\ -3l_e^2 & 0 & 8l_e^2 & -3l_e^2 \\ 0 & -13l_e & -3l_e^2 & 4l_e^2 \end{pmatrix} \begin{pmatrix} \ddot{q}_2 \\ \ddot{q}_3 \\ \ddot{q}_4 \\ \ddot{q}_6 \end{pmatrix} + \frac{EJ}{l_e^3} \begin{pmatrix} 4l_e^2 & -6l_e & 2l_e^2 & 0 \\ -6l_e & 24 & 0 & 6l_e \\ 2l_e^2 & 0 & 8l_e^2 & 2l_e^2 \\ 0 & 6l_e & 2l_e^2 & 4l_e^2 \end{pmatrix} \begin{pmatrix} q_2 \\ q_3 \\ q_4 \\ q_6 \end{pmatrix} = \begin{pmatrix} 0 \\ F_A \sin\omega t \\ 0 \\ 0 \end{pmatrix}$$

将 $l_e = \dfrac{l}{2}$ 代入上述方程，并借助于计算机软件（如 MATLAB）即可完成梁中点即结点 2 处的位移：$w\left(\dfrac{l}{2},\ t\right) = q_3(t)$ 的计算。为了方便起见，计算过程中所用的参数为：$l = 1$，$F_A = 1$，$EJ = 1$，$\rho A = 1$。该梁中点位移响应幅值的计算结果与【例题 4-3】的解析解（注：该解析解也应进行模态截断，这里取前 20 阶模态）对比如图 6-7 所示。由图 6-7 可以看出，对于两端简支梁来说，当其中点处受到简谐点激励载荷作用时，只能激发起奇数阶（$i = 1$，3，5，…）的模态振动，梁中点处的位移响应只能呈现奇数阶模态振动的叠加形式，其位移幅值曲线的有限元计算结果（近似解）与解析解存在较大差异。这是由于位移响应的计算依赖于固有频率，当单元划分太少（如仅为 2 个单元）时，固有频率的计算结果与解析解存在较大差异（见表 6-2），进而直接影响位移响应的计算精度；随着单元数的增加（如划分 20 个单元），这一差异将显著减小（见表 6-2），位移响应的计算精度将显著提高（见图 6-8，在给定分析频率范围内，近似解与解析解曲线完全重合）。

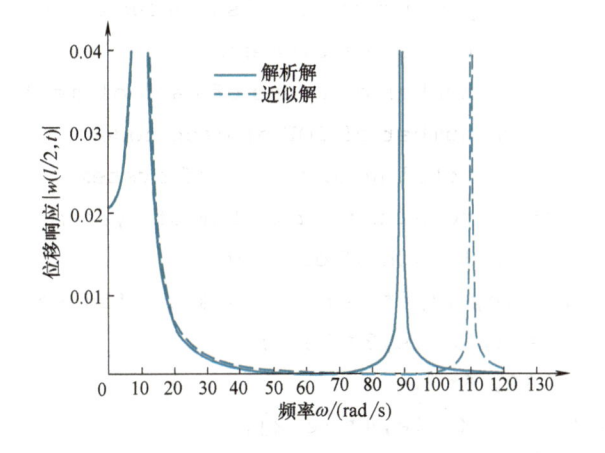

图 6-7 划分 2 个单元时梁中点的位移响应

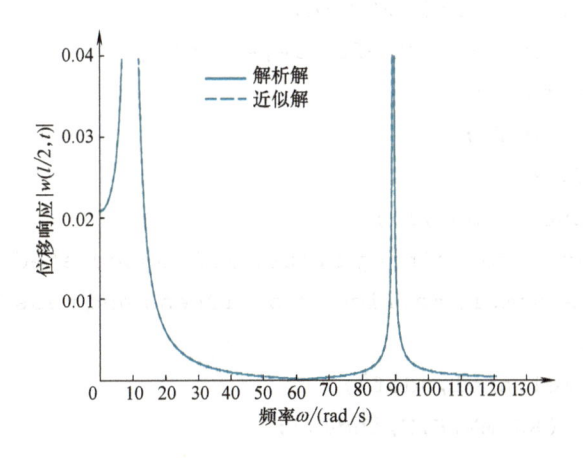

图 6-8 划分 20 个单元时梁中点的位移响应

表 6-2 【例题 6-2】两端简支梁前 4 阶固有频率有限元近似解与解析解对比（单位：rad/s）

模态阶数 i	1	2	3	4
2 个单元近似解 $\overline{\omega}_i$	$(1.0020\pi)^2$	$(2.1071\pi)^2$	$(3.3406\pi)^2$	$(4.5106\pi)^2$
20 个单元近似解 $\overline{\omega}_i$	$(1.0000\pi)^2$	$(2.0000\pi)^2$	$(3.0001\pi)^2$	$(4.0002\pi)^2$
解析解 ω_i	π^2	$(2\pi)^2$	$(3\pi)^2$	$(4\pi)^2$

本例用 MATLAB 语言编程计算的主程序如下（所调用的两个子程序 FEM1 和 FEM2 同前面杆的算例）。

```
% [主程序]:This program is to solve harmonic response of a center point
at a simply-supported beam
    % input parameters
    L=1;                % length of beam
    denA=1;             % product of density and area of beam
    EJ=1;               % product of Young's modulus and inertia momentof beam
    nel=2;              % number of element
    nnel=2;             % number of nodes of each element
    ndof=2;             % number of DOF of each node
    nnode=nel+1;        % total node number of system
    sdof=nnode* ndof;   % total number of DOF of system
    le=L/nel;           % length of element
    K=EJ/le^3* [12,6* le,-12,6* le;        % stiffness matrix of element
            6* le,4* le^2,-6* le,2* le^2;
            -12,-6* le,12,-6* le;
            6* le,2* le^2,-6* le,4* le^2];
    M=denA* le/420* [156,22* le,54,-13* le; % mass matrix of element
            22* le,4* le^2,13* le,-3* le^2;
            54,13* le,156,-22* le;
            -13* le,-3* le^2,-22* le,4* le^2];
% initialization of matrice
    KK=zeros(sdof,sdof);
    MM=zeros(sdof,sdof);
    index=zeros(nnel* ndof,1);
        % the vector containing system dofs associated with each element
% calculation of assembly matrice of stiffness and mass of system
    for iel=1:nel
        index=FEM1(iel,nnel,ndof);
        [KK,MM]=FEM2(KK,MM,K,M,index);
    end
% given boundary condition
```

```matlab
    KK=KK([2:sdof-2,sdof],[2:sdof-2,sdof]);% simply-supported
    MM=MM([2:sdof-2,sdof],[2:sdof-2,sdof]);
    ind=length(MM);
% calculation of natural frequency and mode shape
    [V,lam]=eig(MM\KK);                   % eigen value
    wi2=sort(diag(lam));
    wi=sqrt(wi2);                          % natural frequency (rad/s)
    disp('The natural frequencies (rad/s) of the first 4 modes denoted by
the form of pi^2 are as follows')
    sqrt(wi(1:4))/pi
    for i=1:ind
      j=(ind+1)-i;
      X(:,i)=V(:,j);                       % mode shape
    end
    MP=abs(real(X'* MM* X));               % modal mass matrix
    KP=abs(real(X'* KK* X));               % modal stiffness matrix
% calaulation of harmonic response
    F=zeros(ind,1);
    F(sdof/2-1,1)=1;                       % exciting force vector at center point
of the beam
    Q=X'* F;                               % generalized exciting force
    syms w;
    for j=1:ind
    lm(j)=w/wi(j);
        yita(j)=Q(j)/KP(j,j)/(1-lm(j)^2);
        q(j)=X(sdof/2-1,j)* yita(j); % responses in modal coordinates
    end
    yy=sum(q);
    yy=subs(yy,w,[0:0.1:120]);
    YY=abs(yy);           % approximate solution-amplitude of response
    for s=1:20
        awi(s)=(s* pi/L)^2;
        ay(s)=(sin(s* pi/2))^2/(awi(s)^2-w^2);
    end
    ayy=sum(ay);
    ayy=subs(ayy,w,[0:0.1:120]);
    aYY=2/denA/L* abs(ayy); % analytical solution-amplitude of response
    w=[0:0.1:120];
    title('Comparison between analytical results and numerical results');
```

```
xlabel('Frequency');
ylabel('Amplitude of response');
plot(w,aYY,'r',w,YY,'b*')
legend('Analytical results','Numerical results');
```

2个单元固有频率运行结果：

```
>> EX6_2
The natural frequencies (rad/s) of the first 4 modes denoted by the form of pi^2 are as follows
ans =
    1.0020
    2.1071
    3.3406
    4.5106
```

20个单元固有频率运行结果：

```
>> EX6_2
The natural frequencies (rad/s) of the first 4 modes denoted by the form of pi^2 are as follows
ans =
    1.0000
    2.0000
    3.0001
    4.0002
```

需要说明的是，本章仅以一维弹性杆、梁的振动为例，直观地介绍了基于假设模态法的有限元法的求解过程，对于深刻理解和领会有限元法的思想和精髓具有良好的借鉴作用。对于工程实际中的复杂结构系统的振动分析，结构单元类型将会比一维单元要复杂得多，而且需要划分的单元数目往往非常巨大，通过自行编程来进行大规模有限元求解计算显然不合适，也无必要，这时往往需要借助于现有的商用有限元分析软件来完成，感兴趣的读者可自行选取某种软件来体会练习一下。

6.4 常用有限元分析软件

有限元法（FEM）是针对结构分析而迅速发展起来的一种现代计算方法，是20世纪50年代首先在连续体力学领域即飞机结构静、动态特性分析中应用的一种十分有效而强大的数值分析手段，涵盖几乎所有的科学和工程技术领域。基于有限元法编制的进行结构分析的软件，即所谓的有限元分析软件，经过了数十年的不断发展和更新完善，已经使有限元法转化为强有力的生产力，在各工业领域发挥着越来越大的作用。为了便于读者更好地了解和掌握

第6章 有限元法

有限元法，下面将针对目前几款主流大型商用有限元分析软件（包括通用型、专业型和嵌入型三类）进行简单的介绍。

1. ANSYS

ANSYS 软件是由美国 ANSYS 公司开发的大型通用有限元分析软件。ANSYS 公司最早由 Swanson 于 1970 年创建，原名为斯旺森分析系统公司，总部位于美国宾夕法尼亚州的匹兹堡市。ANSYS 是世界范围内增长最快的计算机辅助工程（CAE）软件，能与多数计算机辅助设计（CAD）软件接口，实现数据的共享和交换。ANSYS 融结构、流体、电场、磁场、声场分析于一体的通用特性，使其在众多工业领域有着广泛的应用。ANSYS 功能强大，模块众多，通用性强，操作简单，使用方便，用户众多，已发展成为全球最流行的有限元分析软件之一。

ANSYS 公司中文网址：https：//www.ansys.com/zh-cn。

2. NASTRAN

NASTRAN（NASA Structure Analysis）软件是 1966 年美国国家航空航天局为了满足当时航空航天工业对结构分析的迫切需求而主持开发的一款大型通用有限元分析软件。1973 年美国 MSC 软件公司正式成为 NASTRAN 的特邀维护商。MSC 软件公司经过数十年的发展，开发出的 MSC.NASTRAN 软件以其强大的功能与解题能力以及高度的可靠性，已成为目前全球最流行的有限元分析软件之一，也是全球 CAE 工业标准的源代码程序，通过了全球众多终端用户的长期工程应用验证。因为和 NASA（美国国家航空航天局）的特殊关系，它在航空航天领域有着崇高的地位。MSC.NASTRAN 对于解题的自由度数、带宽或波前没有任何限制，不但适用于中小型项目，对于处理大型工程问题也同样非常有效，已成功地解决了超过 5,000,000 自由度以上的实际问题。

MSC 公司中文网址：http：//www.mscsoftware.com/zh-hans。

3. ABAQUS

ABAQUS 软件是功能最强的大型通用非线性有限元分析软件，特别能够处理非常庞大复杂的问题以及高度非线性问题。ABAQUS 早年属于美国 HKS 公司的产品，于 2005 年由法国达索系统公司收购，称为达索 SIMULIA。ABAQUS 也是全球最流行的有限元分析软件之一，其优秀而强大的分析能力使其在工业领域得到广泛应用。与 ANSYS 软件注重应用领域的拓展，覆盖流体、电磁场和多物理场耦合等广泛的研究领域不同，ABAQUS 则集中于结构力学和相关领域研究，致力于解决该领域的深层次实际问题。ABAQUS 软件在求解非线性问题时具有非常明显的优势，其非线性涵盖材料非线性、几何非线性和状态非线性等多个方面。ABAQUS 为业界赞誉的"分析功能全面"这一特点也是体现在其强大的非线性分析能力方面。

达索系统公司中文网址：https：//www.3ds.com/zh。

4. ADINA

ADINA（Automatic Dynamic Incremental Nonlinear Analysis）软件最早出现于 1975 年，是由美国加州大学伯克利分校 Bathe 博士的团队开发出来的。1984 年以前，ADINA 是全球最流行的有限元分析软件，被工程界、科学研究、教育等众多用户广泛应用。一方面是由于其有强大的功能，另一方面是因为其具有公共源代码（后来出现的很多知名有限元分析软件都来源于 ADINA 的源代码）。1986 年，Bathe 博士在美国马萨诸塞州沃特敦成立了 ADINA

R&D 公司，开始其商业化发展的历程，专注于求解结构、流体、流体与结构耦合等复杂非线性问题。经过 30 余年的持续发展，ADINA 已经成为近年来全球发展最快的、最重要的通用非线性有限元分析软件之一。其独创的许多特殊解法使得复杂的非线性问题（如接触、塑性及破坏等）具有快速且几乎绝对收敛的特性，且具有稳定的自动参数计算。另外，由于它有源代码，可以对程序进行二次开发，以满足特殊的需求。

ADINA 公司中文网址：http://www.adina.com/。

5. MARC

MARC 是美国 MSC 软件公司出品的一款功能齐全的通用非线性有限元分析软件，具有极强的结构分析能力。它可以处理各种线性和非线性结构分析，包括线性/非线性静力分析、模态分析、简谐响应分析、频谱分析、随机振动分析、动力响应分析、自动的静/动力接触、屈曲/失稳、失效和破坏分析等。为满足工业界和学术界的各种需求，MSC. MARC 提供了层次丰富、适应性强、能够在多种硬件平台上运行的系列产品。其使用便捷性和操作灵活度不如 ABAQUS，但求解速度非常快，类似的问题要比 ABAQUS 快几倍。

6. LS-DYNA

1976 年美国 Lawrence Livermore 国家实验室的 Hallquist 博士主持开发完成 DYNA 程序，主要是为尖端武器的弹头设计提供分析工具，后经多次扩充和改进，计算功能更为强大。1988 年 Hallquist 博士创建利弗莫尔软件技术公司，DYNA 走向商业化发展历程，并更名为 LS-DYNA。它被公认为显式有限元的鼻祖，可以求解各种三维非线性结构的高速碰撞、爆炸和金属成形等接触非线性、冲击载荷非线性和材料非线性问题。其内嵌的大量材料本构方程库可以满足许多航空和国防应用方面的需求，尤其适合于研究对织物、金属板以及复合材料的高速冲击，便于进行坦克和火箭的溅落负载分析和飞机紧急降落分析，也可以用于飞鸟撞击作用下飞机涡轮机和叶片的优化设计。相比 DYTRAN 软件，其在爆炸模拟计算方面相对较弱。

7. DYTRAN

DYTRAN 软件是由美国 MSC 软件公司于 1993 年正式发布的又一款计算侵彻与爆炸的专业有限元分析软件，是 MSC 公司核心产品之一。MSC. DYTRAN 是在 LS-DYNA 框架下通过融合 PISCES 高级流体动力学功能的基础上发展起来的第一款既能进行高度非线性问题和瞬态动力学分析，又能够进行复杂流固耦合分析的大型商用软件，特别适用于模拟国防军工领域常见的爆炸以及穿甲等问题。它在 Windows、UNIX 和 Linux 操作系统上均可方便实现计算，性能高效、求解稳定。但其材料模型不丰富，岩土类问题的处理能力较弱，而且处理冲击问题也不如 LS-DYNA 全面。

8. ALGOR

ALGOR 软件属于中档有限元分析软件，其核心代码起源于 1970 年开发的结构分析程序（SAP），由美国加州大学伯克利分校的 Bathe、Wilson 和 Peterson 等人共同研制。ALGOR 最大的特点是易学易用、界面友好、操作简单，极大地提高了软件应用者的实际工作效率。2009 年 ALGOR 被美国欧特克（Autodesk）公司收购，更名为 Simulation Mechanical，成为其旗下的一款 CAD 嵌入式有限元分析软件。但自 2017 年 3 月 21 日起，该软件已停止销售，被 Autodesk Nastran In-CAD 替代。

欧特克公司中文网址：https://www.autodesk.com.cn/。

9. COSMOS

与上述有限元分析软件相比，COSMOS 软件的影响力相对较小，它最初是美国 SRAC 公司开发的产品。由于率先采用了快速有限元（Fast Finite Element，FFE）技术，对磁盘空间上的要求大幅降低，占用计算机系统的内存也大大减少，因此分析速度远高于传统有限元分析软件。该软件已成为法国达索系统旗下子公司 SOLIDWORKS 的一款 CAD 嵌入式有限元分析软件，即 COSMOSWorks（2009 版开始正式更名为 SOLIDWORKS Simulation），其分析功能较为全面，与其他 CAD/CAE 软件集成性好。

SOLIDWORKS 公司中文网址：http：//www.solidworks.com.cn/。

下 篇

工程振动控制技术

第7章

隔振技术

7.1 引　言

前面几章相继介绍了工程振动常用的分析方法，为更好地了解与掌握振动控制技术奠定了理论基础。从本章开始，本书将陆续介绍一些实用的振动控制技术。作为阻隔振源与需要防振的设备之间振动能量传输路径的一门有效的振动控制技术，**隔振**（Vibration Isolation）技术在工程中的应用极为广泛，几乎任何工作在动载荷环境下的装备、产品或结构（如航天和航空飞行器、船舶与离岸设备、车辆、回转机械、机床、精密平台、电子产品、桥梁与建筑物等）均需采用隔振技术进行振动抑制，以保证它们的正常使用与运转。

本章将以单自由度系统隔振为例，对该技术中涉及的隔振原理、隔振特性、基础阻抗对隔振效果的影响予以介绍，并对常用的隔振器以及隔振系统等进行概述，同时给出隔振技术的应用与研究进展以及工程应用实例。而关于减振技术，将在随后几章中陆续介绍。

7.2 隔振原理

隔振就是在振源与需要防振的设备之间，安放若干具有一定弹性和阻尼性能的隔振装置，即**隔振器**（Vibration Isolator），使得振源与基础之间或基础与防振设备之间的刚性连接改成柔性连接，以阻隔并减弱振动能量的传递，如图 7-1 所示。

根据隔振的目的不同，一般分为两种性质不同的隔振，即**积极隔振**和**消极隔振**。隔振器的隔振效果常用**传递比**来表示，对于积极隔振，传递比定义为传递到基础上的力幅值与振源激振力幅值之比；而对于消极隔振，传递比则定义于传递到防振设备上的振动响应（位移响应）幅值与基础的输入激励（位移激励）幅值之比。

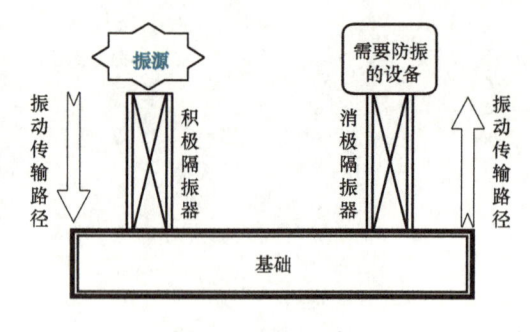

图 7-1　隔振示意图

7.2.1　积极隔振

为了降低振源对基础上需要防振设备的影响，用隔振器将其与基础隔离开来，以减小传递给基础的力，这种隔振方式通常称为**积极隔振**。

对于图 7-2 所示的刚性基础单自由度积极隔振系统，假设 m 为振源设备的质量，隔振器由弹簧和黏性阻尼器并联组成，其质量相对于振源设备可以忽略不计，激励力为 $F = F_A e^{j\omega t}$。该系统由两个单元组成（隔振器单元和质量块单元），将系统的刚性基础端和质量块上端分别视为前端和末端，状态向量分别为：$\mathbf{Z}_0 = (x_s \ F_s)^T$，$\mathbf{Z}_2^U = (x \ F)^T$，则根据第 5 章的传递矩阵法，容易得到末端与前端之间的传递矩阵方程如下：

$$\begin{pmatrix} x \\ F \end{pmatrix} = \begin{pmatrix} 1 & 0 \\ -m\omega^2 & 1 \end{pmatrix} \begin{pmatrix} 1 & M_I \\ 0 & 1 \end{pmatrix} \begin{pmatrix} x_s \\ F_s \end{pmatrix} \quad (7\text{-}1)$$

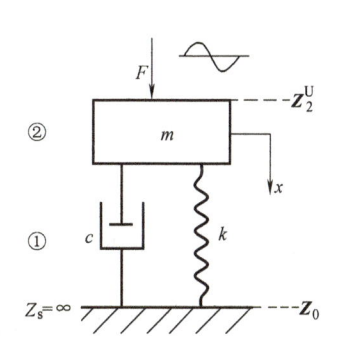

图 7-2 刚性基础单自由度积极隔振系统模型

式中，$M_I = \dfrac{1}{k+j\omega c}$ 为隔振器的位移导纳。

对于刚性基础来说，其阻抗为无穷大，即 $Z_s = \infty$，其上的振动响应可视为 0，即 $x_s = 0$。化简式（7-1），可得刚性基础单自由度积极隔振系统的传递比表达式如下：

$$TR = \frac{|F_s|}{|F|} = \left| \frac{1}{1-m\omega^2 M_I} \right| = \left| \frac{Z_I}{Z_I - m\omega^2} \right| = \left| \frac{k+j\omega c}{k-m\omega^2+j\omega c} \right| \quad (7\text{-}2)$$

式中，$Z_I = \dfrac{1}{M_I}$ 为隔振器的位移阻抗。

引入频率比 $\lambda = \dfrac{\omega}{\omega_n}$ 和黏性阻尼比 $\zeta = \dfrac{c}{2m\omega_n}\left(\omega_n = \sqrt{\dfrac{k}{m}} \right)$，则式（7-2）可以简化为：

$$TR = \frac{|F_s|}{|F|} = \sqrt{\frac{1+(2\zeta\lambda)^2}{(1-\lambda^2)^2+(2\zeta\lambda)^2}} \quad (7\text{-}3)$$

式（7-3）即为刚性基础单自由度积极隔振系统的传递比表达式，显然，TR 小于 1 才有隔振效果。有时，隔振器的隔振效果也用隔振效率 ε 来表示：

$$\varepsilon = (1-TR) \times 100\% \quad (7\text{-}4)$$

需要指出的是，式（7-2）为刚性基础积极隔振系统的传递比表达式，对于柔性基础（阻抗并非无穷大），则传递比表达式有所不同，关于这一点将在后面详细说明。至于下面将要介绍的消极隔振系统，则不存在上述差别。

7.2.2 消极隔振

对于需要防振的设备，为了降低基础振动对它的影响，用隔振器将基础与其隔离开来，以减小基础传递给它的振动，这种隔振方式通常称为**消极隔振**。

对于图 7-3 所示的单自由度消极隔振系统，假设基础以 $x_s = a e^{j\omega t}$ 的规律振动，这时的前端 $\mathbf{Z}_2^U = (x \ F)^T$ 为自由端，末端 $\mathbf{Z}_0 = (x_s \ F_s)^T$ 为激励端，容易得到二者之间的传递矩阵方程，进而可得单自由度消极隔振系统的传递比表达式如下：

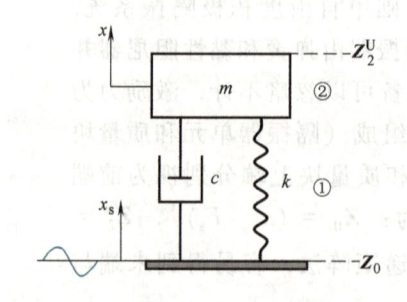

图 7-3 单自由度消极隔振系统模型

$$TR = \frac{|x|}{|x_s|} = \left|\frac{1}{1-m\omega^2 M_I}\right| = \left|\frac{Z_I}{Z_I - m\omega^2}\right| = \left|\frac{k+j\omega c}{k-m\omega^2+j\omega c}\right| = \sqrt{\frac{1+(2\zeta\lambda)^2}{(1-\lambda^2)^2+(2\zeta\lambda)^2}} \quad (7-5)$$

式（7-5）与式（7-3）完全相同，由此可见，无论是积极隔振还是消极隔振，虽然其目的各不相同，但是两者传递比的计算公式相同，采用的隔振手段也是一致的，都是在设备和基础之间安放隔振器，使传递比小于1，以达到隔振的目的。

7.3 隔振特性

单自由度隔振系统的隔振特性可由传递比随系统各参数的变化规律得到。为此，以频率比 λ 为横坐标，传递比 TR 为纵坐标，黏性阻尼比 ζ 为参变数，将式（7-3）或式（7-5）绘成图 7-4 所示的曲线图，可以清楚地看出：

1) 在 $\lambda > \sqrt{2}$ 的区域内，$TR<1$，这就是隔振区。也就是说只有当频率比 $\lambda > \sqrt{2}$ 时，才有隔振效果。而且随着 λ 的增加，TR 降低，隔振效果增加，工程应用中一般取 $\lambda = 2.5 \sim 5$ 就已经足够了。

2) 在 $\lambda < \sqrt{2}$ 的区域内，$TR>1$，不但没有隔振效果，隔振器反而把振动放大。尤其当 $\lambda \approx 1$ 时，将发生共振现象。若隔振器用于隔离由偏心力引起的强迫振动（如旋转机械的振动），则设备在起动和停止过程中，必定要经过共振区。因此，隔振器应该具有适当的阻尼，以降低共振振幅。但是，在隔振区内，增大阻尼又会降低隔振效果。所以，隔振器阻尼的选择应综合考虑这两方面的要求。

需要说明的是，这一结论仅对所述的单自由度隔振系统适用。事实上，对于双级隔振系统来说，在满足一定的条件下，增加阻尼不仅可以有效降低共振峰，而且可以改善隔振效果，详见 7.6.2 节阐述。

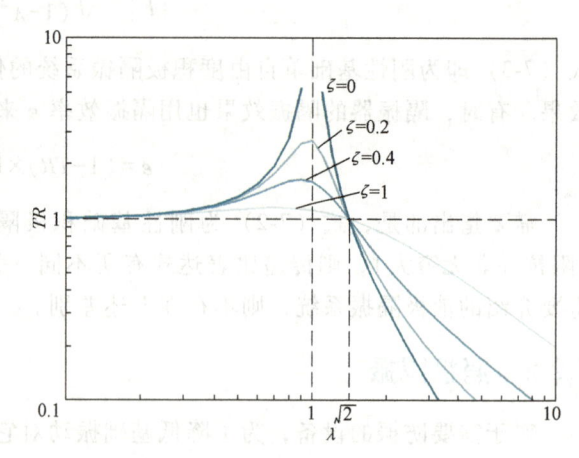

图 7-4 单自由度系统隔振特性曲线

7.4 基础阻抗对隔振效果的影响[38-39]

前面在推导单自由度积极隔振系统的传递比公式，即式（7-2）时，假定基础是刚性基础，即阻抗为无穷大。但在工程实际中，基础结构往往不可能绝对刚性（如机床床身、运载车辆车身等），这时利用式（7-2）会产生较大的计算误差。因此，有必要在隔振性能评价中考虑基础阻抗，并讨论基础阻抗对隔振效果的影响。

对于图7-5所示的柔性基础单自由度积极隔振系统，由于此时基础阻抗Z_s非无穷大，其上的振动响应$x_s \neq 0$，则由方程式（7-1）可得：

$$F = (1-m\omega^2 M_I)F_s - m\omega^2 x_s \tag{7-6}$$

式（7-6）两端同时除以F_s，并引入基础位移导纳$M_s = \dfrac{x_s}{F_s}$，可得柔性基础单自由度积极隔振系统的传递比表达式如下：

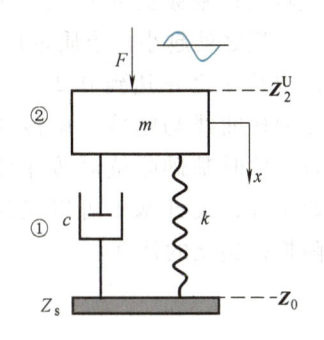

图7-5 柔性基础单自由度积极隔振系统模型

$$TR = \frac{|F_s|}{|F|} = \left|\frac{1}{1-m\omega^2(M_I+M_s)}\right| = \left|\frac{Z_I}{Z_I-m\omega^2\left(1+\dfrac{Z_I}{Z_s}\right)}\right| = \left|\frac{Z_s}{Z_s-m\omega^2\left(1+\dfrac{Z_s}{Z_I}\right)}\right| \tag{7-7}$$

式（7-7）中，当基础位移导纳$M_s = 0$或基础位移阻抗$Z_s = \infty$时，即为刚性基础隔振系统的传递比表达式［见式（7-2）］，因此式（7-2）只是式（7-7）的一个特例。

由式（7-7）可以看出，柔性基础隔振系统的传递比不仅与隔振器的位移阻抗Z_I、振源设备的位移阻抗$-m\omega^2$有关，还与基础的位移阻抗Z_s有关。

为了探讨基础阻抗对隔振系统传递比的影响规律，下面以基础也是由质量m_s、弹簧k_s以及黏性阻尼器c_s组成的单自由度系统为例来加以说明。

容易得到该基础系统的位移阻抗为：

$$Z_s = k_s - m_s\omega^2 + j\omega c_s \tag{7-8}$$

将式（7-8）代入式（7-7）即可得传递比为：

$$TR = \frac{|F_s|}{|F|} = \left|\frac{1+j2\zeta\lambda}{1+j2\zeta\lambda-\lambda^2\left(1+\dfrac{1+j2\zeta\lambda}{\mu(\alpha^2-\lambda^2)+j2\zeta_s\lambda\alpha}\right)}\right| \tag{7-9}$$

式中，$\mu = \dfrac{m_s}{m}$为质量比；$\alpha = \dfrac{\omega_s}{\omega_n}$为基频比，其中$\omega_s = \sqrt{\dfrac{k_s}{m_s}}$为基础系统的基频（固有频率），$\omega_n = \sqrt{\dfrac{k}{m}}$为隔振系统的基频（固有频率）；$\zeta_s = \left(\dfrac{c_s}{2m_s\omega_s}\right)$为基础系统的阻尼比；其他参数含义同前。

利用式（7-9）可以分别作出不同参数（μ、α及ζ_s）条件下，柔性基础隔振系统传递

比 TR 随频率比 λ 的变化曲线，如图 7-6~图 7-8 所示。可以看出：

1）质量比 μ 越大，柔性基础传递比曲线与刚性基础传递比曲线差别就越小，反之就越大；基频比 α 越大，两曲线差别就越大，反之就越小。当质量比 μ 达到 20 以上，或基频比 α 达到 0.2 以下时，柔性基础传递比曲线与刚性基础传递比曲线基本重合，此时基础阻抗对传递比的影响可以忽略不计，柔性基础可以视为刚性基础进行隔振传递比的计算。

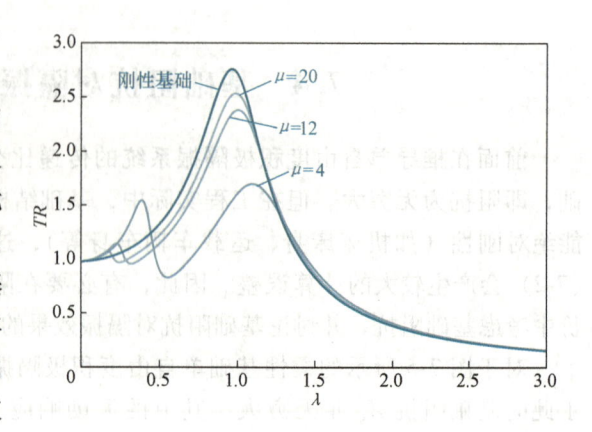

图 7-6 质量比 μ 对传递比 TR 的影响

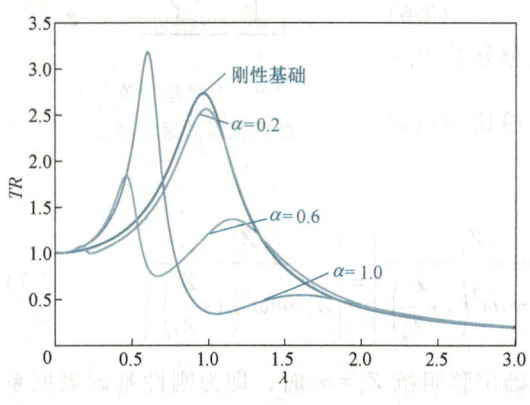

图 7-7 基频比 α 对传递比 TR 的影响

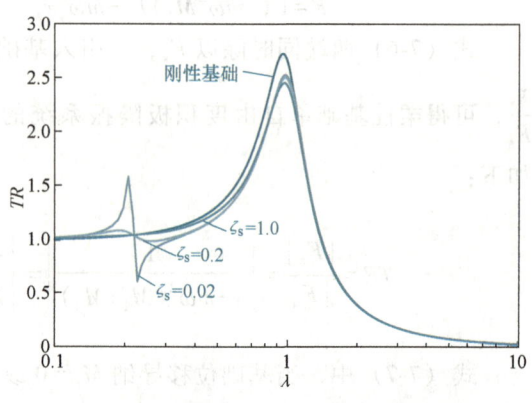

图 7-8 基础阻尼比 ζ_s 对传递比 TR 的影响

2）柔性基础传递比曲线中，首阶共振峰处于刚性基础传递比曲线共振峰之前，当质量比越大和基频比越小时，该共振峰值就越小。在峰值后，紧接着出现一个低谷（即反共振峰），其对应的频率处，两者曲线相差最大，此时如果按刚性基础来处理，就会产生很大的误差。

3）基础阻尼对非共振区的传递比的影响相对于质量比和基频比的影响很小，只是首阶共振峰得到了抑制。

综上所述，质量比或基频比是影响柔性基础隔振传递比的主要因素，基础阻尼只是对首阶共振的抑制效果显著，对隔振区的传递比几乎没有影响；基础质量越大、基频越小，柔性基础的隔振问题就可以在一定程度上简化成刚性基础来处理，这就使得工程实际问题的设计得以简化。

虽然上述结论是将基础视为单自由度系统而得出的，即使基础为多自由度或连续体系统，这些结论同样适用。

以上讨论了基础阻抗对柔性基础隔振系统传递比的影响，实际上对于柔性基础隔振系统隔振性能的评价，采用**响应比**（即安装隔振器后基础上的振动速度与未安装隔振器时基础上的振动速度之比）更合理，下面来对这一问题做简单说明。

对于图 7-5 所示的柔性基础单自由度积极隔振系统来说，同样根据传递矩阵法，容易求得安装隔振器前的末端 (x, F) 与前端 $(x_s^{(0)}, F_s^{(0)})$ 之间的传递矩阵方程如下：

$$\begin{pmatrix} x \\ F \end{pmatrix} = \begin{pmatrix} 1 & 0 \\ -m\omega^2 & 1 \end{pmatrix} \begin{pmatrix} x_s^{(0)} \\ F_s^{(0)} \end{pmatrix} \tag{7-10}$$

由上式可得（注意：$M_s = \dfrac{x_s^{(0)}}{F_s^{(0)}}$）：

$$\frac{F}{x_s^{(0)}} = \frac{1}{M_s} - m\omega^2 \qquad (7\text{-}11)$$

再由式（7-6）可得：

$$\frac{F}{x_s} = (1 - m\omega^2 M_I)\frac{1}{M_s} - m\omega^2 \qquad (7\text{-}12)$$

将式（7-11）除以式（7-12），即可得到柔性基础单自由度积极隔振系统响应比 VR 的表达式如下：

$$VR = \frac{|\dot{x}_s|}{|\dot{x}_s^{(0)}|} = \left|\frac{1 - m\omega^2 M_s}{1 - m\omega^2(M_I + M_s)}\right| = \left|\frac{Z_s - m\omega^2}{Z_s - m\omega^2\left(1 + \dfrac{Z_s}{Z_I}\right)}\right| \qquad (7\text{-}13)$$

对比式（7-13）与式（7-7），可以看出二者是有差别的（分子相差 $m\omega^2 M_s$），只有当 $Z_s \to \infty$ 时，两者才完全一致。

为了直观地描述柔性基础隔振系统的传递比与响应比之间存在的差别，图 7-9 给出了不

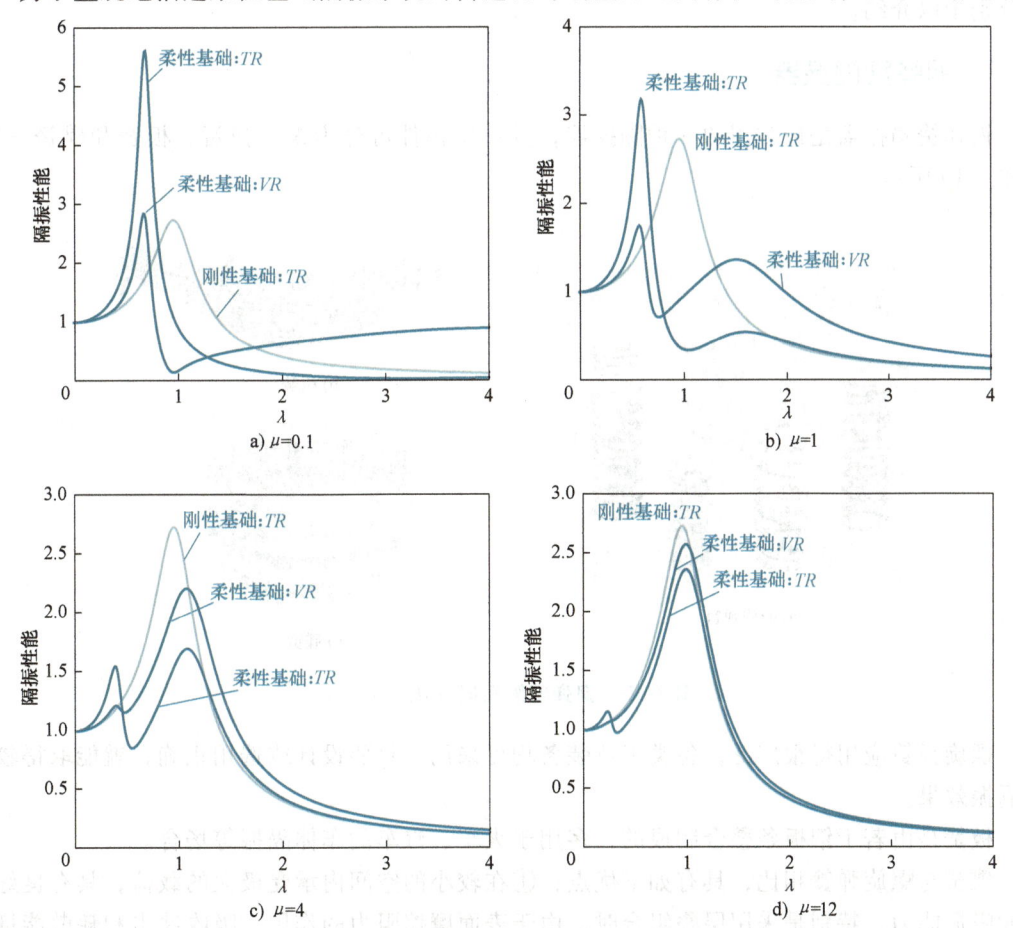

图 7-9 不同质量比 μ 时柔性基础隔振系统的传递比与响应比

同质量比（$\mu=0.1$、1、4 和 12）时传递比 TR 与响应比 VR 的隔振特性曲线。从图 7-9 中可以看出，当质量比较小时，传递比曲线与响应比曲线存在很大的差别，在很宽的频带内（特别是 $\lambda>\sqrt{2}$ 的隔振区内），响应比一般大于传递比；当 $\mu=12$ 时，二者以及刚性基础传递比曲线基本重合（见图 7-9d）。因此可以这样认为，对于刚性基础来说，用响应比或传递比均可合理描述隔振系统的隔振性能；但对于柔性基础来说，当振源设备的位移阻抗 $-m\omega^2$ 相当大（与基础位移阻抗 Z_s 相当甚至超过）时，安装隔振器后基础上的振动响应显著增大，由于基础的弹性运动效应，隔振器的实际效果将被抵消，隔振效果要比由传递比得到的差很多。因而对于柔性基础隔振来说，用响应比来评价隔振性能较用传递比更合理。

7.5 隔 振 器

凡是能支承运转设备动力负载，又有良好弹性恢复性能的材料，均可作为隔振材料。工程中常用的隔振材料主要有钢弹簧、橡胶、软木、毡类等。以隔振材料制成的装置称为隔振器，它是通过专门设计而制造出来的一种器件，常见的有钢弹簧隔振器、橡胶隔振器以及橡胶空气弹簧等。此外，新型钢丝绳隔振器与金属橡胶隔振器也越来越广泛地得到应用，下面将分别予以介绍。

7.5.1 钢弹簧隔振器

钢弹簧隔振器是最常用的一种隔振器，其主要构件可分为螺旋弹簧、板簧和碟簧三种，如图 7-10 所示。

a) 螺旋弹簧
b) 板簧
c) 碟簧

图 7-10 钢弹簧隔振器（源自网络）

螺旋弹簧应用得很广泛，各类工业装备均可采用。只要设计或选用正确，就能取得较好的隔振效果。

板簧是由若干钢板条叠合制成的，多用于火车、汽车的车体隔振等场合。

碟簧与螺旋弹簧相比，具有如下优点：①在较小的空间内承受极大的载荷，具有良好的缓冲吸振能力。特别是采用层叠组合时，由于表面摩擦阻力的作用，吸收冲击和耗散能量的作用更显著；②具有变刚度特性。改变碟片内截锥高度与碟片厚度的比值，可以得到不同的弹簧特性曲线，可分为直线型、渐增型、渐减型或者它们的组合等形式。此外还可以通过由不同厚度的碟片组合或由不同片数叠合碟片的不同组合方式得到变刚度特性；③每个碟片的尺寸不大，有利于制造和热处理。当一些碟片损坏时，只需更换损坏的碟片即可，因而有利于维护和修理。因为上述这些优点，碟簧常被用于重型机械设备、飞机、火炮等机器或武器中作为强力缓冲和隔振装置。

钢弹簧隔振器的优点是：有较低的固有频率、较大的静态压缩量，可承受较大的负载以及性能稳定。其最主要的缺点就是阻尼太小，对于控制共振振幅的效果较差。为了弥补钢弹簧隔振器的缺点，常需另加黏滞阻尼器，或在弹簧外面包敷一层橡胶，以增加它的阻尼。

7.5.2 橡胶隔振器

橡胶隔振器也是工程上常用的一种隔振装置，一般由约束面（通常和金属相连接）与自由面构成。根据受力情况，这类隔振器可分为拉压型、剪切型、拉压-剪切复合型等，如图 7-11 所示。

a) 拉压型　　b) 剪切型　　c) 拉压－剪切复合型

图 7-11　几种橡胶隔振器示意图

需要指出的是，橡胶隔振器的静态刚度不仅与橡胶材料本身的参数（如硬度、弹性模量等）有关，也与隔振器的形状、约束/自由面积以及高度等设计参数有关。即使是由同样材料制成的橡胶隔振器，若以上参数不同，静态刚度也往往存在很大差别，以至于直接影响隔振器的隔振效果。

橡胶隔振器实质上是利用橡胶弹性的一种"弹簧"，与金属弹簧相比，有以下特点：①形状可自由选定，可有效利用有限空间；②橡胶具有内摩擦，即阻尼比较大，因此不会出现钢弹簧所特有的共振激增现象；③静态刚度可借助于改变橡胶成分和结构参数而在相当大的范围内变动；④对于具有较低激励频率（<5Hz）或超重设备不适用；⑤性能易受外部环境条件的影响，高温时易老化，低温时易龟裂；而且橡胶一般是怕油污的，在油污环境中使用，易损坏失效。

7.5.3 橡胶空气弹簧

橡胶空气弹簧简称空气弹簧，俗称"气囊"，主要由胶囊（可多层）和装配结构件（如盖板、腰环等）组成，如图 7-12 所示。

空气弹簧工作时，胶囊内腔充入压缩空气，形成一个内腔空气柱。随着振动载荷的增加，弹簧的高度降低，内腔容积减小，弹簧的刚度增加，内腔空气柱的有效承载面积加大，此时弹簧的承载能力增加。当振动载荷减小时，弹簧的高

图 7-12　橡胶空气弹簧结构

度升高，内腔容积增大，弹簧的刚度减小，内腔空气柱的有效承载面积减小，此时弹簧的承载能力减小。这样，空气弹簧在有效的行程内，其高度、内腔容积、承载能力随着振动载荷的变化而变化，机械能对压缩空气做功（气囊吸收机械能），结果使振动发生了平稳的柔性传递，振动可以得到有效控制。另外，还可以用增、减充气量的方法，调整弹簧的刚度和承载力的大小；还可以附设辅助气室，实现自控调节。

空气弹簧具有如下特点：

1）弹簧高度、承载能力和弹簧刚度可任意调节。利用高度控制阀，可根据使用要求适当控制空气弹簧的高度，在载荷变化的情况下保持一定高度；对于相同尺寸的空气弹簧，改变内压，可得到不同的承载能力；改变气囊的内压可以改变弹簧刚度，从而保证在任何载荷下固有频率几乎不变。

2）固有频率低。空气弹簧与附加气室相连，可使其固有频率低至 0.5~3Hz。

3）具有黏性阻尼作用。在空气弹簧和附加气室之间加设一个节流孔，当发生振动时，空气流经节流孔产生能量损失，因而起到衰减振动的黏性阻尼作用。

4）使用寿命长。空气弹簧的耐疲劳性能优于金属弹簧许多倍。例如对车辆悬架系统中使用的空气弹簧和钢弹簧分别进行疲劳试验，钢弹簧在振幅 40mm、频率 2.7Hz 条件下仅振动数十万次就折断了，而空气弹簧则在相同条件下振动 500 万次后仍未破坏。

5）本体结构柔软，因此具有轴向、横向和旋转方向的综合隔振作用。

6）安装、更换方便，维护保养简单，无须经常检修。

目前，空气弹簧主要应用于高铁、地铁以及汽车等运载车辆的隔振中，带有空气弹簧的车辆悬架系统一般称为**空气悬挂**。图 7-13 所示为采用空气悬挂的国产 CRH380A 型动车组列车转向架，图 7-14 所示为带有空气悬挂的地铁列车，图 7-15 所示为带有空气悬挂的跨坐式单轨列车转向架示意图。

图 7-13 采用空气悬挂的国产 CRH380A 型动车组列车转向架[40]

图 7-14 带有空气悬挂的地铁列车[41]

图 7-15 带有空气悬挂的跨坐式单轨列车转向架示意图[42]

与传统钢制悬挂相比较，空气悬挂具有很多优势，最主要的一点就是，弹簧的弹性系数也就是弹簧的软硬能根据需要自动调节，因而拥有更高的操控性和舒适度。

7.5.4 钢丝绳隔振器

钢丝绳隔振器（见图 7-16）是由不锈钢钢丝绳穿绕在上、下两块夹板间，分别固定上、下部的两块夹板后，利用钢丝绳的弯曲而实现隔振功能的一种隔振器。它的刚度与阻尼取决于钢丝绳的直径、股绳数量、缠绕圈数以及钢丝绳被夹持的方式等。

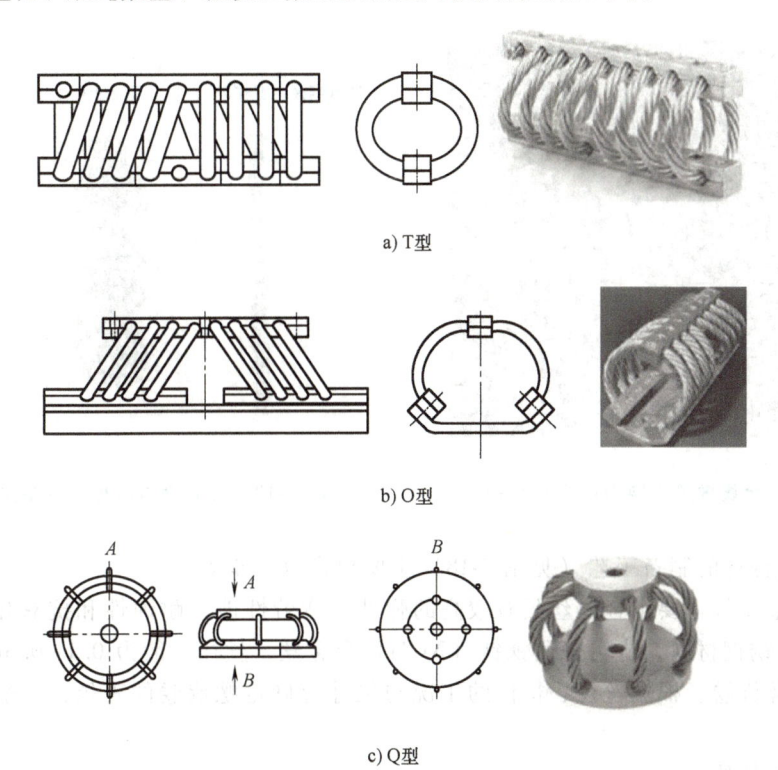

a) T型

b) O型

c) Q型

图 7-16　钢丝绳隔振器[43]

钢丝绳隔振器的优点：①具有优良的隔振和抗冲击性能；②利用钢丝之间的摩擦和变形产生的非线性阻尼，可以大幅度吸收振动能量；③渐软的刚度特性使得设备承受振动负载时，隔振器的变形小，而当遇到突发冲击时，又可以产生大变形，保证设备的正常工作；④可以在拉、压、剪、悬挂等多种受力状态下使用，具有三维隔振作用；⑤兼顾了隔振、缓冲、降低结构噪声的三大功能；⑥特有的绳结构，抑制了金属隔振器通常很难避免的高频驻波效应；⑦具有明显的非线性特性，在抗冲击、被动隔振等方面具有优良的特性。

钢丝绳隔振器的上述优点，使得其在航空、航天工程等领域的应用越来越广泛。

7.5.5 金属橡胶隔振器[44-46]

金属橡胶材料是一种匀质的弹性多孔材料，是用特定的工艺方法将一定数量的呈螺旋状态的金属卷，经过拉伸展开并有序地排放在冲压模具中，然后用冲压的方法而成形的一种新型功能性隔振材料。由于其内部结构具有金属丝相互交错勾连形成的空间网状结构，类似于橡胶的大分子结构，因而得其名，如图 7-17 所示。

采用金属橡胶材料的器件最早出现于 20 世纪 60 年代，美国首先将其用于军用飞机机载仪器设备的隔振与缓冲中。20 世纪 70 年代，俄罗斯萨马拉国立航空航天大学对击落的美军飞机上的金属橡胶构件进行了长期系统而深入的研究，成功地解决了航空航天环境下隔振、过滤、密封及节流等疑难国防关键技术难题，被誉为俄罗斯国防技术进步的功勋构件。

图 7-17　金属橡胶材料内部组织结构

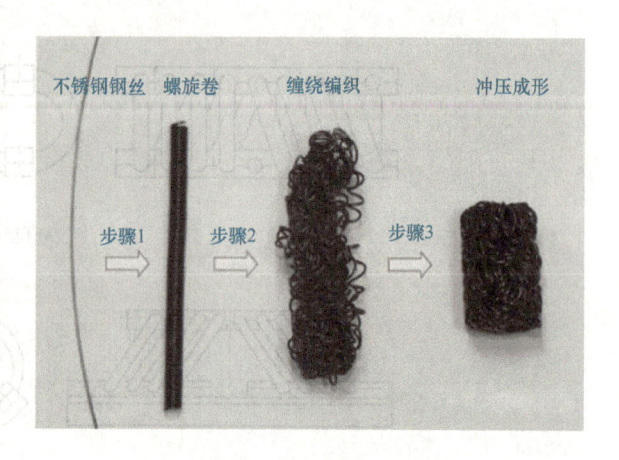

图 7-18　金属橡胶构件的制备工艺流程

金属橡胶构件的制备工艺（见图 7-18）主要包含以下步骤：

1）选择金属丝。要求金属丝具有较高的弹性、疲劳性能、耐蚀性和抗氧化性等。主要采用奥氏体不锈钢材料，也可采用镍钛（Ni-Ti）合金丝，丝径一般为 0.1~0.3mm。

2）绕制螺旋卷。根据丝径、构件的工况与尺寸等确定螺旋卷的直径，一般取金属丝丝径的 5~15 倍。

3）定螺距拉伸。

4）缠绕编织毛坯。

5）冲压成形。缠绕编织好的毛坯需经多次循环冲压压制成形。

6）后期处理。压制好的构件需进行清洗，此外根据构件的工作环境或性能要求，还往往进行敷膜（腐蚀环境）或热处理（调制硬度或塑性，消除残留应力等），以保证构件性能。

用金属橡胶材料制成的隔振器是一种新型隔振器（见图 7-19），它在承受振动激励时，一方面会由于金属丝间的摩擦、挤压、变形而消耗大量的振动能量，另一方面会由于在金属橡胶材料制作过程中的特殊工艺而使得金属丝处于塑性变形状态，因而存在着塑性变形能以及弹性后效作用。

图 7-19　金属橡胶构件与隔振器

金属橡胶具有重量轻、环境适应性强（耐高低温、耐腐蚀，适合恶劣环境工作）、阻尼高与弹性高、抗冲击能力强、工作周期长以及性能稳定等一系列优点，既可以充当隔振器，又可以作为减振部件，已成功用于空气轴承（见图7-20）、航天飞船返回舱内仪表、航空发动机和潜艇管路系统、导弹惯性平台、无人机光电平台、潜艇光电桅杆升降装置、鱼雷动力与发射装置、直升机发动机与旋翼系统、自行火炮闩体缓冲挡杆、卫星激光角反射器、探空火箭箭载探测设备的隔振或减振设计中，具有无可比拟的广阔应用前景。

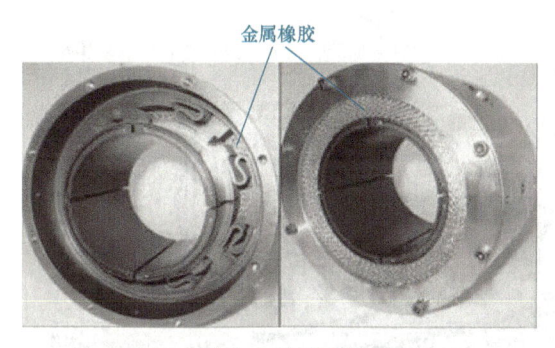

图 7-20　带有金属橡胶的空气轴承

7.6　隔振系统

由隔振器与振源设备或需要防振设备相连接所构成的物理系统即为**隔振系统**。从隔振系统结构来看，有单级隔振系统、双级隔振系统和浮筏隔振系统之分。

7.6.1　单级隔振系统

前面介绍的单自由度隔振系统属于典型的单级隔振系统，它是人们最早开始研究与应用的一种隔振系统，在工程领域有着广泛的应用（见图7-21）。其优点是结构简单、效果好、可靠性高，但缺点是不太适合低频重载设备的隔振。前面的隔振特性曲线（见图7-4）已经清楚地显示了当频率比大于$\sqrt{2}$时，系统才能取得较好的隔振效果。但当激励频率较低时，隔振器的刚度就比较低，难以保证重载设备的安装精度和系统稳定性。为了克服单级隔振系统的不足，双级隔振系统就应运而生了。

图 7-21　单级隔振系统的应用[47]

7.6.2　双级隔振系统

双级隔振系统（见图7-22）就是将上、下两级隔振器安装在振源设备与基础支承之间，并在两级隔振器之间插入一个中间质量块（即中间基座）。当系统受到激励时，一部分力被中间质量块平衡，使传递到基础的力变得更小。因此双级隔振系统具有更好的隔振效果，而且在减振、降噪、稳定性等方面远远优于单级隔振系统，在船舶工程、能源与动力工程等领域的重载机组隔振方面有着良好的应用。

下面就来看看双级隔振系统的隔振特性。图 7-23 所示为一典型的刚性基础双级隔振系统动力学模型。为了简单起见，假设上、下级隔振器的参数（刚度和阻尼值）保持相同。

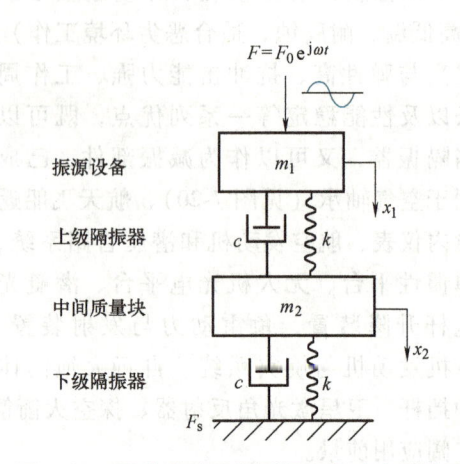

图 7-22　双级隔振系统的应用（源自网络）　　图 7-23　刚性基础双级隔振系统动力学模型

利用前面几章介绍的振动分析方法容易得到传递到基础上的力如下：

$$F_s = \frac{(k+j\omega c)^2 F}{(k+j\omega c)^2 - (k+j\omega c)(m_2+2m_1)\omega^2 + m_1 m_2 \omega^4} \tag{7-14}$$

则传递比表达式如下：

$$TR = \frac{|F_s|}{|F|} = \left| \frac{(1+j2\zeta\lambda)^2}{(1+j2\zeta\lambda)^2 - (1+j2\zeta\lambda)(\mu+2)\lambda^2 + \mu\lambda^4} \right|$$

$$= \frac{\sqrt{(1-4\zeta^2\lambda^2)+(4\zeta\lambda)^2}}{\sqrt{[1-(4\zeta^2+\mu+2)\lambda^2+\mu\lambda^4]^2 + [4\zeta\lambda - 2\zeta\lambda^3(\mu+2)]^2}} \tag{7-15}$$

式中，$\mu = \dfrac{m_2}{m_1}$，$\lambda = \dfrac{\omega}{\omega_1}$，$\zeta = \dfrac{c}{2m_1\omega_1}$，$\omega_1 = \sqrt{\dfrac{k}{m_1}}$。

式（7-15）可以看出双级隔振系统的传递比按照 $1/\omega^4$ 趋势快速衰减，而非单级隔振情形的 $1/\omega^2$。为了更好地展现双级隔振系统的隔振特性，图 7-24 给出了两种阻尼条件下的隔振特性曲线。为了对比方便，将质量比分别取为 $\mu=0$、1、10、20 四个值，其中 $\mu=0$ 可以看作相当于单级隔振情形（而并非真实的单级隔振，原有单级隔振是无下层隔振器的，隔振器刚度为 k，而此时的单级隔振只是中间质量块的质量为 0 的双级隔振特例，隔振器串联后的刚度变为 $k/2$）。

从图 7-24 可以看出：

1）对于 $\mu=0$ 的单级隔振情形（注：中间质量块的质量为 0 的双级隔振特例），当 $\lambda>1$ 时（而非 $\sqrt{2}$，是因为此时的系统刚度变为 $k/2$，而频率比仍采用原有无下层隔振器时的单级隔振系统的频率比）才有隔振效果。

2）随着质量比 μ 的增加，传递比衰减更快，隔振频带向低频移动，隔振效果也更显著。但由于此时系统变为双自由度系统，具有双共振峰表征，特别是二阶共振峰明显位于隔振区内，因此对隔振效果产生负面影响，这时可以利用增加阻尼的方法来予以改善。

对于双级隔振系统来说，增大阻尼不仅可以降低共振峰，而且可以显著提高隔振效果，前提是中间质量块的质量尽可能大，至少是振源设备质量的数倍以上。这一点与单级隔振特性存在明显的不同。

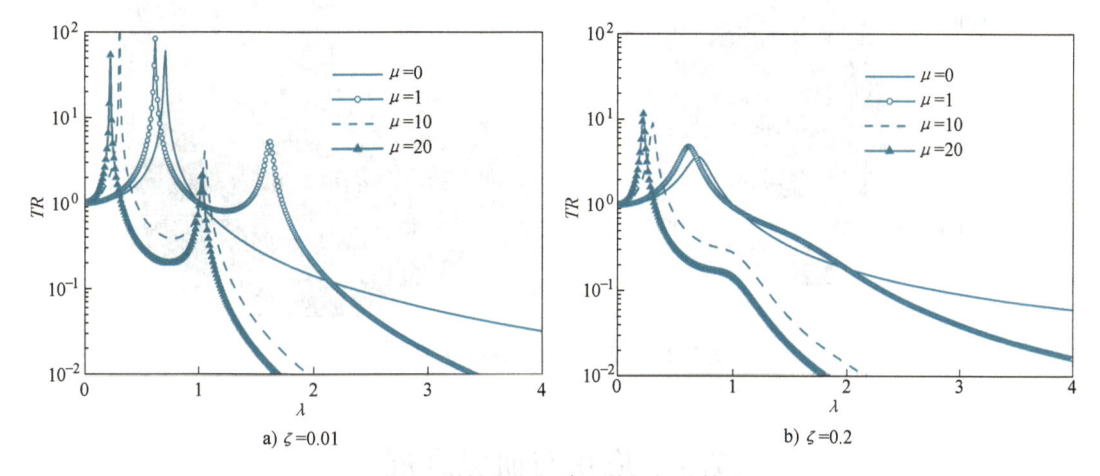

a) $\zeta=0.01$

b) $\zeta=0.2$

图 7-24　双级隔振系统下的隔振特性曲线

7.6.3　浮筏隔振系统

当有多个机械设备使用双级隔振系统进行振动隔离时，中间质量块的个数会大大增加，整个系统的质量也会迅速增大，这使得双级隔振系统的应用受到了限制。为此，将多个设备通过上级隔振器安装在一个公共的筏架上，再通过下级隔振器安装在基础上，形成了一种特殊的新型双级隔振系统（见图7-25），即浮筏隔振系统，中间的公共筏架称为**浮筏**（Floating Raft）。当浮筏隔振系统只有一个机组（振动源）时，浮筏隔振系统就成为双级隔振系统，所以双级隔振系统就是最简单的浮筏隔振系统。

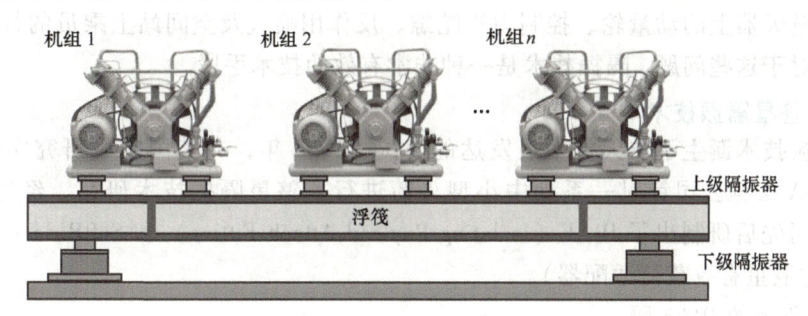

图 7-25　浮筏隔振系统示意图

浮筏隔振系统比一般隔振系统的隔振效果好，在军用和民用船舶工程领域得到了广泛的应用（见图7-26）。20世纪五六十年代，美国首先将浮筏技术应用到舰船上，并使潜艇的辐射噪声降低了30dB以上。俄罗斯在某舰艇上使用了框架式浮筏系统，将机组安装在工字梁框架式筏架上，而筏架用隔振器支撑在船体支撑座上，这样设备就不直接与船体接触而达到了控制机械噪声的目的。德国的某舰船由于采用了浮筏技术，隔振效果可达40dB，在水下的辐射噪声可以下降10dB以上。由于浮筏隔振系统具有良好的减振降噪效果，目前军用舰艇和民用船舶上已普遍采用该系统。

图 7-26　浮筏隔振系统应用[48,49]

7.7　应用与研究进展

目前，新型隔振器和隔振系统的应用与研究大多集中在航空、航天和船舶工程等国防军事领域，本节将以卫星和舰船为代表，对近年来涌现的新型隔振器和隔振系统予以介绍。

7.7.1　航天器隔振

空间开发及探测活动使航天器（如卫星、空间站、返回舱等）及其所携带的精密设备要经历极为复杂的力学环境。在升空和返回阶段，航天器要承受极为恶劣的声振和冲击载荷作用。有资料表明：约45%的航天器初期故障是由于升空阶段的声振载荷引起的。在轨运行阶段，航天器中许多科学试验或观测仪器要求轨道支撑平台具有超静意义上的力学环境条件，而现代航天器上的动量轮、控制力矩陀螺、反作用喷气及空间站上乘员的行走等都会构成扰动源。对于这些问题，隔振技术是一种非常有效的技术手段。

1. 卫星整星隔振技术[50-56]

整星隔振技术诞生于航天技术最发达的美国。1993年，在美国空军研究实验室的支持下，美国CSA工程公司针对一系列中小型火箭进行了整星隔振技术研究。经过20年的发展，CSA公司先后研制出了IPAF（Isolating Payload Attach Fitting）和SoftRide系列隔振系统（两者均被称卫星有效载荷适配器）。

图 7-27 所示的 IPAF 隔振系统，主要用来隔离 25~35Hz 频率范围内的横向振动。该系统由上层环、下层环、支柱、航天器衬垫和阻尼器五部分组成，其中四个阻尼器沿横向安装于上层环中。试验结果表明，该隔振系统能很好

图 7-27　IPAF 隔振系统[51]

地控制 20~40Hz 频率范围内的横向振动。但是，由于卫星质心距离隔振系统较远，加之 IPAF 的弯曲刚度比传统的隔振系统低，所以很容易使卫星发生水平摇摆，导致卫星与整流罩发生碰撞。这就要求隔振系统在提供隔振作用的同时，还要有较高的弯曲刚度。

图 7-28 所示的 SoftRide UniFlex 隔振系统，由一系列具有阻尼特性的钛合金弹性元件组成，每个弹性元件的内部附有约束层阻尼结构（见 9.3.3 节介绍），用于降低发射过程中纵向振动载荷对卫星的影响。其最大的特点是不改变原有结构，而且隔振系统的刚度和阻尼可以根据不同的发射任务进行调整。而图 7-29 所示的 SoftRide MultiFlex 隔振系统，则是为了同时降低横/纵向振动载荷对卫星的影响。其中，每个 MultiFlex 隔振元件由两个 UniFlex 隔振元件通过中心支柱串联而成，而且刚度和阻尼均可调。飞行遥测数据显示，SoftRide UniFlex 和 SoftRide MultiFlex 隔振系统不仅具有显著的隔振作用，而且对冲击和结构声载荷也有一定的抑制作用。

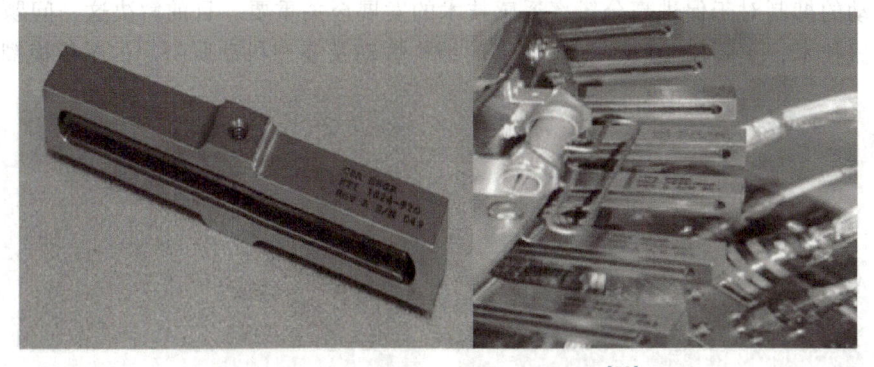

图 7-28　SoftRide UniFlex 隔振系统[52]

图 7-29　SoftRide MultiFlex 隔振系统[53,54]

为改善上述系统存在的空间占比高以及阻尼性能较低的缺点，CSA 公司又研制出一种 SoftRide OmniFlex 隔振系统（见图 7-30）。该隔振系统结构紧凑，能够实现多轴隔振。最大的特色是隔振元件两端"弯曲环（Flexure Loop）"的设计，这种设计的好处在于：①无论是横向振动载荷还是纵向振动载荷，都能引起"弯曲环"

图 7-30　SoftRide OmniFlex 隔振系统[55,56]

发生弹性变形；②"弯曲环"两侧附有约束层阻尼结构，当横/纵向振动载荷引起"弯曲环"发生弹性变形时，约束层阻尼结构就能够以能量耗散的形式对横/纵向振动进行抑制，从而实现多轴隔振；③"弯曲环"变形时引起的黏弹材料层的剪切变形，远大于 UniFlex 和 MultiFlex 系统隔振元件变形时引起的黏弹材料层的剪切变形，因此 OmniFlex 能够提供比 UniFlex 和 MultiFlex 更高的阻尼。目前，CSA 公司以 SoftRide OmniFlex 隔振系统作为该公司整星多轴隔振系统的主导产品。

2. 卫星在轨运行微振动隔离[57-62]

高分辨率卫星遥感技术是空间技术发展的一个重要方向，具有十分重要的商业价值与军事意义，是近年来各国竞相发展的高技术领域。然而卫星在轨运行中，反作用飞轮、低温制冷压缩机、太阳帆板驱动机构和调姿陀螺等的正常工作往往容易引发星体结构产生宽频、小振幅振动（简称微振动），对其上的光学敏感设备的成像质量造成影响（见图 7-31）。因此，卫星微振动的抑制对于促进高分辨率遥感技术的发展至关重要。目前解决这一问题的有效手段就是隔振技术，主要用于改善 1Hz 以上的结构振动及姿态抖动所引起的图像模糊。

a) 隔振前   b) 隔振后

图 7-31　卫星成像效果对比[57]

1965 年，德国人 Stewart 发明了六自由度并联机构（见图 7-32），当初是作为飞行模拟器用于训练飞行员。随后，人们经过数十年的不断深入研究，其应用领域也逐渐扩大，在运动模拟（如飞行模拟、空间对接等）、并联机床、精密定位、传感器技术、医用机器人和振动控制领域有着广泛的应用。

图 7-32　Stewart 并联机构示意图

Stewart 平台作为一种并联机构，负载平台（即上层平台）能做六自由度运动。它由上、下两个平台和六根并联的作动杆组成，每根作动杆通过球铰链或万向铰链与上、下平台相连，通过控制六根作动杆的杆长可实现上层平台的六自由度运动。

Stewart 平台独特的结构使其具有六自由度运动、结构紧凑、负载能力大、便于解耦等特点，适合作为星载精密光学设备的高精度和高稳定性隔振平台，大量的试验研究表明，Stewart 平台能够在卫星运行过程中作为隔振系统，保证卫星上的有效载荷或仪器设备正常工作，提高光学敏感设备的成像质量。

1998 年美国国家航空航天局开启了先进 X 射线天文设备（AXAF）的大型天体探测计划，用于观测超新星和类星体现象。为纪念美籍印度裔天体物理学家钱德拉塞卡，AXAF 更名为钱德拉 X 射线天文台，并作为 X 射线天文卫星的重要光学平台于 1999 年 7 月 23 日由哥伦比亚号航天飞机搭载升空。钱德拉 X 射线天文台比之前的 X 射线望远镜灵敏度提高了 20~50 倍，成像的能量范围也更宽广，所采集的高能 X 射线数据加深了人类对黑洞的认识。

图 7-33 所示为钱德拉 X 射线天文台的 RWIA 隔振平台（实际上就是一种 Stewart 被动隔振平台）及隔振效果，其中单个隔振器为阻尼杆。该平台可以有效地隔离动量轮产生的微振动，满足了高分辨率成像仪器对环境的要求，如图 7-33b 所示。

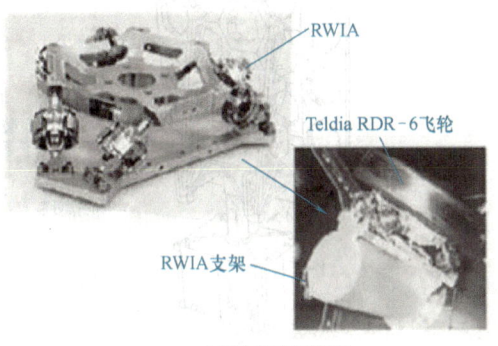

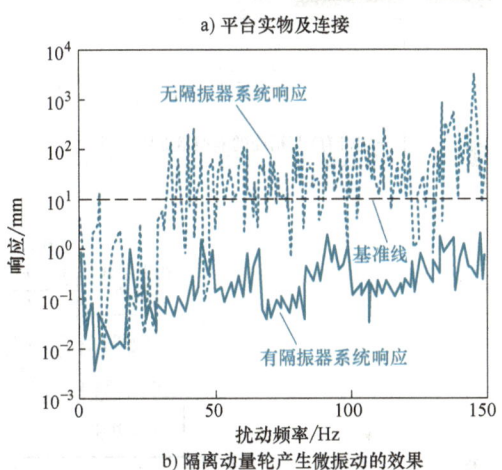

图 7-33 钱德拉 X 射线天文台的 RWIA 隔振平台及隔振效果[57,58]

为了对卫星反作用飞轮及光学载荷进行振动控制，美国 Northrop Grumman 空间系统公司为詹姆斯韦伯太空望远镜（James Webb Space Telescope，JWST，见图 7-34a）和太空干涉仪任务（Space Interferometry Mission，SIM，见图 7-34b），开发了一种带有约束阻尼层的柔

图 7-34 JWST 观测平台（左）和 SIM 飞行器（右）[60]

性梁双级隔振系统（见图7-35），隔振频率为5Hz，实践证明具有良好的效果。

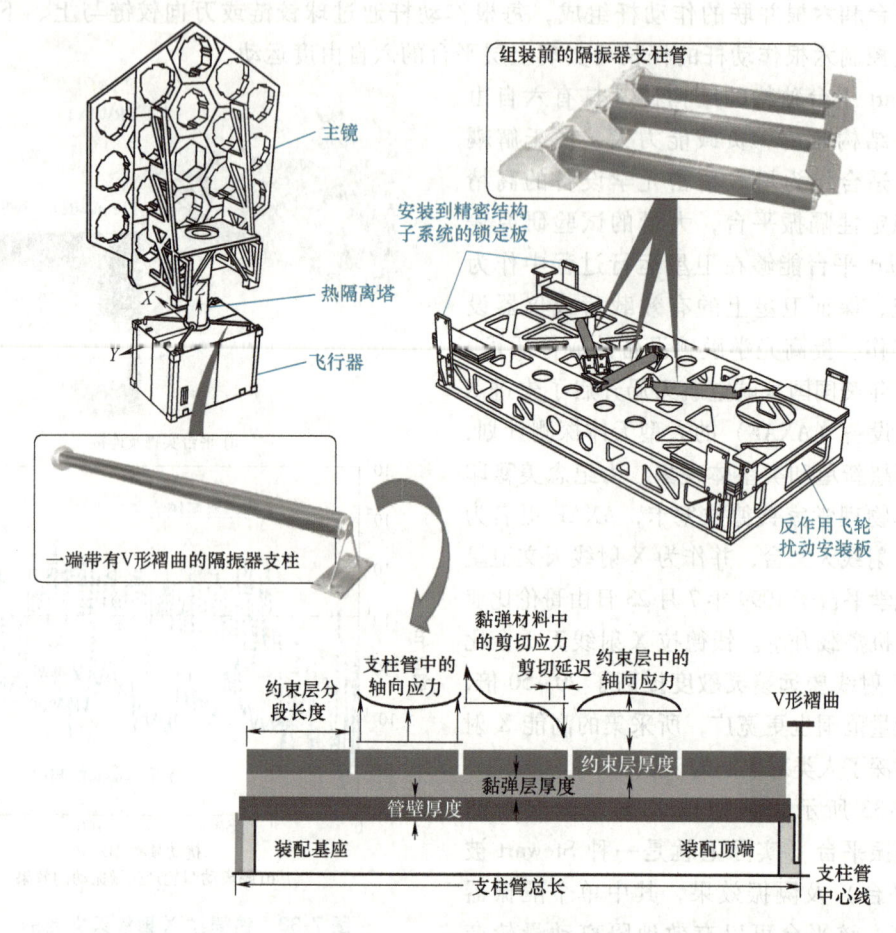

图7-35 JWST和SIM用的隔振器组件[60]

图7-36所示为美国CSA公司研制的SUITE（Satellite Ultraquiet Isolation Technology Experiment）主动隔振平台，用于对飞轮等扰动的隔离。它采用的也是Stewart平台，其中每个作动杆由主动隔振单元与被动隔振单元串联，主动隔振单元由压电陶瓷（PZT）元件作为作动与传感元件，可以实现对飞轮产生的微振动进行有效隔离。

图7-37所示为美国国家航空航天局喷气推进实验室（JPL）研制的柔性六自由度软式Stewart主动隔振平台，用于空间光学干涉仪和轨道干涉仪的精密隔振，主要隔离卫星反作用飞轮产生的微振动。该隔振平台的六根作动杆由音圈电动机与弹性元件并联组成，采用力传感器作为反馈，作动杆与上、下平台通过柔性铰链相连接，平台的转角频率为10～20Hz，主动控

图7-36 SUITE主动隔振平台[61]

制下的共振峰处传递比可以降低 20dB。

3. 准零刚度隔振技术[63-64]

准零刚度隔振技术，也称正负刚度机构并联隔振技术，是一项新兴的超低频隔振技术。其基本思想是利用正刚度单元（即传统的被动隔振器，如金属弹簧或气囊等）与具有负刚度特性的单元（如欧拉压杆、倒立摆或永磁负刚度机构等）的并联组合，使系统具有高的静态刚度和极低的动态刚度。高的静态刚度使得系统的静变形量很小，不影响承载性能，提高稳定性；而极低的动态刚度可以保证系统具有极低的固有频率，从而扩大隔振频带，实现超低频隔振。

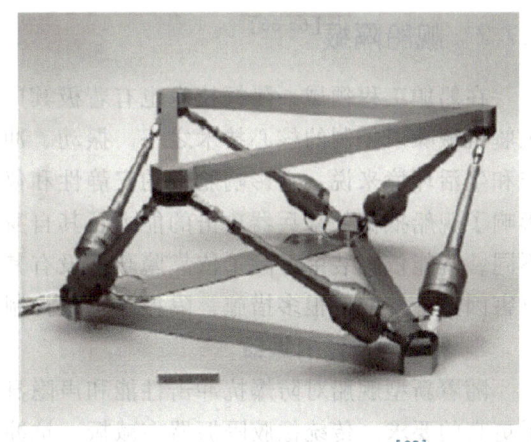

图 7-37 JPL 主动隔振平台[62]

图 7-38 所示为美国 Minus K 公司研制的运用正负刚度机构并联技术的超低频隔振器。其中垂向隔振机构由螺旋弹簧和存在预紧力的水平压杆（即欧拉压杆）负刚度机构并联构成，水平压杆中存在轴向预紧力，其末端与负载相连，降低垂向的动态刚度的同时又不影响弹簧的静变形量。而水平隔振机构由四根倒立摆杆构成，倒立摆杆自身刚度构成了水平方向的正刚度，负载重力在水平方向上的分力构成了负刚度特性。该型隔振器的垂向和水平方向的固有频率可以达到 0.5Hz 或更低。

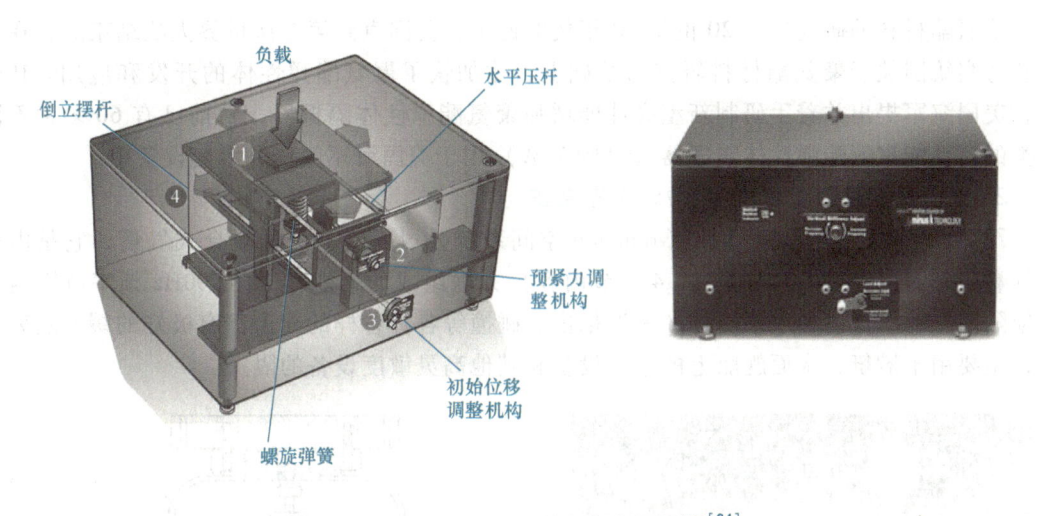

图 7-38 Minus K 公司的超低频隔振器[64]

准零刚度隔振技术在航天领域也得到了应用，美国国家航空航天局兰利研究中心于 20 世纪末在为某航天飞行器研制隔振器时采用了这一技术。最低隔振频率达到 10Hz 以下，且在 1~300Hz 内无谐振频率，而在有效载荷作用下的变形量也很小。它的突出优点是当航天器发射和处于零重力加速度状态时安装在其上的设备都很平稳，且对振动与冲击有十分理想的隔离能力。

7.7.2 舰船隔振[65-66]

在船舶工程领域，隔振技术也有着极其广泛的应用，尤其在舰艇隐身技术方面，已成为舰艇机械噪声控制的核心技术之一。振动、冲击和噪声都是舰船上有害的因素，从艇员的工作和生活环境来说，它影响舱室的安静性和仪器、仪表的工作环境。从战术性能上来说，它影响了舰船抵御外来兵器攻击的能力及其自身的隐蔽性。尤其对于潜艇而言，它与水面舰船不同，不能依赖装甲，除了依靠隐蔽外没有其他防护。因此，许多国家都在消除和隔离这些有害因素上采取了很多措施，隔振技术是抑制这些有害因素的公认的最主要措施之一。

1. 船用聚氨酯隔振器

随着新型舰船对防爆抗冲击性能和声隐身性能的要求越来越高，对隔振器的性能也提出了更高的要求。传统橡胶隔振器在减振、抗冲击和使用寿命等性能方面存在着不可调和的矛盾，不能满足新型舰艇、潜艇的减振抗冲击设计要求。因此，研制新型具有大变形能力、良好的减振和抗冲击性、较长使用寿命的高性能聚氨酯弹性体隔振器是非常有必要的。

聚氨酯材料的特点是：①硬度范围更广，在邵氏 A10 到邵氏 D80 范围内，伸长率可达 400%～800%；②具有高强度和伸长率，强度是橡胶的 2～3 倍；③伸长率随硬度增大而变小，但是变化比橡胶小；④撕裂强度比橡胶高，耐油性能优于丁腈橡胶，耐天然老化性能优于天然橡胶和其他合成橡胶，且具有一定耐臭氧、耐辐射性能。因此，针对舰船的高温、高湿、高盐和高油的使用环境，将聚氨酯应用于舰船隔振，不仅可以大大提高舰用隔振器的综合性能，而且能够解决传统橡胶隔振器大变形能力差、固有频率偏高、使用寿命不足等技术难题。

聚氨酯材料的研究始于 20 世纪 30 年代的德国，美国直到第二次世界大战结束后，在借鉴和考察德国关于聚氨酯材料研究的基础上，才加快了聚氨酯弹性体的开发和应用。1998 年，美国海军提出并着手研制新型高性能增强聚氨酯弹性体隔振器，目前已有 60 多种不同种类的高性能聚氨酯弹性体隔振器（见图 7-39）用于美国海军舰艇和潜艇设备中。

2. 复合式气囊与混合式主/被动隔振系统

图 7-40 所示为美国 Northrop Grumman 空间系统公司发明的一种复合式气囊，它是由普通气囊与磁流变阻尼器（详见 11.4.5 节内容）并联组成的，能在 10～200Hz 频率范围内有效地隔离振动。对诸如水下爆炸、海浪拍击、碰撞等各种各样的冲击都有极好的缓冲隔离作用，主要用于潜艇、水面舰船上的电子设备和其他高灵敏度设备的隔振。

图 7-39 重型聚氨酯弹性体隔振器[66]

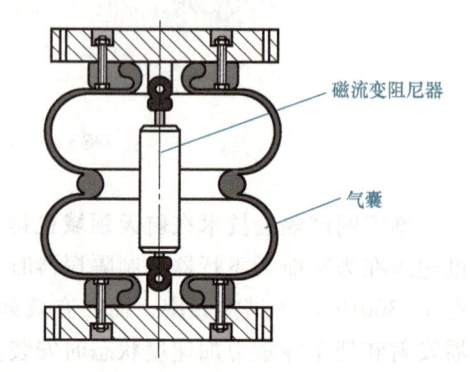

图 7-40 复合式气囊[66]

图 7-41 为荷兰 TNO 公司专门为船用柴油机和减速器设计的混合式主/被动隔振系统的示意图，其隔振性能突出，应用到潜艇的发动机上，可以消除或减小潜艇水下辐射噪声中的特征成分，提高潜艇的静音性。

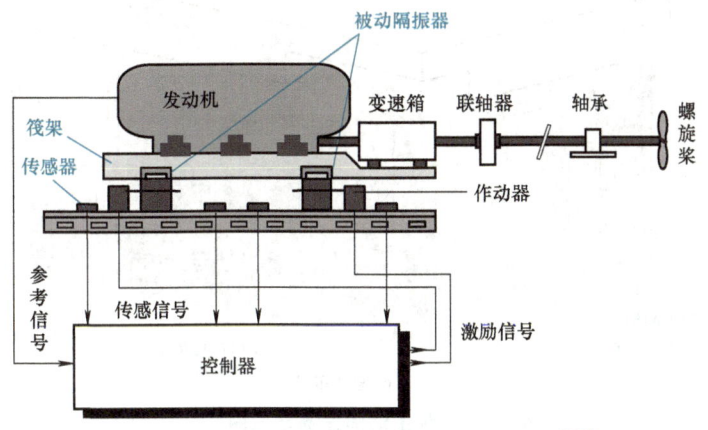

图 7-41 混合式主/被动隔振系统的示意图[66]

7.8 工程应用实例

7.8.1 纳米光刻机平台超低频隔振[63]

45nm 光刻机需要 VC-F 甚至 VC-G 级的微振动环境，要求隔振系统固有频率低至 1Hz。传统的隔振系统存在低固有频率与高承载力相矛盾的问题，为此，本例采用准零刚度隔振技术配合主动控制技术研制了一款超低频主动隔振器，如图 7-42 所示。

为了实现光刻机平台六自由度隔振，采用 3 个隔振器共同支撑。其中，位移传感器用来检测支撑板和底板之间的相对位移，反馈给电动机和伺服阀，用以维持两者的相对位置稳定性。速度传感器采用了具有极低固有频率的磁电式速度传感器，用来测量负载上的绝对速度，作为反馈系统的信号输入。非接触式的洛伦兹电动机用来对负载施加主动力，通过反馈

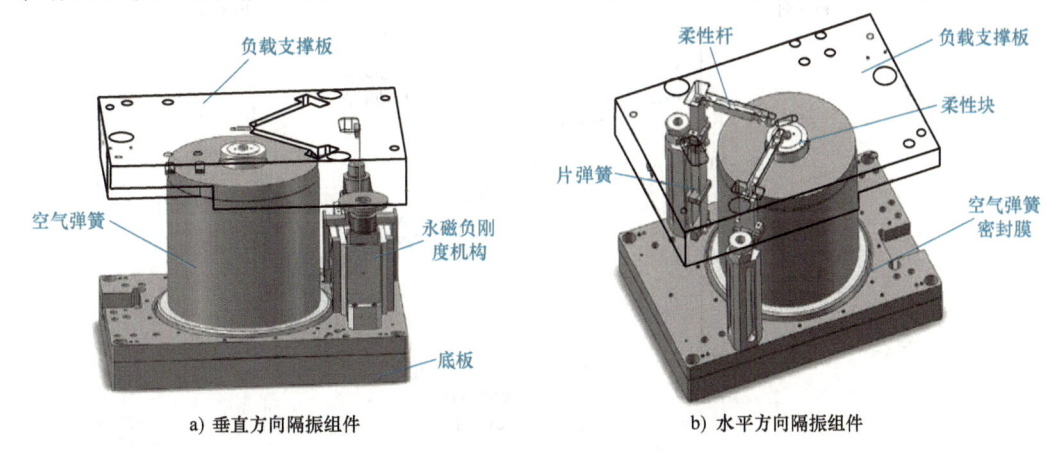

a) 垂直方向隔振组件   b) 水平方向隔振组件

图 7-42 超低频主动隔振器示意图[63]

c) 总体布局

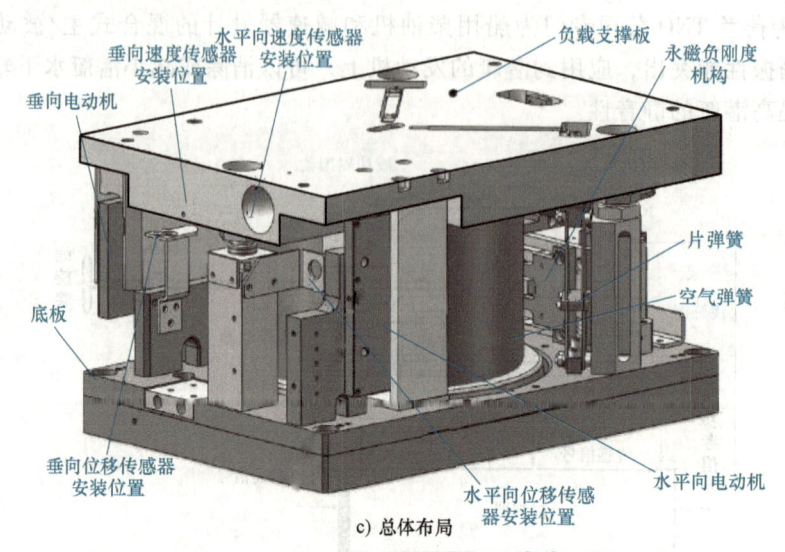

图 7-42 超低频主动隔振器示意图[63]（续）

控制，改变隔振系统的力学性能，提高其隔振能力。垂向隔振组件由空气弹簧与永磁负刚度机构并联构成，水平向隔振组件由空气弹簧等效的倒立摆与片弹簧并联构成。

图 7-43 所示为隔振系统样机的隔振性能测试结果，可以看出该隔振系统的隔振效果显

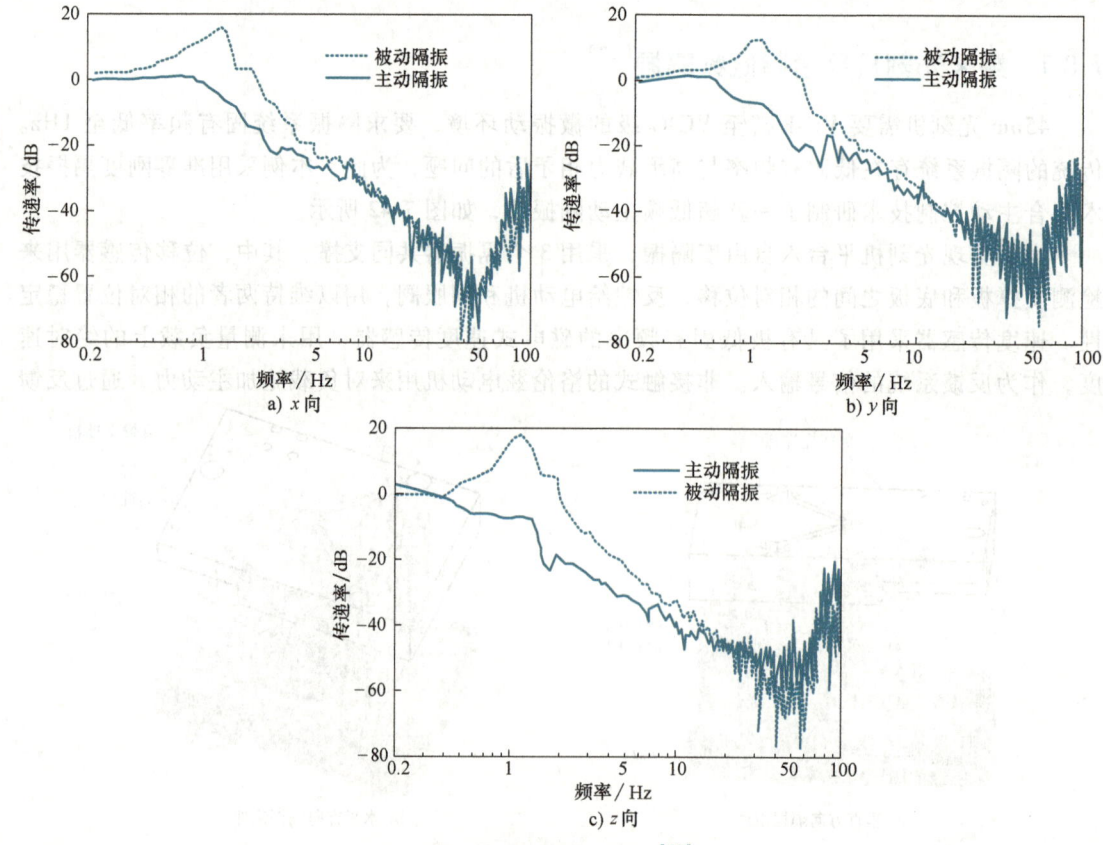

a) x 向

b) y 向

c) z 向

图 7-43 隔振效果对比[63]

著，高于 2Hz 频段，传递率低于-20dB；高于 10Hz 频段，传递率低于-40dB。而且系统在 3 个方向上的固有频率均在 1Hz 左右，满足纳米光刻机平台超低频隔振性能的要求。

7.8.2 光学遥感卫星微振动隔离[67]

光学遥感卫星（见图 7-44）使用各种焦距的可见光照相机、红外照相机和多光谱照相机从宇宙空间对地球环境进行摄影，以取得大量有研究价值的地球照片和资料，具有十分重要的商业价值与军事意义。卫星在轨运行期间的微振动环境，往往对光学相机的成像质量产生影响。

本例中，某遥感卫星在研制过程中进行成像测试，由于红外扫描仪扫摆机构产生的微振动，使得可见光相机图像出现抖动，为此拟采取隔振技术来解决。根据卫星结构空间和安装要求，选取无间隙全向金属弹簧和涡流阻尼器并联组成隔振器置于红外扫描仪和星体结构之间，采用四个安装脚直列安装的形式。另外采用记忆合金（详见 11.4.3 节内容）驱动解锁器在发射阶段对隔振器进行防护。

加入隔振器前后可见光相机安装面的加速度响应如图 7-45 所示。隔振后最高加速度峰值由原来的 $1.71\times10^{-6}g^2/Hz$ 降为 $4.76\times10^{-9}g^2/Hz$，是原来的 0.28%，降低到原来的 7.05%，造成相机图像扰动的主要微振动成分得到了有效隔离，光学系统的振动环境得到明显改善。

另外，由图 7-46 所示的红外扫描仪开机时可见光相机隔振前后的成像效果对比，可以

图 7-44　光学遥感卫星（源自网络）

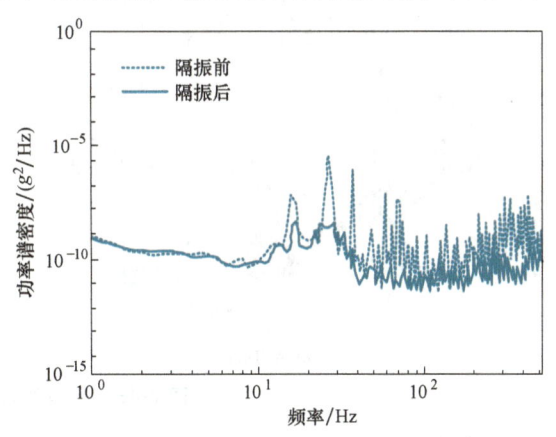

图 7-45　相机安装面的加速度响应[67]

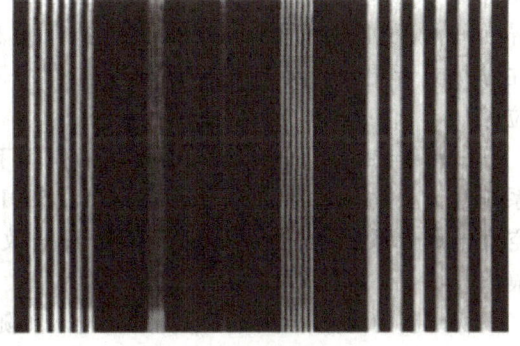

a) 隔振前　　b) 隔振后

图 7-46　可见光相机隔振前后的成像效果对比[67]

看出，加入隔振器后，图像质量得到明显改善。隔振前，相机图像抖动幅度约为30像元，而隔振后相机图像未见明显抖动，抖动幅度下降至0.5像元以内。

7.8.3 机载光电吊舱隔振[68]

机载光电吊舱（见图7-47）是航空侦察的主要设备，它是一种利用光电载荷对地面目标进行搜索、识别、定位与跟踪的航空探测监视系统，以获得高质量的图像。制约机载光电吊舱成像质量的主要因素是载机的振动。

本例中，为提高机载光电吊舱成像系统的清晰度和分辨力，对光电吊舱进行了隔振设计。图7-48所示为无角位移隔振系统，主要由固定底板、承接板、导轨、压板、连杆、阻尼材料及隔振器等组成，它通过固定底板与承接板分别与载机和光电吊舱相连。

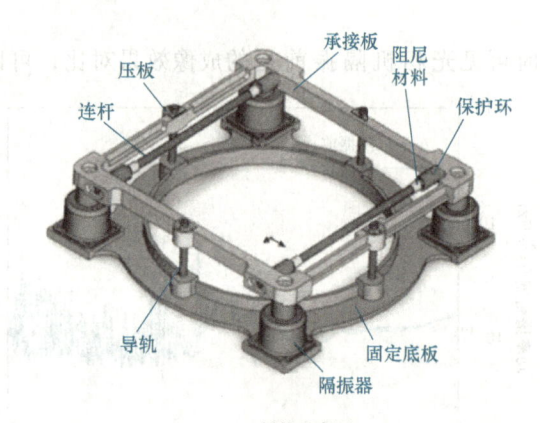

图7-47 机载光电吊舱（源自网络）

a) 结构示意图 　　　　b) 实物照片

图7-48 无角位移隔振系统[68]

通过对振动矢量进行分解，在3个运动方向上用导轨将角位移转换成线位移，并利用隔振器对线振动进行抑制，这样就起到了无角位移隔振的作用。实际上，由于存在导轨间隙及机构变形，会产生一定的角位移，所以无角位移是相对的，把角位移控制在秒级或者更小，使得成像系统在工作中不受角位移的影响，这样就可以认为是无角位移。

试验结果表明，在2g的正弦激励作用下，在20~100Hz频率范围内，无角位移隔振系统最大振动角位移为10″；而在100~500Hz频段，最大振动角位移为8″，完全满足航空光电成像系统的总体要求，角振动隔振效果提高了一个数量级，基本实现了无角位移隔振。

所研制的无角位移隔振系统的光电吊舱随无人机共进行了3个架次的定型考核试飞，得益于无角位移隔振系统的良好隔振效果，光电吊舱在工作中能够一直保持稳定、清晰的成像，如图7-49所示。外场试飞效果验证了无角位移隔振系统的有效性。

图 7-49 外场试验图像[68]

7.8.4 海洋平台隔振[69]

海洋平台是海洋石油天然气资源开发的基础性设施,是海上生产作业的重要基地,长期处于恶劣的海洋环境中,受风、浪、流、海冰、地震等自然环境作用,在使用过程中存在明显持续不断的振动问题。

导管架式海洋平台(见图 7-50)是浅海海洋平台的主要结构形式,由导管架和上部甲板两部分组成。导管架由打入海底的桩基固定,起支撑作用。上部甲板是平台的工作和生活空间。导管架式海洋平台所处的海洋环境具有明显的动力载荷特性,其中波浪和地震是两种典型的动力载荷。为了减小海洋动力载荷对导管架及上部甲板的振动影响,通常采用隔振处理,即在导管架端帽与上部甲板之间设置具有耗能效果的阻尼隔离层,如图 7-51 所示。

图 7-50 导管架式海洋平台[69] 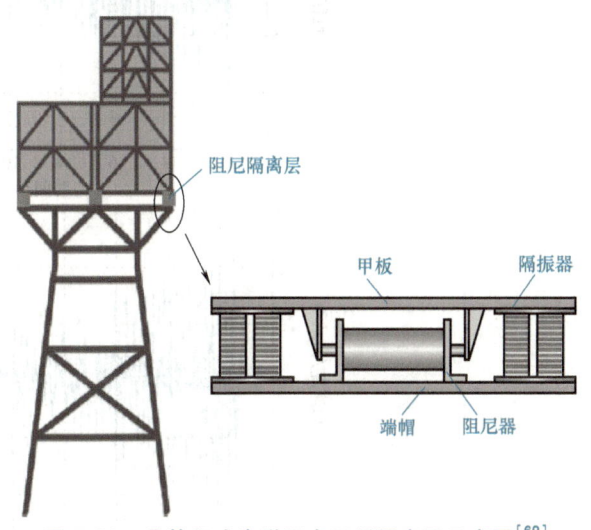　　图 7-51 导管架式海洋平台阻尼隔离层示意图[69]

本例中,为了便于研究,制作了某浅海导管架海洋平台的 1:10 微缩模型(见图 7-52),并设计了具有阻尼耗能和隔振双重作用的阻尼隔离层(见图 7-53),将微缩模型置于振动台上,输入信号为经典地震信号 Taft 1952 N21E（即1952年美国加利福尼亚州塔夫脱地震实录信号），在实验室条件下测量了平台模型端帽的位移响应和甲板的加速度响应时间历程，如图7-54所示，可以看出阻尼隔离层具有显著的隔振效果。

图 7-52　导管架海洋平台1∶10微缩模型[69]

图 7-53　导管架海洋平台模型的阻尼隔离层[69]

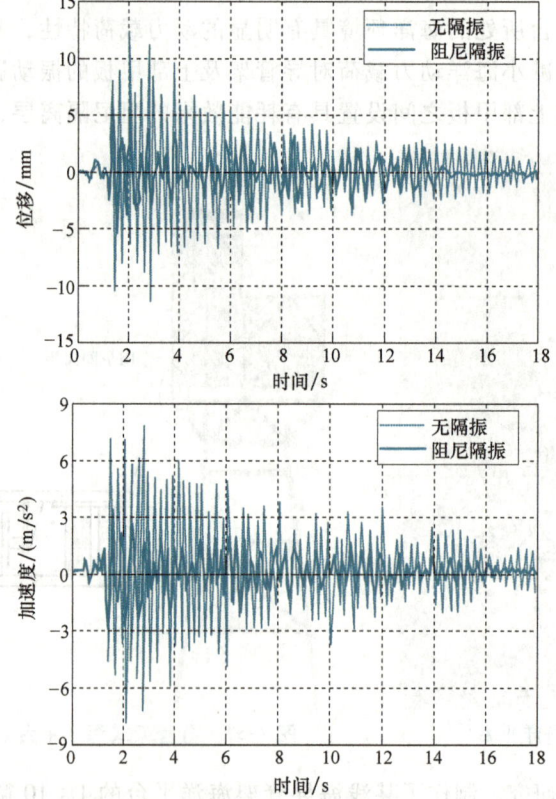

图 7-54　平台模型端帽位移响应（上图）和甲板加速度响应（下图）[69]

第8章

动力吸振技术

8.1 引　言

当机器设备受到激励而产生振动时，可以在设备上附加一个辅助系统（由辅助质量、弹性元件和阻尼元件组成）。当设备（主系统）振动时，这个辅助系统也随之振动，利用辅助系统的动力作用，使其施加到设备上的动力与激振力互相抵消，使得设备的振动得到抑制，这种振动控制技术称为**动力吸振技术**（又称动力减振技术），所附加的辅助系统称为**动力吸振器**（Dynamic Vibration Absorber，DVA），又称可调谐质量阻尼器（Tuned Mass Damper，TMD）。

上述辅助系统如果仅由辅助质量和弹性元件组成时，称为无阻尼动力吸振器；既有辅助质量和弹性元件又有阻尼元件的辅助系统称为有阻尼动力吸振器。

动力吸振技术最早始于1909年的一项美国专利，公开报道见于1928年的美国ASME会刊，1940年Hartog在其第1版《机械振动》一书中对该技术进行了详细的介绍[70]，之后迅速被工程界所关注，目前已发展成为一项成熟的减振技术，在很多工程领域得到了广泛的应用，其中最具有代表性的应用是台北101摩天大楼上使用的动力吸振器（图8-1），用来抵抗风致振动的影响。

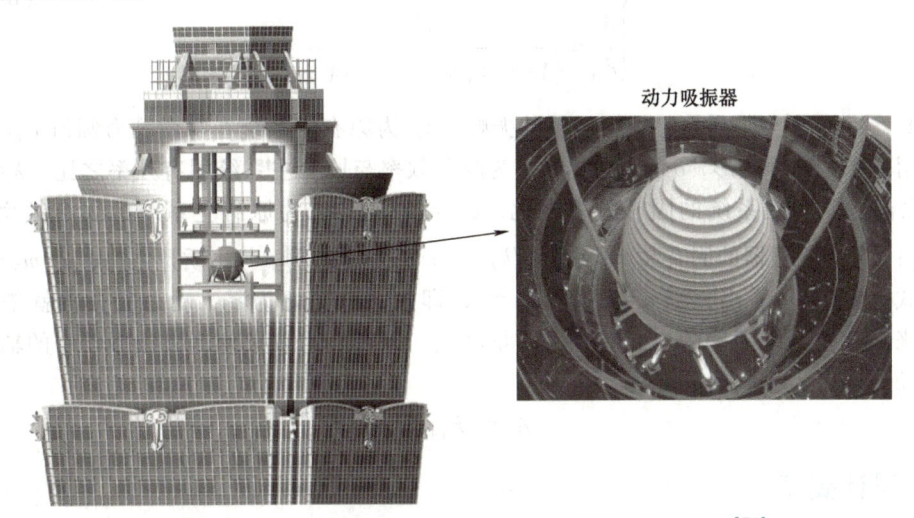

图8-1　安装动力吸振器的台北101摩天大楼顶部示意图[71]

本章主要对传统被动式无阻尼和有阻尼动力吸振器的基本原理及设计要点予以介绍，对动力吸振技术的应用与研究进展进行概述，并给出工程应用实例。

8.2 无阻尼动力吸振器

8.2.1 基本原理

图 8-2 所示为无阻尼动力吸振系统的动力学模型,图中主系统的设备质量(主质量)为 m_1,激励力为 $F_{1A}\mathrm{e}^{\mathrm{j}\omega t}$,主系统的刚度为 k_1;动力吸振器的质量(辅助质量)为 m_2,刚度为 k_2。易知,原有主系统安装动力吸振器后,由一个单自由度系统变成了一个 2 自由度系统,其强迫振动的运动微分方程为:

$$\begin{pmatrix} m_1 & 0 \\ 0 & m_2 \end{pmatrix} \begin{pmatrix} \ddot{x}_1 \\ \ddot{x}_2 \end{pmatrix} + \begin{pmatrix} k_1+k_2 & -k_2 \\ -k_2 & k_2 \end{pmatrix} \begin{pmatrix} x_1 \\ x_2 \end{pmatrix} = \begin{pmatrix} F_{1A}\mathrm{e}^{\mathrm{j}\omega t} \\ 0 \end{pmatrix} \quad (8\text{-}1)$$

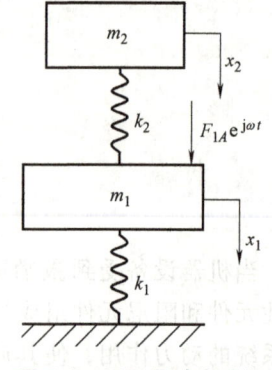

图 8-2 无阻尼动力吸振系统的动力学模型

利用频响函数法求系统的稳态响应,易得系统的频响函数矩阵为

$$\boldsymbol{H}_{\mathrm{d}}(\omega) = (\boldsymbol{K}-\omega^2\boldsymbol{M})^{-1} = \frac{1}{(k_1+k_2-m_1\omega^2)(k_2-m_2\omega^2)-k_2^2} \begin{pmatrix} k_2-m_2\omega^2 & k_2 \\ k_2 & k_1+k_2-m_1\omega^2 \end{pmatrix} \quad (8\text{-}2)$$

经计算整理后易得主质量和辅助质量的相对振幅分别为:

$$\begin{cases} \dfrac{A_1}{\delta_{\mathrm{st}}} = \dfrac{\alpha^2-\lambda^2}{(1-\lambda^2)(\alpha^2-\lambda^2)-\mu\lambda^2\alpha^2} \\ \dfrac{A_2}{\delta_{\mathrm{st}}} = \dfrac{\alpha^2}{(1-\lambda^2)(\alpha^2-\lambda^2)-\mu\lambda^2\alpha^2} \end{cases} \quad (8\text{-}3\mathrm{a},\mathrm{b})$$

式中,A_1,A_2 分别为主质量、辅助质量的振幅;δ_{st} 为原有主系统在与激励力幅值 F_{1A} 相等的静力作用下产生的静变形,$\delta_{\mathrm{st}} = F_{1A}/k_1$;$\lambda$ 为激励频率与原有主系统固有频率之比,$\lambda = \omega/\omega_1$;$\alpha$ 为吸振器与原有主系统的固有频率之比,$\alpha = \omega_2/\omega_1$;$\omega_1$ 为原有主系统的固有频率,$\omega_1 = \sqrt{k_1/m_1}$;$\omega_2$ 为吸振器的固有频率,$\omega_2 = \sqrt{k_2/m_2}$;$\mu$ 为辅助质量与主质量之比,$\mu = m_2/m_1$。

从式(8-3)可看出,当 $\alpha = \lambda$ 时,$A_1 = 0$,即主系统振幅为零,动力吸振器就是利用这一特性来消除主系统振动的。此时,主质量静止,外激励力仅仅使动力吸振器中的辅助质量产生振动,其最大振幅为:

$$A_2 = -F_{1A}/k_2 \quad (8\text{-}4)$$

8.2.2 设计要点

在设计无阻尼动力吸振器时,应注意考虑以下问题:

1)为了消除原有主系统的共振振幅,应使吸振器的固有频率 ω_2 等于主系统的固有频率 ω_1,即 $\alpha = 1$,则当 $\lambda = \alpha = 1$ 时,由式(8-3a)可知主系统的共振振幅 $A_1 = 0$,即达到减振的目的。

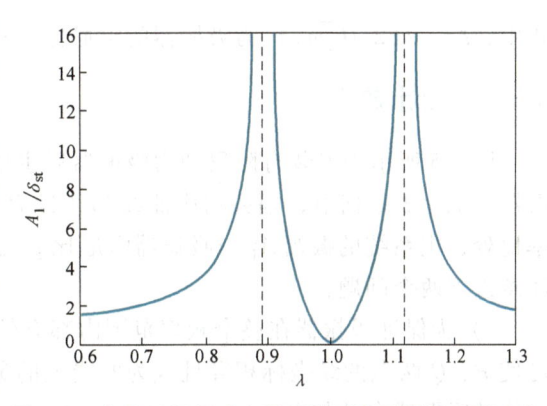

2）注意扩大吸振器的减振频带。由图 8-3 可以看到，按 1）设计的吸振器，虽然消除了主系统原有的共振振幅（当 $\lambda=1$ 时），但在原共振点附近的 λ_1 和 λ_2 处，又出现了两个新的共振点。由式（8-3a）很容易求得 λ_1 和 λ_2 的值｛令式（8-3a）分母为 0，可得 $\lambda_{1,2}=\sqrt{[2+\mu \mp \sqrt{(2+\mu)^2-4}]/2}$｝，它们只与质量比 μ 有关。考虑到外部激励频率往往有一定的变化范围，为了使主系统能够安全地运转在远离新共振点的范围内，要求这两个新共振点相距越远越好，一般要求 $\mu>0.1$。若主系统上还作用有其他不同频率的激励力，还需校核这些激励力是否在新的共振点处发生共振。

图 8-3 安装无阻尼动力吸振器后主质量的幅频响应

3）应考虑吸振器的振幅 A_2 能否满足结构空间要求。由式（8-3b）可知，若按 1）的要求，取 $\alpha=1$，可能导致 A_2 过大，辅助质量 m_2 在吸振器内的活动空间不够。由式（8-4）可知，增大 k_2 可使 A_2 减小。因此适当调整 m_2 与 k_2 的比例，并相应地增加 m_2 较为有利。

综上所述，无阻尼动力吸振器结构简单，元件少，减振效果好。但减振频带窄，主要适用于激振频率变化不大的情况。

8.3 有阻尼动力吸振器

8.3.1 基本原理

在上述无阻尼动力吸振器中，加入适当的阻尼，就构成了有阻尼动力吸振器。它除了具有动力吸振作用外，还可利用阻尼消耗振动能量，使得减振效果更好，还可使减振频带加宽，具有更广的适用范围。

图 8-4 所示为有阻尼动力吸振系统的动力学模型。与图 8-1 相比可知，辅助质量 m_2 与主质量 m_1 之间除了弹性元件 k_2 外，还加入了阻尼元件 c_2，则相应的运动微分方程为：

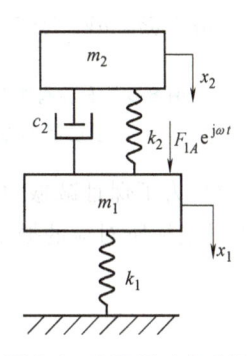

$$\begin{pmatrix} m_1 & 0 \\ 0 & m_2 \end{pmatrix} \begin{pmatrix} \ddot{x}_1 \\ \ddot{x}_2 \end{pmatrix} + \begin{pmatrix} c_2 & -c_2 \\ -c_2 & c_2 \end{pmatrix} \begin{pmatrix} \dot{x}_1 \\ \dot{x}_2 \end{pmatrix} + \begin{pmatrix} k_1+k_2 & -k_2 \\ -k_2 & k_2 \end{pmatrix} \begin{pmatrix} x_1 \\ x_2 \end{pmatrix} = \begin{pmatrix} F_{1A} e^{j\omega t} \\ 0 \end{pmatrix}$$

(8-5)

图 8-4 有阻尼动力吸振系统的动力学模型

同样利用频响函数法可求得主质量和辅助质量的相对振幅分别为：

$$\begin{cases} \left(\dfrac{A_1}{\delta_{st}}\right)^2 = \dfrac{(\alpha^2-\lambda^2)^2+(2\zeta\alpha\lambda)^2}{[(1-\lambda^2)(\alpha^2-\lambda^2)-\mu\lambda^2\alpha^2]^2+(2\zeta\alpha\lambda)^2(1-\lambda^2-\mu\lambda^2)^2} \\ \left(\dfrac{A_2}{\delta_{st}}\right)^2 = \dfrac{\alpha^4+(2\zeta\alpha\lambda)^2}{[(1-\lambda^2)(\alpha^2-\lambda^2)-\mu\lambda^2\alpha^2]^2+(2\zeta\alpha\lambda)^2(1-\lambda^2-\mu\lambda^2)^2} \end{cases}$$

(8-6)

式中，$\zeta = c_2/(2\sqrt{k_2 m_2})$ 为吸振器的阻尼比，其他参数的含义同前。

8.3.2 设计要点

图 8-5 所示为安装有阻尼动力吸振器后主质量的幅频响应，由图 8-5 可以看出，无论吸振器阻尼比 ζ 取何值，幅频响应曲线都经过 P 和 Q 两点。也就是说，在这两点所对应的频率比处，主系统的振幅 A_1 与吸振器阻尼比 ζ 无关。因此，在设计有阻尼动力吸振器时，应注意以下两个问题：

1）为保证吸振器在整个频率范围内都有较好的减振效果，在设计吸振器参数时，应满足使 P、Q 两点的纵坐标相等且成为曲线上的最高点的条件（见图 8-6）。为满足这一条件，最优的吸振器参数如下：

$$\alpha_{\text{opt}} = \frac{1}{1+\mu}, \quad \zeta_{\text{opt}}^2 = \frac{3\mu}{8(1+\mu)} \tag{8-7a，b}$$

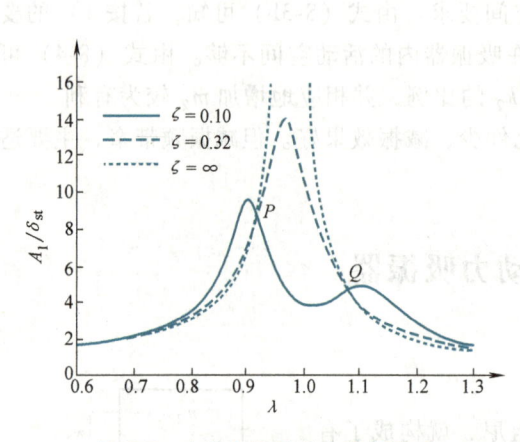

图 8-5 安装有阻尼动力吸振器后主质量的幅频响应

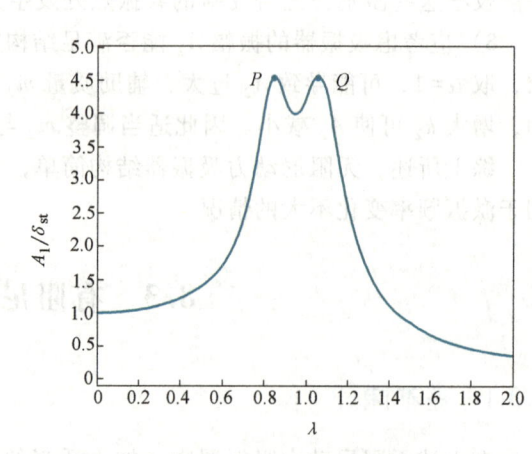

图 8-6 安装有阻尼动力吸振器后主质量的幅频响应
（$\mu = 0.1$，$\alpha = \alpha_{\text{opt}}$，$\zeta = \zeta_{\text{opt}}$）

2）为了保证减振效果达到预定的要求，在满足上述最佳参数的情况下，还应使 P 和 Q 两点纵坐标所对应的振幅小于允许的振幅，即

$$A_{1,P} = A_{1,Q} = \delta_{\text{st}} \sqrt{1 + \frac{2}{\mu}} < A_{\text{允许}} \tag{8-8}$$

根据以上公式，可得出有阻尼动力吸振器的设计步骤大致如下：

1）根据主系统所受激励大小及减振后的振幅允许值，根据式（8-8）选取合适的质量比 μ，从而得到吸振器质量 m_2。

2）由式（8-7a）求出最佳频率比 α_{opt}，根据 α_{opt} 和 m_2 求出吸振器弹簧刚度 k_2。

3）由式（8-7b）算出最佳阻尼比 ζ_{opt} 及相应的阻尼系数 c_2。

4）最后根据吸振器弹性元件的最大位移验算其强度。

经过以上步骤，一个有阻尼动力吸振器的所有参数就全部设计完成，需要注意的是，在实际应用中还需根据实际情况进行综合分析并进行性能校核，而且尽量降低共振峰的峰值，同时尽可能扩宽双共振峰的频带，以满足宽频减振需求。

8.4 应用与研究进展

8.4.1 被动式动力吸振技术

以上介绍的吸振器属于传统的被动式动力吸振器，具有结构简单，安装、使用和维护方便，对于窄带振动控制具有良好的效果，在工程实践中得到了广泛的应用。下面以轨道车辆和直升机旋翼为例，对这一技术的工程应用和研究进展进行介绍。

1. 轨道车辆动力吸振技术

轨道车辆（高铁、普铁和地铁列车等）在运行过程中，由于轮轨之间复杂的相互作用导致的轮轨振动及其通过悬挂系统传向车体引发的车体振动，以及由此引发的轮轨噪声乃至车体辐射噪声等，严重影响乘坐的舒适性。因此对车轮、轨道以及车体进行有效的振动控制就显得非常必要。目前，解决这一问题的手段之一是采用动力吸振技术。

图 8-7 所示为欧洲某研究机构研制出的分布式动力吸振器车轮，该车轮实际行驶降噪效果可达 4~5dB（A）。图 8-8 所示为德国某车轮制造公司设计的 VSG 舌形层叠式动力吸振器车轮，可有效降低轮轨噪声，目前国内一些高铁车辆也采用了这种结构形式的动力吸振器车轮。

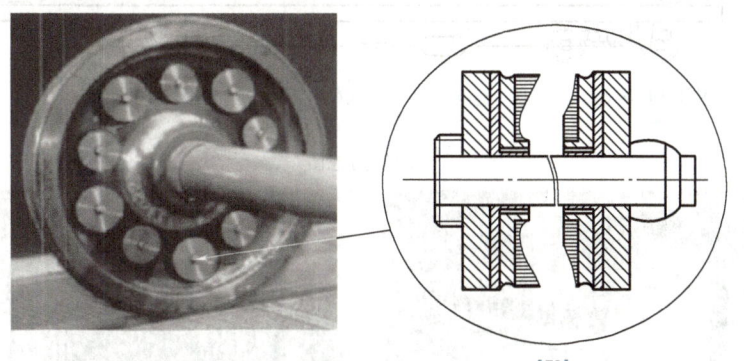

图 8-7 欧洲分布式动力吸振器车轮[72]

图 8-8 德国 VSG 舌形层叠式动力吸振器车轮[73]

图 8-9 所示为国外研制的钢轨动力吸振器，能够有效地抑制钢轨的共振，降低轮轨噪声 3dB。

2010 年，日本铁路技术研究院的学者们针对新干线运行的高速列车车厢（见图 8-10）

a) 实物照片   b) 结构示意图

图 8-9 钢轨动力吸振器[74,75]

的垂向弯曲振动问题进行了深入细致的研究，发现若将转向系统（由一个转向架和两个车轮组成）的等效轴向刚度 k_x [与牵引杆橡胶套刚度和偏航阻尼器（Yaw Damper）的刚度以及它们的数量有关]进行适当调整，则偏航阻尼器（见图 8-11）即可呈现动力吸振器的减振效应（见图 8-12）。

a) 结构示意图

b) 实物照片

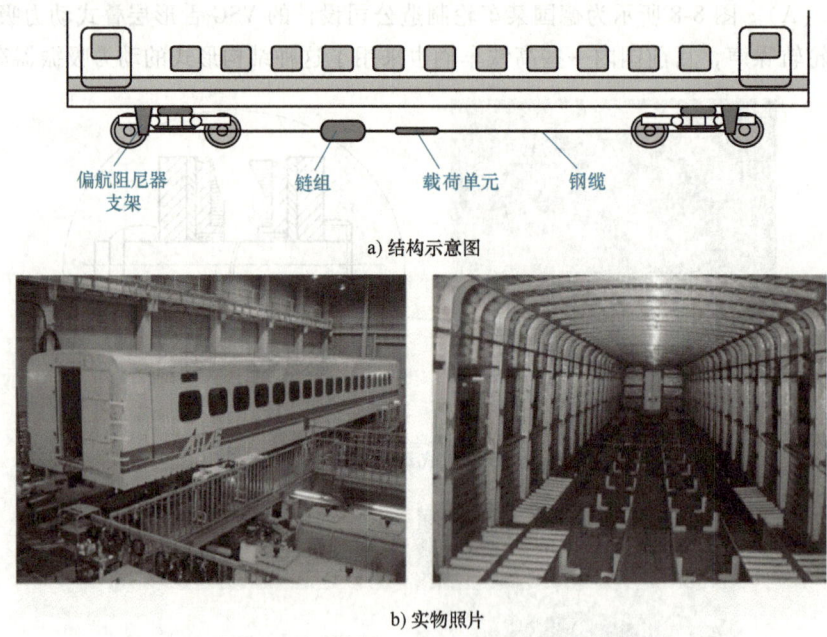

图 8-10 日本新干线高速列车车厢[76]

这一新思路立刻在新干线列车上进行了验证，并取得了成功。图 8-13 所示为刚度调整前后车厢底板中心处的振动加速度频谱（其中的 L_T 反映了乘坐敏感度的舒适性指标），可以看出，改进后车体的舒适性得到明显改善。

2. 直升机旋翼动力吸振技术[77]

直升机在飞行过程中，在旋翼、尾桨和其他高速旋转部件产生的激励共同作用下，往往引发严重的振动问题，给直升机的正常使用带来如下严重后果：①降低机体与构件的疲劳寿命，有 60% 的破损全部或局部来自振动和冲击；②影响机上系统与设备的功能和可靠性，增加维护费用；③影响驾驶人和乘员的舒适性与任务工作效能；④限制直升机前飞速度与机动性能。

图 8-11　偏航阻尼器刚度现场测量[76]

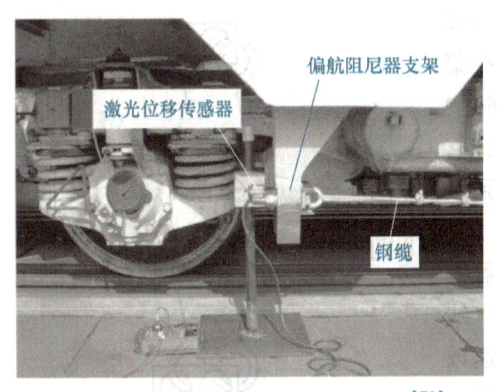

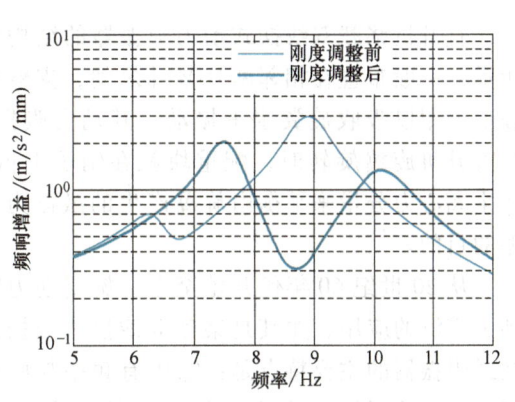

图 8-12　刚度调整前后车体中心处的频响函数[76]

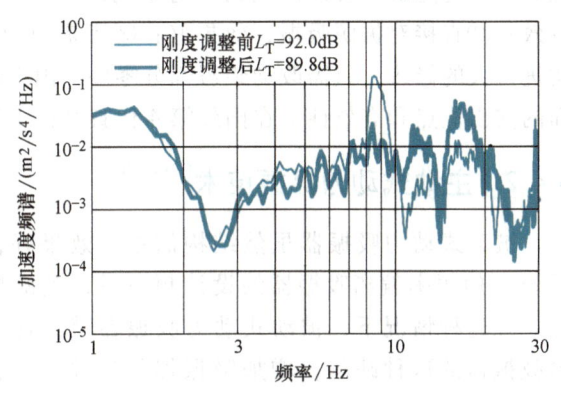

图 8-13　刚度调整前后车厢底板中心处的振动加速度频谱[76]

减振技术一直是直升机型号发展中要解决的一个重要问题，也是伴随直升机诞生而来的一个技术难点，直升机设计阶段必须尽最大努力控制和降低振动水平。目前，直升机上广泛采用的是被动式吸振技术，主要优点是对原结构、产品不做任何修改，可以作为选装件。被动式动力吸振器包括旋翼动力吸振器和机身常规动力吸振器。旋翼动力吸振器作为一种较新颖的被动减振装置，对全机重心位置影响小，结构紧凑，易维护而且能有效地减小由旋翼产生的交变力与力矩引起的机体振动。采用旋翼动力吸振器是降低直升机振动水平的有效途径，对于延长直升机使用寿命，提高军用直升机的战斗力和民用直升机的舒适性、安全性具有重要的意义与作用。

旋翼动力吸振器主要包括桨根单摆式、桨毂单摆式和桨毂双线摆式动力吸振器，以及桨毂频率不变吸振器等几种形式。桨毂双线摆式是目前在型号上应用最多的一种直升机旋翼动力吸振器（见图 8-14），最早由美国西科斯基公司提出，随后应用于多种直升机型号上。

图 8-14　某型直升机旋翼动力吸振器[77]

直升机桨毂双线摆式动力吸振器的结构如图 8-15 所示，一般布置在相邻两片桨叶之间，支臂固定在桨毂上，用以吸收旋翼水平振动。其动力吸振原理是：当直升机旋翼旋转时，配重块就在销子上做纯滚动，产生离心力分量来平衡由旋翼产生的激振力，达到吸振的目的。

从 20 世纪 60 年代开始至今，旋翼动力吸振器得到了广泛的应用，尤其是桨毂双线摆式吸振器。双线摆式吸振器的主要特点是：①固有频率与旋翼转速成正比，在旋翼转速变化时仍能保持设定的最大频率比，因而能随旋翼转速而调谐，对不同的旋翼转速都有效；②直接对振源吸振，效果好；③不需对机体结构进行大的修改，只需改动桨毂部分零件，因而设计改动量小，易于设计。鉴于其在减振方面的突出优点和有效性，在国外第 4 代直升机上进一步得到了应用，显示出强大的生命力。

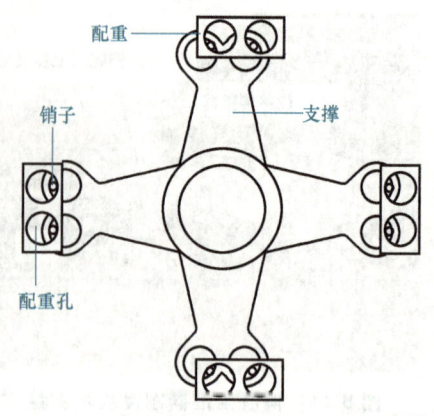

图 8-15 双线摆式动力吸振器的结构[77]

8.4.2 主动式动力吸振技术[78-82]

被动式动力吸振器虽然结构简单、效果好，但减振频带相对较窄。当受控对象（主系统）的频率偏离吸振器的设计频率时，其减振效果会随着主系统频率的偏移而迅速降低。在这种情况下，被动式动力吸振器就无法达到理想的减振效果。为了消除被动式动力吸振器的这种缺陷，增加吸振器的鲁棒性，扩展其应用范围，主动式动力吸振技术就应运而生。

1. 主动式动力吸振器

主动式动力吸振器始于 20 世纪 80 年代的美国，是在被动式动力吸振器的基础上发展而来，其除了包含传统的被动式吸振器所含有的质量元件、弹性元件和阻尼元件外，还包括了一个含有作动器的主动控制环节（见本书第 11 章内容）。主动式动力吸振器工作的过程中，吸振器会根据作用于主系统上外激励力的变化随时调整作动力大小，产生一个与外激励力大小相等但是方向相反的力作用在主系统上，从而尽可能地使主系统所受的力为零，以此减弱主系统的振动水平，实现振动控制的目的。主动式动力吸振器由于能够快速准确地追踪主系统外激励力的变化，因而具有较好的宽频控制效果与良好的鲁棒性与减振量级。

2016 年，丹麦和爱尔兰学者们利用流体的晃动（Sloshing Motion）效应，研制了一款全尺度主动式可调谐流体阻尼器（Tuned Liquid Damper，TLD），如图 8-16 所示，该阻尼器由一个 1.93m×0.59m×1.2m 的长方体水箱构成。利用基于网络通信的实时混合测试系统（内含传感器、作动器以及控制器等）对某兆瓦级大型风力发电机塔身的横向振动进行了控制试验，显示出了良好的振动控制效果（见图 8-17），特别是在阻尼器水箱中设置阻尼屏的情况下效果更好。

然而，主动式吸振技术的作动器需要较大的能量输入，以提供抵消受控对象的作用力，特别是在外激励频率与吸振频率有一定偏差时，其所需的能量输入将急剧上升，这会增加系统的负担，同时其稳定性也会受到影响，使得其应用受到限制。

图 8-16 全尺度主动式可调谐流体阻尼器安装现场[79]

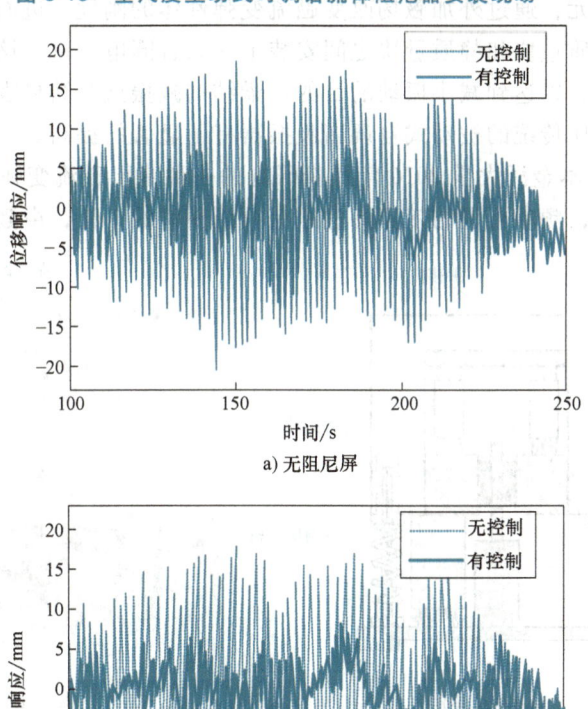

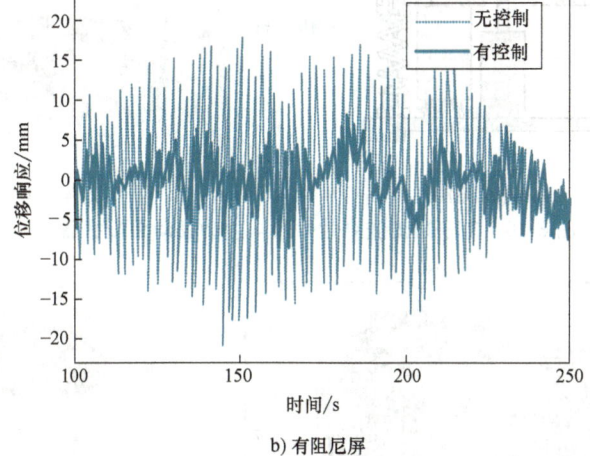

a) 无阻尼屏

b) 有阻尼屏

图 8-17 风力发电机塔身顶部的位移响应[79]

2. 半主动式动力吸振器

半主动式动力吸振技术通过在主系统上安装动态特性参数可调的动力吸振器，使得主系统的固有频率能够随着外界激励的变化而变化，充分吸收主系统的振动，以达到最好的吸振效果。与主动式动力吸振技术相比，半主动式动力吸振技术不需要提供很大的外界能量，系统相对较为简单、稳定，吸振效果良好，兼具了主动式动力吸振器和被动式动力吸振器的优点，应用前景更为广阔，已广泛应用于土木与建筑工程以及车辆工程等领域。

按照调谐参数的不同，半主动式动力吸振器又可分为阻尼可调式和刚度可调式两大类，其中阻尼可调式吸振器是发展最早的一类半主动式动力吸振器。1983 年，美国福特汽车公司和韦恩州立大学的 Hrovat 等人首次提出了阻尼可调（时变）的半主动式动力吸振器的概念，仿真结果证明了它是一种性能优良的动力吸振器，完全可以代替传统的被动式吸振器以及结构复杂的全主动式吸振器，目前这一技术已在车辆悬挂和桥梁中得到了应用。

刚度可调式吸振器由于新型智能材料（如磁流变材料，见 11.4 节内容）的引入，成为目前半主动式动力吸振技术发展的热点，受到学术界和工程界的高度关注。

图 8-18 所示为一种基于磁流变弹性体的半主动式动力吸振器，其中的磁流变弹性体作为该吸振器的弹簧单元，通过外加磁场改变磁流变弹性体的刚度，进而改变整个吸振器的固有频率。此外，在动质量块和静质量块之间安装了一只音圈电动机，该电动机会根据减振效果提供一定的作动力，以达到减小振动的目的。梁结构减振试验结果表明，这种主动式自调谐吸振器的减振效果比传统的被动式自调谐吸振器有了显著的提高。

图 8-19 所示为日本金泽大学 2016 年最新研制的一种基于磁流变弹性体的宽带刚度可调半主动式动力吸振器，频率可调的带宽高达原有调谐频率的 3 倍，声激励作用下板的振动试

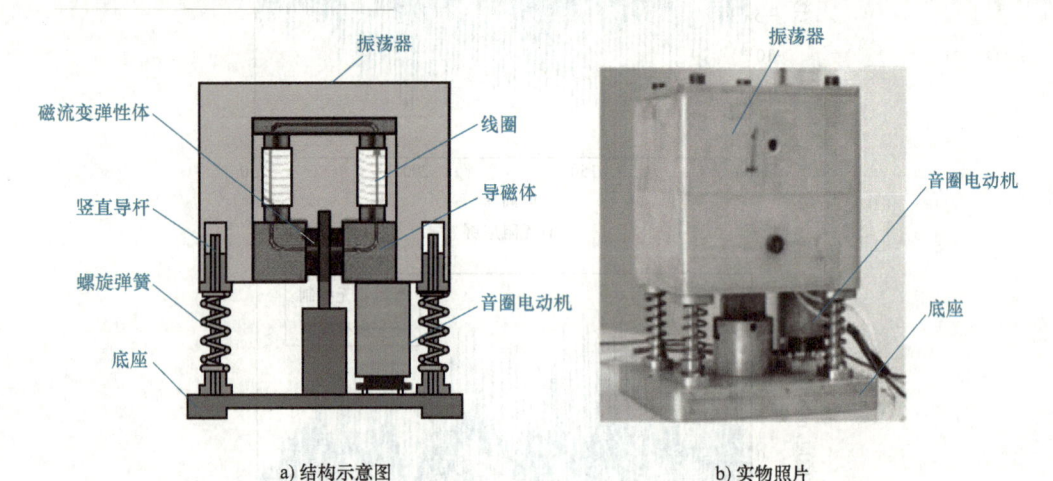

a) 结构示意图　　　　　　　　　　b) 实物照片

图 8-18　基于磁流变弹性体的半主动式动力吸振器[81]

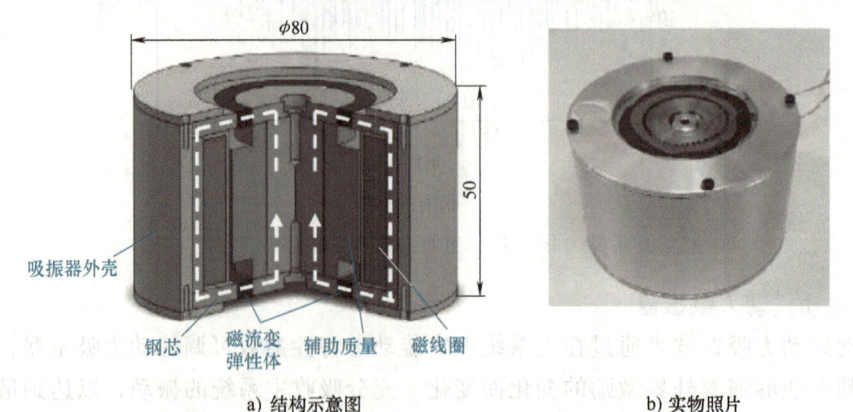

a) 结构示意图　　　　　　　　　　b) 实物照片

图 8-19　宽带刚度可调半主动式动力吸振器[82]

验结果显示该吸振器具有良好的减振效果（见图 8-20）。

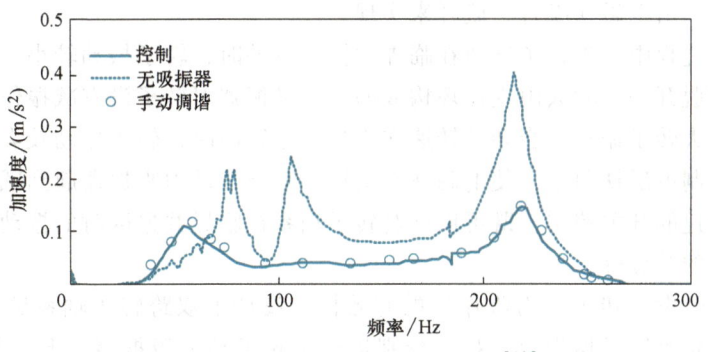

图 8-20 声激励下板的振动响应[82]

8.5 工程应用实例

8.5.1 多跨转子轴系临界振动控制[83]

电力、石化等领域的许多大型旋转机械普遍采用多跨串联运行方式，如低压和高压离心压缩机串联机组等。旋转机械在运行过程中，由于转子不平衡等原因产生振动，特别是对于多跨转子，其工作转速通常在一阶临界转速以上，在起动、停车阶段必须经过临界转速，此时多跨转子会发生强烈的共振，严重影响机组的稳定运行，因此对多跨转子的临界振动进行有效控制具有十分重要的意义。

对不平衡转子进行动平衡是降低转子临界共振的常用措施。大型压缩机组、发电机组由多跨转子串联而成，虽然出厂前每个单跨转子都经过了严格的动平衡，但现场串联组装运转起来后仍有可能产生剧烈振动。在机组不停机情况下对转子进行在线自动平衡是控制机组振动的有效途径，但自动平衡装置结构复杂，且受平衡能力及工作条件的限制，对于现场解决汽轮机组、压缩机组等大型多跨转子轴系的振动问题仍然存在较大困难。

针对上述转子动平衡技术存在的不足，采用动力吸振技术则是一种有效的途径。本例基于转子试验台结构和转子临界振动特性，设计了转子动力吸振器（见图 8-21），由连接单元、弹簧单元和质量单元组成。连接单元由带有轴向定位的连接轴承和抱箍组成，抱箍套在轴承外圈上，起到传递转轴振动的作用，抱箍本身不转动。弹簧单元由周向均布的 4 个相同刚度的弹簧组成。质量单元由质量较小的支撑环和由弹性元件悬挂在支架上的电磁铁构成。安装时，使支撑环和电磁铁之间的间隙在电磁力可吸合范围之内，电磁铁通电时能够迅速与支撑环吸合，断电时也能够迅速与支撑环脱开，且该磁铁能够提供足够的吸合力，保证在

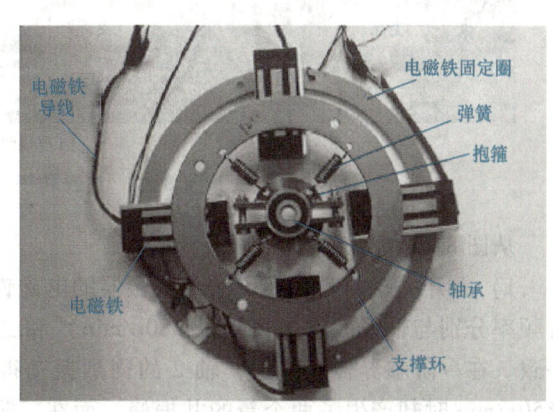

图 8-21 转子动力吸振器[83]

吸合时不会脱开。该吸振器是一种质量可调节的动力吸振器，通过改变质量单元的质量大小来改变固有频率，由电磁铁吸合、脱开来实现。

在转子运行过程中，当转子转速在临界共振区以外时，转子振动较小，电磁铁处于断电状态，与支撑环脱开，此时只由支撑环构成的动力吸振器对转子没有减振作用，也不会产生新的共振峰来增大转子振动。当转子转速在临界共振区内时，转子振动较大，此时基于转速的开关控制，控制电磁铁通电，使电磁铁与支撑环吸合，动力吸振器起到减振作用。转子动力吸振器基于转速的开关控制，既可以抑制转子轴系在临界共振区时的振动，又可以防止吸振器产生两个新的共振峰。

为了验证所开发的转子动力吸振器的有效性，设计了双跨转子轴系试验台，如图8-22所示。该轴系中各跨转子均为双支撑，分别进行了转子动力吸振器无开关控制（即在转子升速过程中电磁铁都与支撑环吸合）和有开关控制（即控制电磁铁只在转子轴系临界共振区与支撑环吸合）的振动试验，试验结果如图8-23所示。

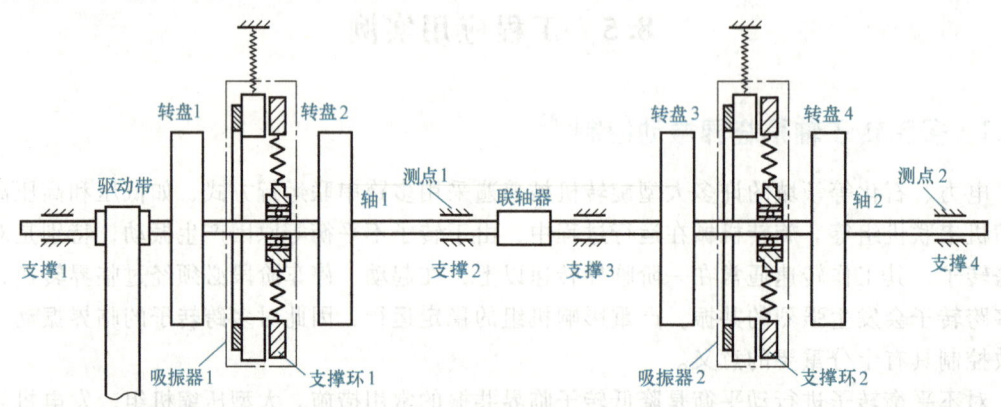

a) 结构示意图

b) 现场照片

图8-22 双跨转子轴系试验台[83]

从图8-23可以看出：

1) 无开关控制时，转子动力吸振器的电磁铁始终与支撑环吸合，此时两个吸振器的固有频率分别与轴系一阶（1160~1280r/min）和二阶（1735~1840r/min）临界转速对应频率一致。在一阶临界转速范围，轴2的剧烈振动得到了抑制，但在900~1000r/min和1430~1550r/min时却产生了两个新的共振峰。而在二阶临界转速范围，轴1的剧烈振动得到了抑制，但在1435~1560r/min和1970~2100r/min时也产生了两个新的共振峰。因此，无开关

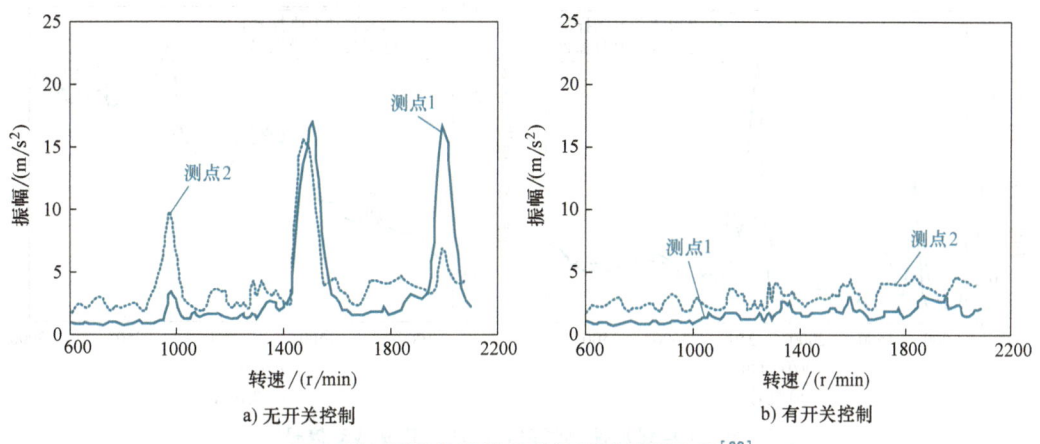

图 8-23 双跨转子轴系升速振动试验结果[83]

控制时，由于电磁铁始终与支撑环吸合，会给轴系带来新的共振峰。

2) 使用开关控制时，既抑制了双跨转子轴系通过前两阶临界共振区时的振动，又避免了无开关控制的转子动力吸振器会产生新的共振峰的弊端，从而使双跨转子轴系在整个升速过程中的振动都得到有效抑制。

8.5.2 轻型客车动力总成振动控制[84,85]

汽车的动力总成由发动机、变速器及其附件组成，它是汽车的动力源和动力的传输机构，也是汽车上最主要的振动噪声源。动力总成的振动不仅影响车辆的动态性能、增加车内噪声，还会损坏汽车的零部件，降低车辆的行驶安全性，因此在设计中一定要减小动力总成的振动。动力吸振技术在车辆系统振动控制中应用较为广泛，图 8-24 所示为安装在轿车副车架上的动力吸振器，用以降低发动机的轰鸣声。

本例中针对某轻型客车由于发动机激励引发动力总成振动过大的问题，也采用了有阻尼动力吸振技术进行振动控制。吸振器安装在托臂上，为了检验吸振效果，对已安装和未安装动力吸振器的整车进行了道路缓加速试验，同时测得变速器和托臂的

图 8-24 安装在轿车副车架上的动力吸振器[84]

垂向振动信号，如图 8-25 所示，可以看出该动力吸振器可以有效降低动力总成的振动。

8.5.3 卫星飞轮振动控制[86]

随着卫星敏感载荷的精度越来越高，对平台微振动环境的要求也越来越苛刻。因此，对平台微振动环境的分析和抑制显得尤为重要。研究发现，飞轮振动是影响卫星有效载荷性能指标的主要因素，对其进行有效振动控制显得十分必要。

本例采用动力吸振技术对飞轮振动进行控制。所设计的飞轮动力吸振器结构如图 8-26 所示。弹簧压套将弹簧上端固定在质量块上，在质量块上设计 4 个调节螺钉，一方面可以调

图 8-25 a) 托臂   b) 变速器

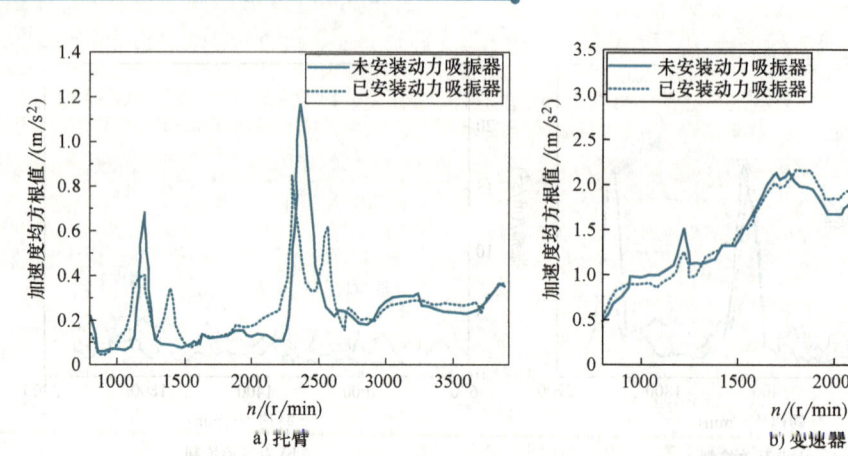

图 8-25 4 档缓加速测试时客车动力总成振动信号[85]

节质量块的质量使之符合设计参数,另一方面可以调节质量块的不平衡量,防止动力吸振器在减振过程中由于不平衡量产生剧烈的摆动,从而影响减振效果。

为了检验动力吸振器的实际减振效果,对安装了动力吸振器的有效载荷主结构进行了振动试验,设置振源模拟系统对主结构进行频率为 26Hz 的定频激励,得到有、无动力吸振器时飞轮安装点处 Z 向加速度频域响应(见图 8-27)和时域响应(见图 8-28),并根据两者分别得到有、无动力吸振器时飞轮安装点处频域和时域响应最大值,见表 8-1。

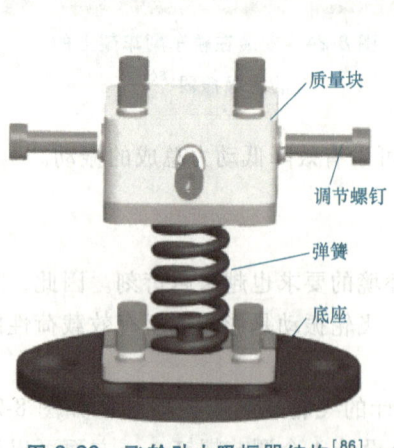

图 8-26 飞轮动力吸振器结构[86]

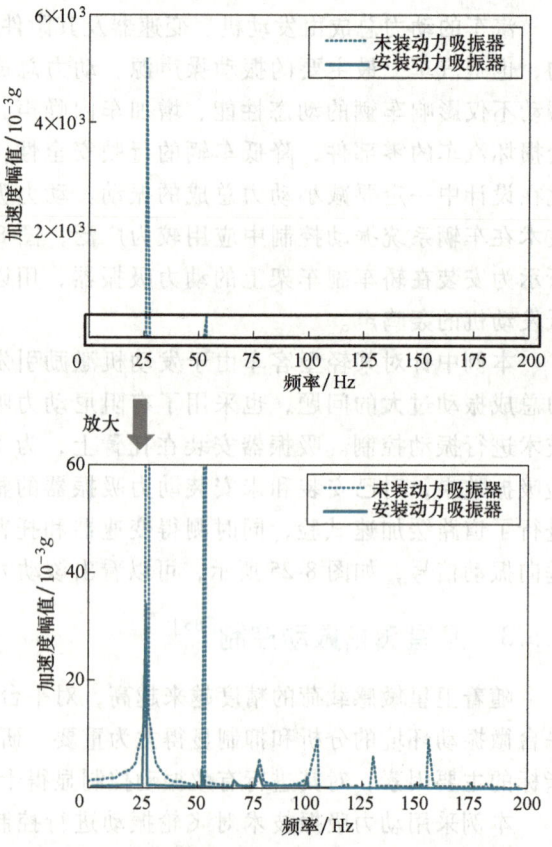

图 8-27 飞轮安装点处 Z 向加速度频域响应[86]

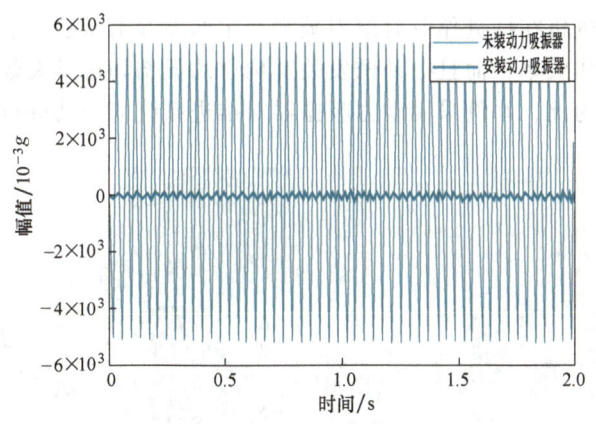

图 8-28　飞轮安装点处 Z 向加速度时域响应[86]

表 8-1　Z 向振动加速度响应最大值[86]

域	频域/$10^{-3}g$			时域/$10^{-3}g$
	26Hz	52Hz	78Hz	
减振前	5249	136.3	5.693	5435
减振后	35.22	2.41	4.052	52.03
减振效率	99.3%	98.2%	28.8%	99.04%

从图 8-27、图 8-28 和表 8-1 中可以看出，飞轮动力吸振器非常有效地抑制了振源模拟系统主结构的垂直方向（Z 向）的振动，对于实际的卫星有效载荷振动控制具有重要的指导意义。

8.5.4　硬岩掘进机推进系统振动控制[87]

硬岩掘进机（Tunnel Boring Machine，TBM）是隧道掘进的重大装备（见图 8-29），广泛应用于铁路、公路、水利、市政建设等，其推进系统主要由刀盘、主梁、后支撑、鞍架和撑靴等组成，如图 8-30 所示。

图 8-29　海瑞克敞开式硬岩掘进机[87]

硬岩掘进机利用刀盘旋转实现破岩掘进，出渣的同时进行隧道支护，使隧道全断面一次成形。然而，硬岩掘进机在掘进作业时滚刀破岩产生的强冲击激励会引起推进系统的剧烈振动，不仅严重影响工作效率，而且极易诱发关键构件的损伤和过早失效，甚至发生断裂等危害，影响使用寿命。为此，本例采用动力吸振器对推进系统的振动进行控制。

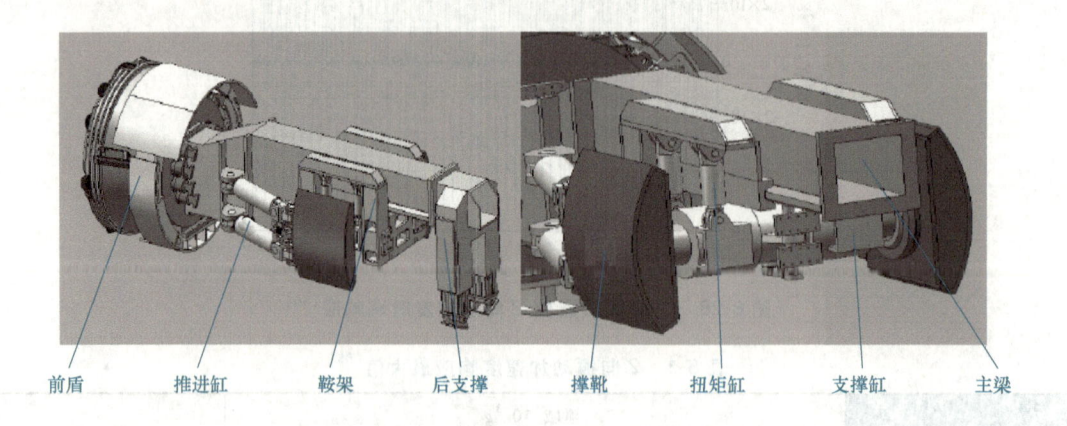

前盾　推进缸　鞍架　后支撑　撑靴　扭矩缸　支撑缸　主梁

图 8-30　硬岩掘进机推进系统结构示意图[87]

传统动力吸振器必须要有足够的附加质量才能达到良好的吸振效果，由于推进系统质量巨大且安装空间有限，吸振器的附加质量很难做到足够大，本例提出了应用杠杆机构来实现放大吸振器的附加质量的方案，并设计了适用于硬岩掘进机推进系统的动力吸振器，如图 8-31 所示，动力吸振器与硬岩掘进机推进系统的推进缸并联安装，其上部连接在硬岩掘进机主梁上，下部连接在撑靴上。

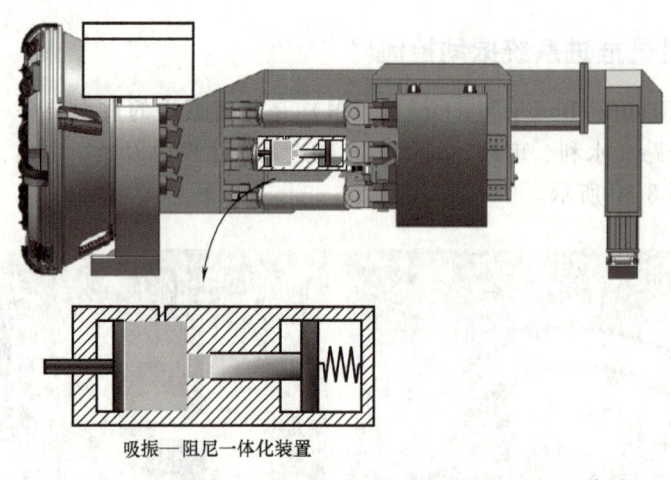

吸振—阻尼一体化装置

图 8-31　硬岩掘进机推进系统动力吸振器安装示意图[87]

为了评价动力吸振器的吸振效果，进行了多体动力学仿真并对吸振器的结构参数进行了优化，加装吸振器前后推进系统主梁的频响函数仿真结果如图 8-32 所示。可以看到，硬岩掘进机主梁在 3 个方向的振动幅值得到了抑制，尤其是 x 方向在 15~60Hz 频段，系统的振动水平要远低于没有加装动力吸振器时的振动水平。本例的仿真结果为工程实际硬岩掘进机推进系统的振动控制提供了有价值的理论指导。

第8章 动力吸振技术

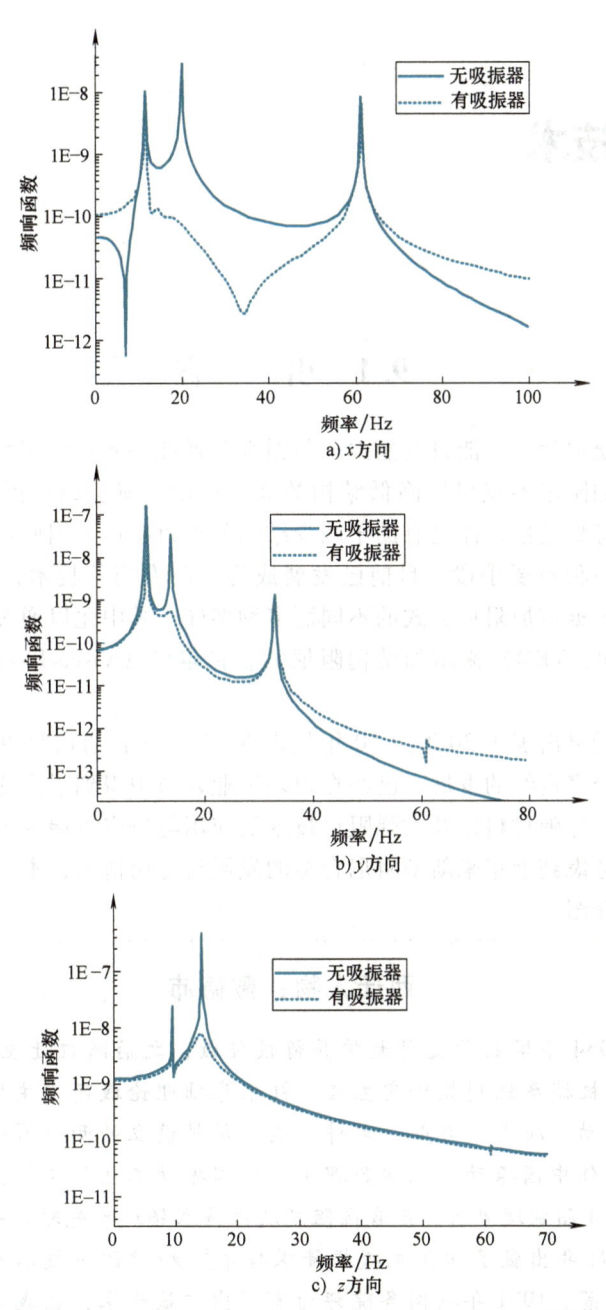

a) x 方向

b) y 方向

c) z 方向

图 8-32 硬岩掘进机推进系统主梁频响函数仿真结果[87]

第9章

黏弹阻尼技术

9.1 引 言

阻尼是振动系统损耗振动能量的能力，与惯性和弹性一起均属于系统的固有属性。对于工程结构来说，增加阻尼不仅可以降低结构的共振振幅，避免结构因动应力达到极限而破坏，提高结构的动态稳定性，而且有助于减少结构的辐射噪声。因此适当增加结构阻尼是抑制工程结构振动的一种重要手段，目前已发展成为一门专门的技术，通常称为阻尼减振技术。阻尼减振技术根据增加阻尼方式的不同而多种多样，其中尤以通过对结构附加黏弹材料（Viscoelastic Material，VEM）来增加结构阻尼的黏弹阻尼（Viscoelastic Damping，VED）技术最为常用。

黏弹阻尼技术最早出现于20世纪50年代末期[88]，具有结构简单、效果良好、使用方便等优点，经过半个多世纪的发展，已经在很多工业领域中得到了广泛的应用。本章将对材料的阻尼耗能机理、黏弹材料以及黏弹阻尼技术的应用与研究进展等进行介绍，并给出工程应用实例。此外，考虑到近年来新型阻尼合金的发展与应用情况，本章将在应用与研究进展一节对其予以补充介绍。

西迁人物：戴德沛

戴德沛先生1954年毕业于交通大学并留校任教，之后随校迁至西安。历任西安交通大学机械系机制教研室主任、机床基础理论教研室主任，是西安交通大学"振动、冲击、噪声"学科（国内最早设立的两个博士点之一）的奠基人。曾任中国振动工程学会理事、中国振动工程学会机械动力学学会第3届和第4届副理事长，是我国阻尼减振技术领域的先驱之一，先后于1986年和1991年出版了《阻尼减振降噪技术》和《阻尼技术的工程应用》两部学术专著，1991年被国务院评为有突出贡献专家，在我国工程机械装备振动与噪声控制领域做出了重大贡献。

早在20世纪70年代中期，戴德沛先生就以敏锐眼光和创新思维，瞄准国际研究动向，带领科研团队在"切削颤振机理"的研究方向上取得了重要进展，研究成果获得1979年陕西省科技进步一等奖。其后十余年，由他所主导的阻尼理论与工程技术先后应用于国产导弹仪器、商用客机机舱、普通机床、超重型立式车床、纺织机械及履带车辆等研究项目中，解决了数十个企业的振动控制难题，取得了具有国际先进水平的重要成果，荣获多项省部级科研奖励。

中国共产党人精神谱系
西迁精神

> 戴德沛先生特别重视理论与实践的紧密结合，注重在实践中培养研究生的创新能力和专业技能，为我国培养了一大批减振降噪领域的学术英才和技术骨干，桃李遍布海内外。"身体力行，知行合一"是其一生从事科研与教学工作的真实写照，戴德沛先生也为团队师生树立了光辉的榜样，始终影响并鼓舞着团队的每一位老师和学生。由其亲手创建的西安交通大学振动与噪声控制研究团队，在阻尼技术理论研究和工程应用方面至今仍处于国内先进水平。
>
> 在西安交通大学任教的38年中，戴德沛先生始终秉承"胸怀大局，无私奉献，弘扬传统，艰苦创业"的西迁精神，践行老一代交大人严谨治学和敦笃力行的科研品质，勤勤恳恳、兢兢业业，把一生献给了祖国的教育和科学研究事业，永远是值得大家学习的楷模！

9.2 材料的阻尼耗能机理

本章将要介绍的黏弹材料和阻尼合金均属于固体类阻尼材料，它们的阻尼耗能机理简要介绍如下：

固体对振动的衰减，是弹性波与固体内的各种晶格缺陷（点、线或面缺陷）或者基本粒子（如电子）、准粒子（如声子、磁振子）等的相互作用而使机械能消耗的现象，是一种力学损耗。一个振动着的固体，即使与外界完全隔离，它的机械能也会转换成热能，从而使振动在一定时间内逐渐衰减下来，这种由于材料内部的原因而使机械能消耗的现象称为**阻尼**，或称作内耗。它是指材料在振动过程中通过其内部因素将机械振动能量转化为热能而耗散于材料和环境之中，这样在宏观层面上就减少了材料的物理振动，从而达到阻尼的效果。

从耗能机理角度来说，材料阻尼通常分为动滞后阻尼和静滞后阻尼两类。

1. 动滞后阻尼（滞弹性阻尼）

对于理想的完全弹性体而言，其产生的应力与应变之间为单值函数关系。这样的固体在加载和卸载时，应变总是瞬时达到其平衡值。在发生振动时，应力和应变始终保持同相位，而且呈线性关系，称为"弹性"，不会产生阻尼，如图9-1a所示。实际的固体则不同，当加载和卸载时，其应变不是瞬时达到平衡值，当振动时，应变的相位总是落后于应力，这就使得应力和应变不是单值函数，这种非弹性行为称为**滞弹性**（或迟豫），使得应力—应变曲线呈现为一封闭的回线，称为**迟滞回线**，如图9-1b所示，回线所包围的面积就是振动一个周期的能量损耗。动滞后阻尼不仅与时间有关，还与振动频率及温度有关，但与振幅无关。

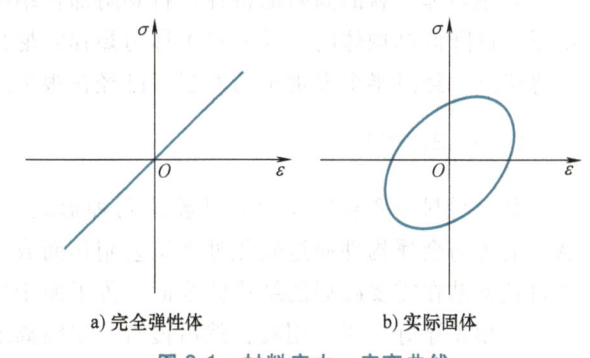

a) 完全弹性体　　b) 实际固体

图 9-1　材料应力—应变曲线

2. 静滞后阻尼

静滞后阻尼是指材料的应变并不滞后于应力，但应力与应变之间的关系不是单值函数，当去掉应力时还保留着一个残余变形，只有加上反向应力时变形才会消失。在循环应力下同样可以得到应力—应变曲线。静滞后阻尼与频率无关，而与振幅有显著的依赖关系。

9.3 黏弹材料

9.3.1 概述[89-90]

黏弹材料是一种高分子聚合物，主要有橡胶类和塑料类，由小而简单的化学单元（链节）构成长链分子，分子与分子之间依靠化学键或物理缠结相互连接起来，在三维方向上如树枝状地连成三维分子网，成千上万个分子共聚或缩紧而形成。一方面，块未拉伸的黏弹材料是一团长而不规则的长链分子缠结物，其分子之间很容易产生相对运动，分子内部的化学单元也能自由旋转，因此受到外力时，曲折状的分子链会产生拉伸、扭曲等变形。另一方面，分子链段之间会产生相对滑移、扭转。当外力除去后，变形的分子链要恢复原位，分子之间的相对运动也会部分复原，释放外力所做的功，这就是黏弹材料的弹性。但分子链段间的滑移、扭转不能完全复原，产生了永久性的变形，这就是黏弹材料的黏性。这一部分所做的功转变为热能，耗散于周围环境中，这就是黏弹材料产生阻尼的原因。

黏弹材料的阻尼属于典型的动滞后阻尼。由于黏弹材料微观结构上众多的耗能环节，在适当的温度及频率条件下，承受交变应力时会有很大的耗能效应，因此是目前应用最为广泛的一种阻尼材料，人们可以在相当大的范围内调整材料的成分和结构，从而在特定温度及频率下，获得所需的弹性模量和阻尼损耗因子。

黏弹材料的阻尼性能（阻尼损耗因子）主要受温度和频率的影响，频率高到或温度低到一定的程度时，黏弹材料呈现玻璃态，失去阻尼性能；而在低频或高温时，黏弹材料呈现橡胶态，损耗因子也很小，只有在某一温度和频率范围内损耗因子才存在峰值。

利用黏弹材料的高阻尼特性，将其附加在结构体表面或作为阻尼器使用来增加结构的内阻尼，以降低结构体的振动的技术称为黏弹阻尼技术。它具有结构简单、效果良好、使用方便等优点，经过半个多世纪的发展，已经在很多工业领域中得到了广泛的应用。

9.3.2 使用方法

黏弹材料主要有生胶和成品胶片两种形式，如图 9-2 所示。其中生胶常用于制作阻尼器，需要与金属构件通过硫化处理工艺制作而成。而成品胶片则是在使用时，采用专用黏合剂直接粘贴在需要减振的结构体表面。为了便于使用，还有一种自粘型阻尼胶片，即在阻尼胶片上预先涂好一层专用胶，然后覆盖一层隔离纸，使用时只需撕去隔离纸，直接贴在结构上，加一定压力即可粘牢。使用自粘型阻尼材料时，首先要求清除结构表面的锈蚀油迹，用一般溶剂（汽油、丙酮、工业酒精等）擦去油污。然后按粘贴面积大小，裁剪阻尼胶片，待擦拭结构表面的溶剂挥发后，撕去自粘型阻尼胶片背面的隔离纸，即可粘贴。

9.3.3 附加阻尼结构/阻尼器

黏弹阻尼技术增加结构内阻尼的方式往往是通过附加阻尼结构或阻尼器得以实施的，其中的附加阻尼结构是指在需要减振的结构体表面上直接黏附一种包含黏弹材料在内的结构

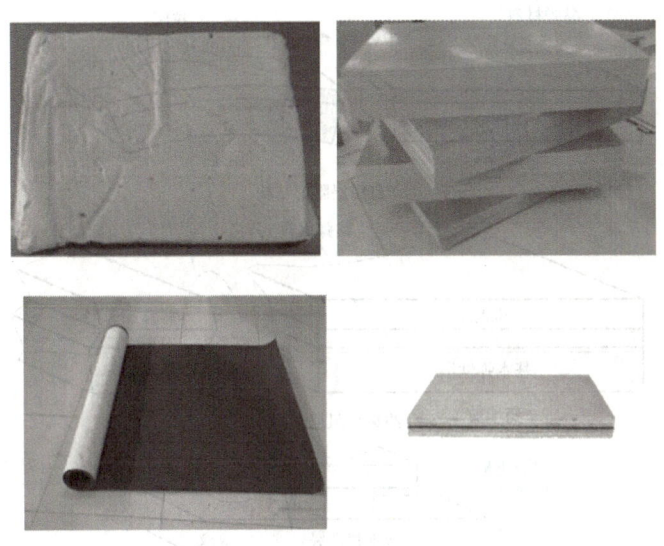

图 9-2 黏弹材料的生胶与成品胶片（源自网络）

层，而附加阻尼器则是将黏弹材料制作成一种器件附加在结构体上。附加阻尼结构一般具有两种结构形式：自由层阻尼（Free-Layer Damping，FLD）结构和约束层阻尼（Constrained-Layer Damping，CLD）结构，而附加阻尼器往往作为第 8 章介绍的动力吸振器来使用，通常称作可调谐黏弹阻尼器（Tuned Viscoelastic Damper，TVD）。附加阻尼结构特别适用于梁、板、壳体的减振，宽频减振效果好，在汽车外壳、飞机腔壁、舰船船身等薄壳结构振动控制中被广泛采用。

1. 自由层阻尼结构

自由层阻尼结构（见图 9-3a）是将黏弹材料直接粘贴在需要减振处理的结构体（基本弹性层）表面上。当结构体受激励产生弯曲振动时，阻尼层产生交变的拉压应力和应变，使结构体的振动能量得以损耗而达到减振的目的。自由层阻尼结构由于工艺简单，特别适用于约束层阻尼结构不太适用的具有复杂形状曲面的结构体减振。

2. 约束层阻尼结构

约束层阻尼结构（见图 9-3b）是在结构体（基本弹性层）上先粘贴一层黏弹材料构成的阻尼层，再在阻尼层上粘贴一层弹性材料层，称为约束层。当结构体产生弯曲振动时，阻尼层的上、下表面分别产生不同的拉压变形，使阻尼层受到切应力和应变，从而耗散结构振动能量。在附加厚度一定的条件下，约束层阻尼结构比自由层阻尼结构耗散更多的能量，具有更好的减振效果。约束层阻尼结构往往通过多层复合工艺制成夹层或三明治结构（见图 9-4），相对于自由层阻尼结构具有更广泛的工业应用。

3. 可调谐黏弹阻尼器

可调谐黏弹阻尼器（见图 9-3c）的作用与第 8 章介绍的动力吸振器相类似，只不过是将传统动力吸振器的弹性与阻尼元件用黏弹材料来代替，一般安装在结构振动剧烈的部位。相对于前面两种附加阻尼结构的宽频减振优势，可调谐黏弹阻尼器主要用于降低结构体的窄带振动。当然，可调谐黏弹阻尼器与主动、半主动控制技术的有机结合可以显著拓宽减振频带，具有很好的发展前景。

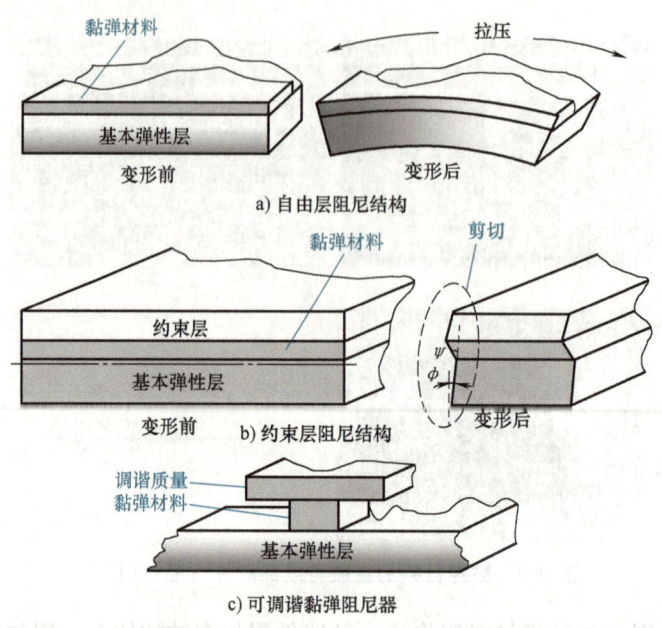

图 9-3 附加阻尼结构/阻尼器[91-93]

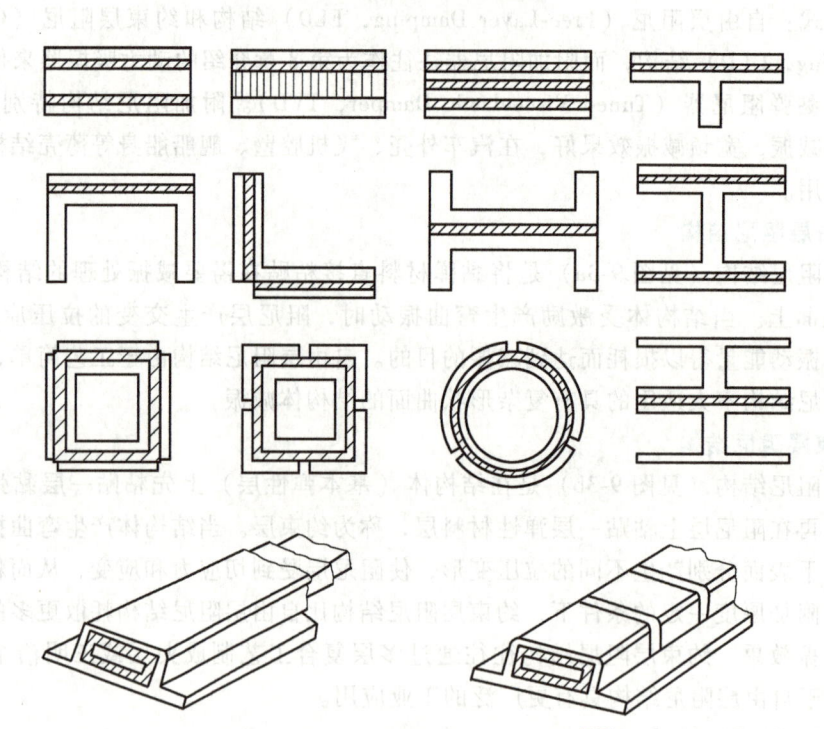

图 9-4 典型约束层阻尼结构示意图[90]

4. 附加阻尼结构设计要点

（1）结构形式　由于需要阻尼处理的结构体的形式、工作环境、激励状况、响应水平和控制要求等各不相同，因此附加阻尼结构的选择应根据具体情况并结合理论分析综合考虑，同时还必须考虑处理工艺简单和可靠性。一般而言，适合于拉压变形耗能的结构体多采用自由层阻尼结构，而适合于剪切耗能的结构体多采用约束层阻尼结构。

(2) 阻尼层厚度 阻尼层厚度对于减振效果有着很大的影响。在实际应用中,自由层阻尼结构的阻尼层厚度通常取基本弹性层厚度的 2~3 倍。厚度太小,达不到应有的阻尼效果;厚度太大也不经济,因为当厚度超过一定值后,阻尼效果的增加便不显著,同时还浪费材料。约束层阻尼结构的阻尼层厚度则与材料特性、基本弹性层厚度等很多因素有关,不可一概而论,厚度一般明显小于自由层阻尼结构的阻尼层厚度。

(3) 阻尼处理的位置 在不同位置上设置附加阻尼层对结构体耗散振动能量的能力是不同的,对结构体的全部表面进行阻尼处理不仅不科学,还不经济。因此实际的工程结构往往采取局部阻尼处理。如何使局部阻尼处理达到最佳的效果?这就涉及阻尼处理位置的优化问题。一般来讲,自由层阻尼结构的处理位置尽可能在结构体中弯曲波曲率最大的位置(即振幅最大处)附近;而约束层阻尼结构最好布置在结构体模态振型曲线的节点(或节线)附近区域。

9.4 应用与研究进展

黏弹阻尼技术具有结构简单、安装使用与维护方便、中高频减振效果好的优点,在工程实践中得到了广泛的应用。下面将以航空领域中的飞机和车辆工程领域中的车辆等为例,对这一技术的工程应用和研究进展进行介绍。

9.4.1 直升机旋翼摆振阻尼器[94-96]

直升机旋翼摆振阻尼器是用来抑制旋翼的摆振运动,防止直升机产生"地面共振"和"空中共振"不可缺少的重要部件。黏弹阻尼器具有结构简单、维护方便、可靠性高等诸多优点,是目前最为成熟的抑制直升机旋翼摆振的阻尼器之一,它利用桨叶的摆振运动带动阻尼器中的黏弹材料发生剪切变形,从而将振动能量耗散掉,以提高飞行的稳定性。

常见的直升机旋翼黏弹阻尼器如图 9-5 所示,主要分为平板式、筒式和层压式三种。平板式是最早应用的结构形式,而筒式阻尼器相比于板式,成本更为低廉,寿命更长,层压式阻尼器一般安装在配备无轴承旋翼系统的直升机上。

随着直升机新型旋翼的桨毂结构越来越紧凑,尺寸也不断缩小,留给阻尼器的安装空间十分狭小,上述的黏弹阻尼器已不能满足对于其寿命和减振性能等方面的要求,液弹阻尼器应运而生。液弹阻尼器的概念是 20 世纪 80 年代提出的,如图 9-6 所示,阻尼器中的黏弹材

a) 平板式

图 9-5 直升机旋翼黏弹阻尼器[94]

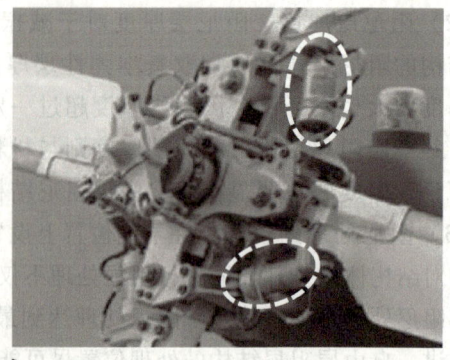

b) 筒式

c) 层压式

图 9-5 直升机旋翼黏弹阻尼器[94]（续）

a) 实物照片 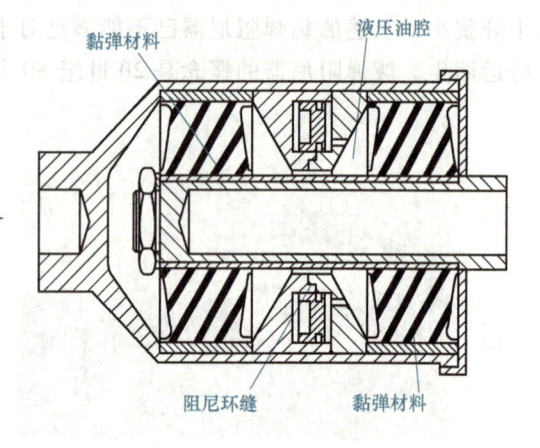　　　　　　　　　　　　b) 结构示意图

图 9-6 直升机旋翼液弹阻尼器[94]

料层起到密封和推动液压油在油腔中流动并产生阻尼的作用,黏弹材料本身的剪切运动也会产生阻尼作用。液弹阻尼器在 20 世纪 90 年代开始应用于直升机,最早装备液弹阻尼器的是美国贝尔直升机公司生产的某型直升机。

目前将液弹阻尼器中的液压油用新型机敏材料即磁流变流体(详见 11.4.5 节内容)代替而形成的新型磁流变液弹阻尼器由于具有更为良好的性能,已成为直升机旋翼摆振阻尼器研究的热点而受到高度关注。

9.4.2 车辆与飞机的阻尼减振

汽车发动机与传动系统的罩板、车身壁板、列车车厢壁板以及飞机蒙皮等大都具有大面积薄壁结构形式,采用黏弹阻尼技术对其进行处理一直是上述相关工程领域重要的减振技术措施之一,对于降低车辆与飞机的振动与舱内噪声,提高乘坐舒适性具有重要的现实意义。

1. 汽车[92]

黏弹阻尼技术在汽车领域有着非常广泛的应用,是汽车 NVH(Noise, Vibration and Harshness)技术中重要的技术手段之一。对于车用约束层阻尼钢板,国外已形成商品化系列(如 Quiet Steels、Dynalam 和 LVDS 等),它们都采用三明治夹芯的结构形式。其中,外侧金属约束层厚度为 0.25~5mm,而内芯的黏弹材料厚度通常介于 25 ~ 40 mm。在室温至 150℃的温度范围内,这些夹层钢板的峰值阻尼损耗因子通常大于 0.07,甚至高达 0.5,而且具有良好的可加工性,便于汽车工业的大规模生产加工。夹层阻尼钢板在汽车中的应用如表 9-1 和图 9-7 所示。

表 9-1 夹层阻尼钢板在汽车中的应用[92]

发动机和传动链	车身	制动器等附件
油底壳	前围板	制动绝缘子
阀盖	门板	制动底板
发动机罩	底板	制动罩
推杆罩	车轮罩	转向架
变速器盖	行李箱	门锁
正时带罩	顶盖	车窗电动机
分动箱盖	上部风帽	排气护罩

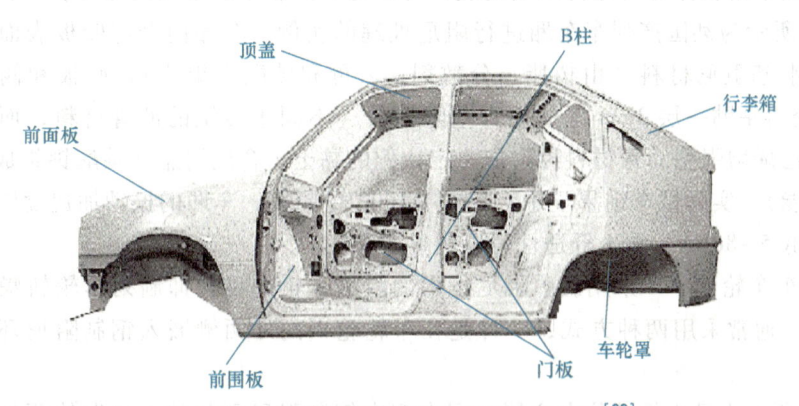

图 9-7 夹层阻尼钢板在汽车车身中的应用[92]

图 9-8 所示为利用水基喷涂材料——丙烯酸弹性体对汽车底板进行阻尼处理的应用实例，此项工作由机器人来完成，处理厚度为 1~3mm，并利用烤炉进行烘干。阻尼处理后的底板声学灵敏度明显降低。

图 9-9 所示为汽车前围板用 LVDS 夹层阻尼钢板，它可以显著隔离外部空气声（Air-Borne Noise）和发动机传动系统的结构声（Structure-Borne Noise）进入驾驶舱，降低舱内噪声。

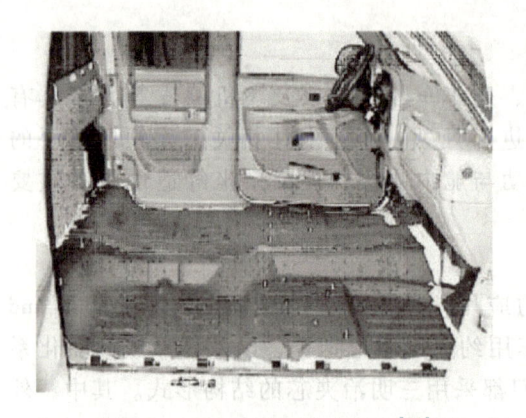

图 9-8 汽车底板的阻尼处理[92]

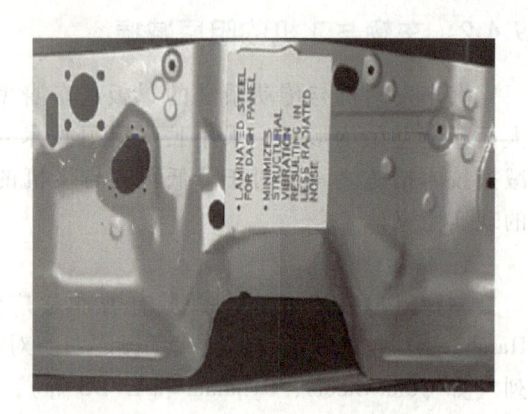

图 9-9 汽车前围板用夹层钢板[92]

目前，对车体和底板进行阻尼处理是公认的最为有效的抑制 100~500Hz 频带的结构声、增加空气声隔声量的 NVH 技术措施，当然需要强调的是，对于阻尼处理来说，应慎重考虑如下因素：部位、温度、频率、板厚、阻尼层厚度以及阻尼层类型（自由层、约束层以及两者混合型），以有针对性地进行阻尼处理方案的设计。

近年来，一种新型阻尼夹层玻璃已用于汽车侧、后窗中，这种三明治型夹层玻璃是采用热压工艺将一层聚乙烯醇缩丁醛高分子材料粘接在双层玻璃中间，可使车辆的胎噪和风噪明显降低。

2. 列车

（1）列车车厢[97]　　随着列车运行速度的提高，乘坐舒适性越来越受到重视，作为车辆 NVH 技术的重要手段之一，黏弹阻尼技术也广泛应用于列车车厢的振动与噪声控制领域。

列车车厢采用黏弹材料进行阻尼处理，可以有效抑制车厢壁板的振动，从而降低车内噪声。图 9-10 所示为某国产列车车厢进行阻尼处理的实例，车厢内全部壁板表面先喷涂一层特殊研制的水基阻尼材料（由树脂、分散剂、云母和碳酸钙组成），底板和侧壁一定高度（484mm）处再粘贴一层 3mm 厚的沥青基阻尼板（不同于传统的沥青材料，而是由专门研制的一种苯乙烯增强型沥青材料再附加一定比例的黏土、合成树脂和碳酸钙组成，以提高材料的阻尼性能）。实际试车结果显示，在 63~1000Hz 频段，车厢的振动加速度明显减小，车内噪声可降低 5~8dBA，乘坐舒适性得以明显改善。

（2）列车车轮[73]　　采用黏弹阻尼技术的阻尼车轮是目前抑制列车轮轨噪声的主要技术手段之一，通常采用两种方式，一种是在车轮轮辋内外两侧嵌入钢制阻尼环，如图 9-11 所示。

图 9-12 所示为日本钢铁住友金属公司在现有钢制阻尼环基础上研发的两款新型橡胶包

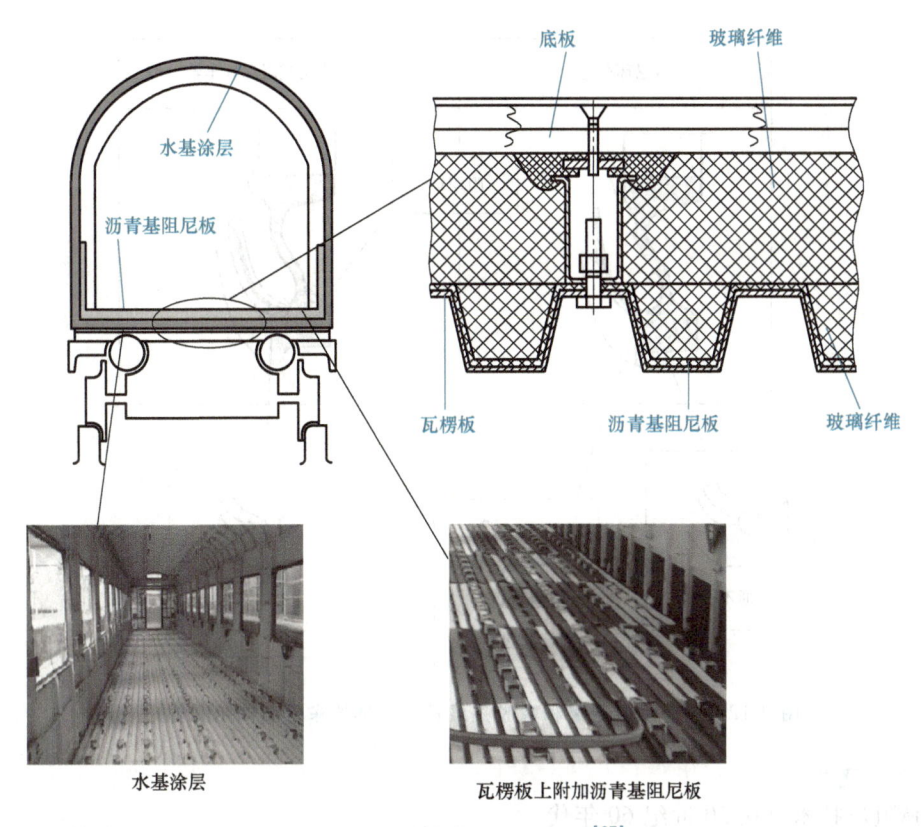

图 9-10 列车车厢阻尼处理[97]

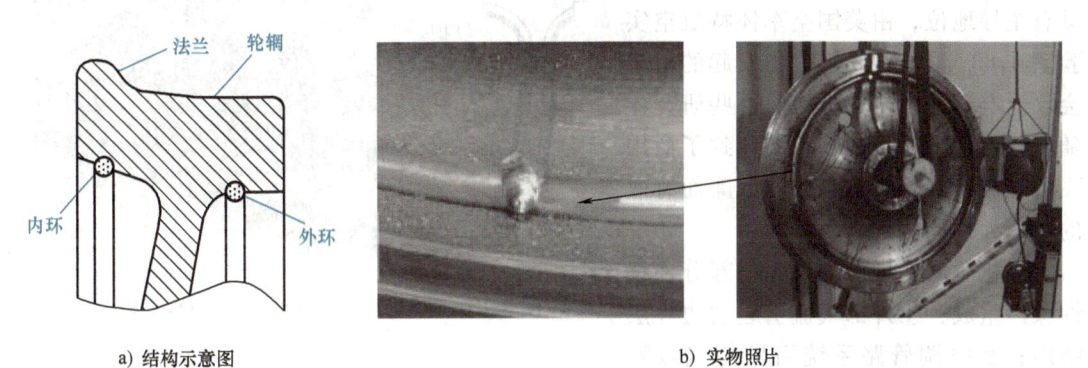

图 9-11 带有钢制阻尼环的列车车轮[98]

a) 结构示意图　　b) 实物照片

裹和橡胶夹层式阻尼环的车轮结构示意图,实测效果显示两者的降噪效果均比较显著,特别是橡胶夹层式阻尼环结构。

另一种形式的阻尼车轮是采取约束层阻尼结构,将黏弹材料粘贴在车轮表面,约束层为铝板或钢板,如图 9-13 所示。意大利 ETR500 高速列车（300km/h）安装测试了这种阻尼车轮,结果表明,当列车速度为 191~295km/h 时,沿线总噪声级别降低 4.0~5.2dB（A）。图 9-14 所示为日本设计的直接在辐板上粘贴减振钢板的阻尼车轮,降噪效果可达 7 dB（A）。

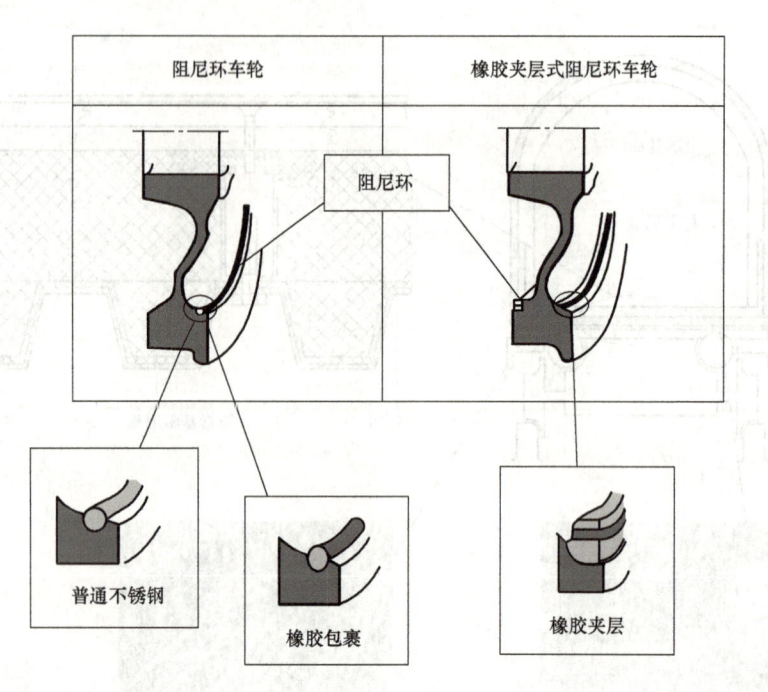

图 9-12 带有橡胶包裹和橡胶夹层式阻尼环的车轮结构示意图[73]

3. 商用飞机[92]

黏弹阻尼技术早在 20 世纪 60 年代就已在军用飞机和航天器振动控制领域具有主导地位，由美国空军怀特航空实验室在 80 年代至 90 年代初发起的阻尼会议上有着大量研究报道。这些研究伴随着材料科学的发展，直接导致了商用飞机领域众多轻量化、成本低廉而有效的阻尼处理措施的研发。

飞机舱内的噪声主要由三部分连续性噪声组成：①外部气流引起的边界层噪声；②空调管路系统引发的流致噪声；③飞机发动机产生的喷射噪声。另外还有飞机控制系统、起落架运转、厨房和盥洗室设备、燃油和液压水泵引发的瞬态噪声等。

图 9-13 粘贴约束层阻尼结构的列车车轮[73]

上述连续性噪声源，特别是由于湍流边界层引发的机身侧向蒙皮（壁板）的振动而导致的结构声对于舱内噪声的贡献量最大，越来越受到企业界的重视。

对于边界层的分布，一般来说，飞机前部的厚度很薄，后部逐渐增大。绝大多数商用飞机边界层厚度呈现由驾驶舱附近的大约 13mm 增加到飞机尾部的 30cm 分布。而且飞行速度每增加 0.1Ma，边界层噪声则增加大约 2dB。而且高度每增加 1500m，噪声则降低 2dB。

降低舱内噪声的方法很多，其中尤以采用黏弹阻尼技术对机身蒙皮进行阻尼处理的方法最为常用。由于质量限制，阻尼处理方案需要经过认真设计，以保证阻尼最优而质量最小，

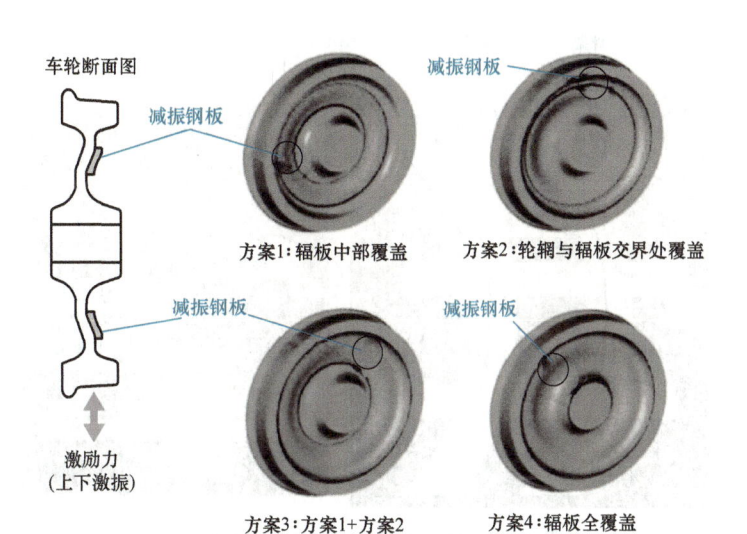

图 9-14　粘贴减振钢板的阻尼车轮示意图[73]

因而约束层材料最好采用复合材料。

传统的约束层阻尼处理是利用结构体弯曲时产生的剪切效应来消耗振动能量的，然而对于低阶模态，结构体的弯曲变形很小，剪切效应很弱，进而导致阻尼性能很低。为此，人们设计了一种阻隔层阻尼（Stand-Off Layer Damping）结构，如图 9-15 所示，其作用相当于一种运动放大器，可显著增加黏弹材料层的剪切变形，从而极大地提高结构的阻尼性能，同时制成沟槽形式，有利于降低弯曲刚度和附加质量。目前几种轻质高效的高分子复合材料已经应用在阻隔层上，而常见的约束层材料有玻璃、石墨以及合成纤维等。

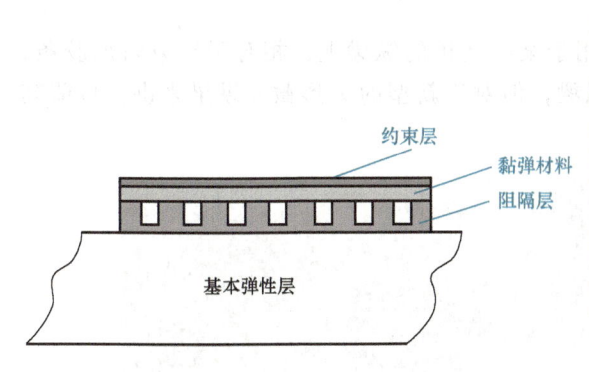

图 9-15　阻隔层阻尼结构[92]

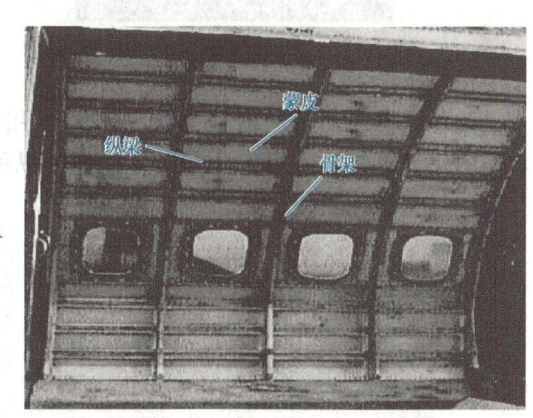

图 9-16　飞机机身剖视图[92]

以前飞机壁板的阻尼处理是将约束层阻尼制作成胶条形式粘贴在飞机蒙皮、纵梁和骨架上（见图 9-16），现在这种方式已逐渐被图 9-17 所示的机身蒙皮用阻隔层阻尼器、图 9-18 所示的机身纵梁阻尼器以及图 9-19 所示的机身骨架阻尼器所取代。蒙皮上使用的阻隔层阻尼器相比原来的约束阻尼胶条，重量减轻 15%～25%，而且覆盖蒙皮的面积小、效果好，已广泛应用于飞机工业。

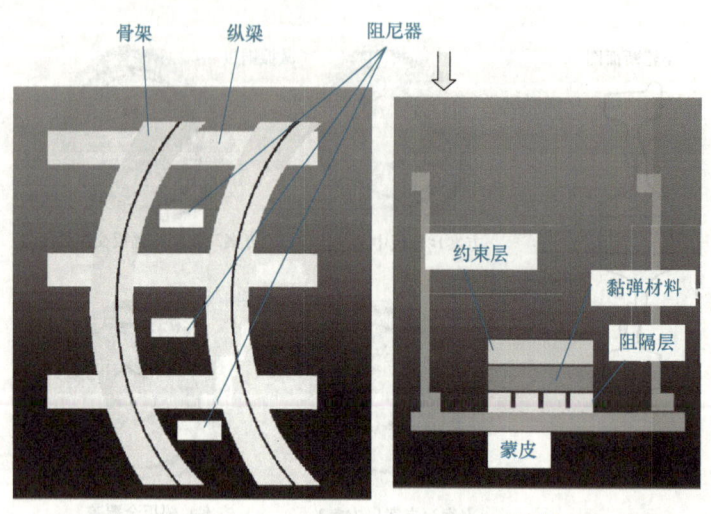

图 9-17 机身蒙皮用阻隔层阻尼器[92]

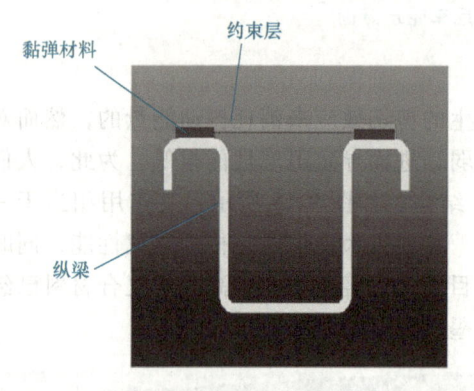

图 9-18 机身纵梁阻尼器[92]

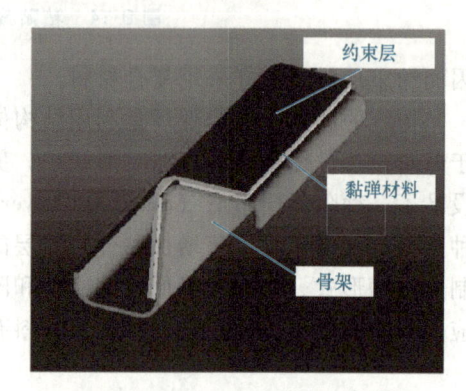

图 9-19 机身骨架阻尼器[92]

此外，消声瓦阻尼器（见图 9-20）也用于某些飞机的纵梁上，相对于约束阻尼胶条，它们的重量更轻，适用于具有帽形截面的纵梁，但对于新型的 Z 形截面纵梁来讲，目前其有效性尚无法判断。

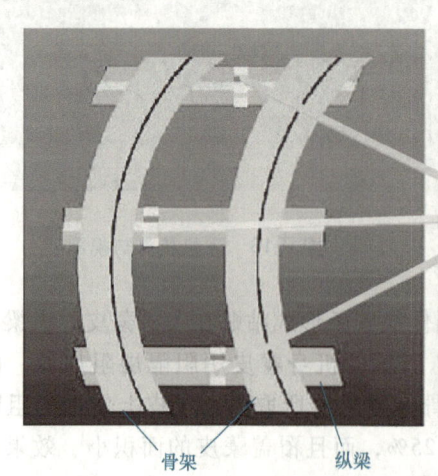

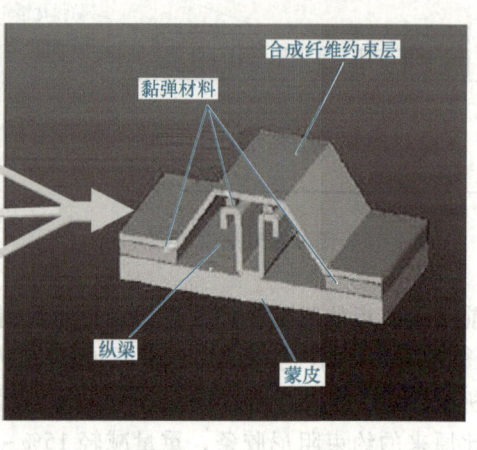

图 9-20 机身纵梁用消声瓦阻尼器[92]

这里需要说明的是，上述介绍的飞机工业中使用的黏弹阻尼技术均是指约束层阻尼处理，而在车辆领域广泛使用的自由层阻尼处理（如喷涂阻尼层等），由于重量和安全性所限，并不适用于飞机。

9.4.3 主动约束层阻尼技术[99-107]

如前所述，传统的被动约束层阻尼技术具有结构简单、实施方便、中高频减振效果好等优点，在工业领域得到了广泛的应用。然而作为一种被动控制技术，其自身也存在一定的局限性，例如对于低频或超低频振动的控制就显得无能为力。为此，随着振动主动控制技术（见本书第 11 章内容）的发展，一种新颖的主动约束层阻尼（Active Constrained Layer Damping，ACLD）技术应运而生，它是传统的被动约束层阻尼技术与主动控制技术有机结合的产物，通过将前者的被动约束层改用机敏材料（如压电材料）制成的主动约束层代替并配置以一套控制系统来实现。主动约束层阻尼技术最早出现于 20 世纪 90 年代初期，是当前振动工程领域的研究热点与前沿之一。

主动约束层阻尼结构的减振机理是：当结构体（基本弹性层）产生振动时，黏弹材料层发生剪切变形而消耗振动能量，与此同时，传感器拾取结构体的振动信号，并通过控制系统驱动主动约束层使其发生变形，从而加剧黏弹材料层的剪切变形，增强振动的耗散能力，进而对结构体的振动实现控制。由于压电材料频响范围宽、响应速度快、质量小、价格低、结构简单，且能够实现电能和机械能的相互转化，已成为主动约束层阻尼结构中最常用的主动约束层材料。

主动约束层阻尼结构的布局主要有两种，如图 9-21 所示，其中布局 1 采用压电材料如压电聚合物（PVDF）、压电陶瓷（PZT）等作为传感器，拾取结构体的振动信号，反馈给控制器后输出控制电压，驱动约束层，进而抑制结构体的振动；而布局 2 则相对简单，直接采用传感器拾取振动信号并进行控制，这种布局更易于工程实践。

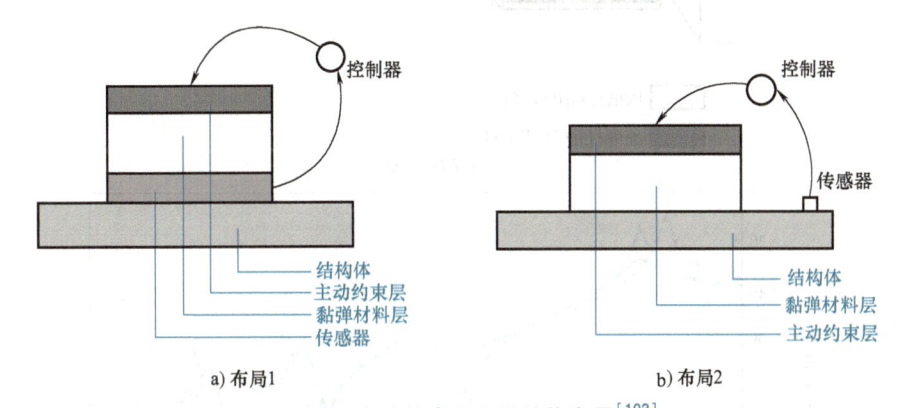

图 9-21 主动约束层阻尼结构布局[102]

主动约束层阻尼结构具有以下优点：①当对主动压电约束层施加一定的电压时，就可以增加黏弹材料的剪切变形，从而增加其振动耗散能力；②振动控制频带更宽；③增加了振动控制系统的鲁棒性，主动控制失效时，主动约束层阻尼结构就退化为传统的被动约束层阻尼（PCLD）结构，系统仍具有一定的振动控制效果。

目前关于主动约束层阻尼技术的研究主要集中于简单的梁（见图 9-22）、板（见图 9-23）

和壳体等基本结构，个别研究涉及部分工程领域的应用，如抑制直升机旋翼的振动和飞机起落架的振动等。随着主动控制技术的不断完善，该技术必将会在工程领域得到更加广泛的应用。

9.4.4 阻尼合金[108-110]

前面介绍的黏弹阻尼技术往往需要在减振设备的结构体表面附加阻尼结构或阻尼器来实现，这种减振方法属于结构减振的范畴，不但需要增加减振设备的附加质量，提高成本，更为重要的是不能适用于恶劣环境。能否从设备本身的材料属性入手，研发一种高阻尼金属本体材料，一直是减振降噪领域中的专家和学者关注的焦点。经过人们的不懈努力，阻尼合金应运而生，它属于材料减振的范畴，可以从根本上抑制设备本体的振动，特别适用于工作在复杂动力工况或恶劣环境下的设备或结构的减振。

阻尼合金（Damping Alloy）是一类阻尼大、能使振动迅速衰减的新型金属功能材料，能够明显地减轻各种应变载荷引起的振动及噪声。它具有结构材料应有的强度，并能通过材料内部的各种阻尼机制吸收外部振动能，将其转化成热能而不可逆地耗散，从而达到对结构减振降噪的目的，具有工艺简便、成本低、适用范围广及技术先进、效果好等优点。

阻尼合金的研究始于20世纪50年代初，美国和英国首先开始了金属材料减振性能的研究。美国矿山局在研究中偶然发现含80%（指质量分数）锰（Mn）的合金铸块掉在地上的响声很微弱，由此开发出了锰铜（Mn-Cu）系合金，引起了人们的注意。1968年，英国首先使用Mn-Cu系合金成功制作了潜艇螺旋桨，使潜艇运行的噪声大为降低，大大提高了潜艇的隐身生存能力，引起了各国对阻尼合金的高度关注。

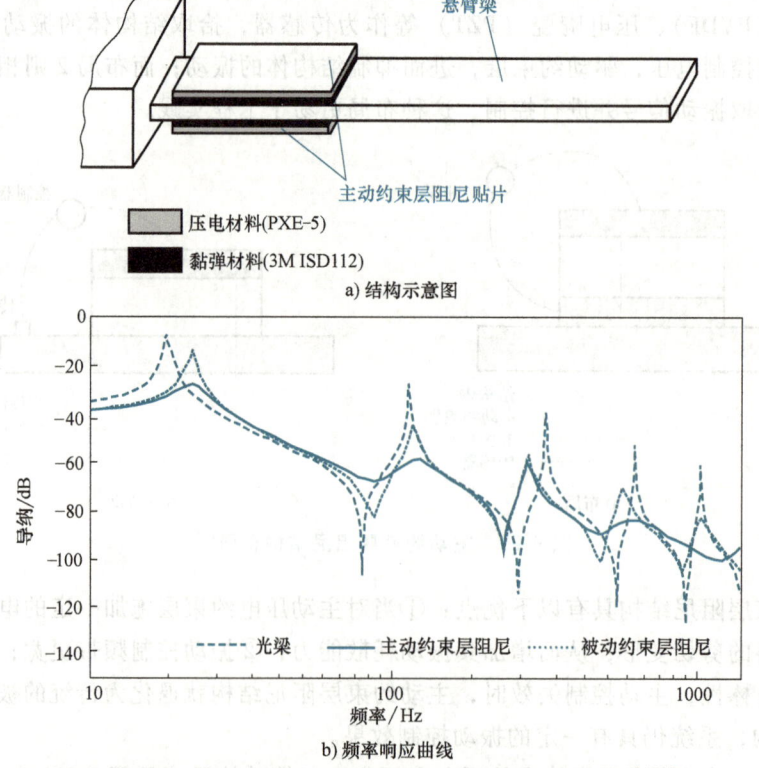

图9-22 主动约束层阻尼技术应用于悬臂梁的振动控制[103]

a) 结构示意图

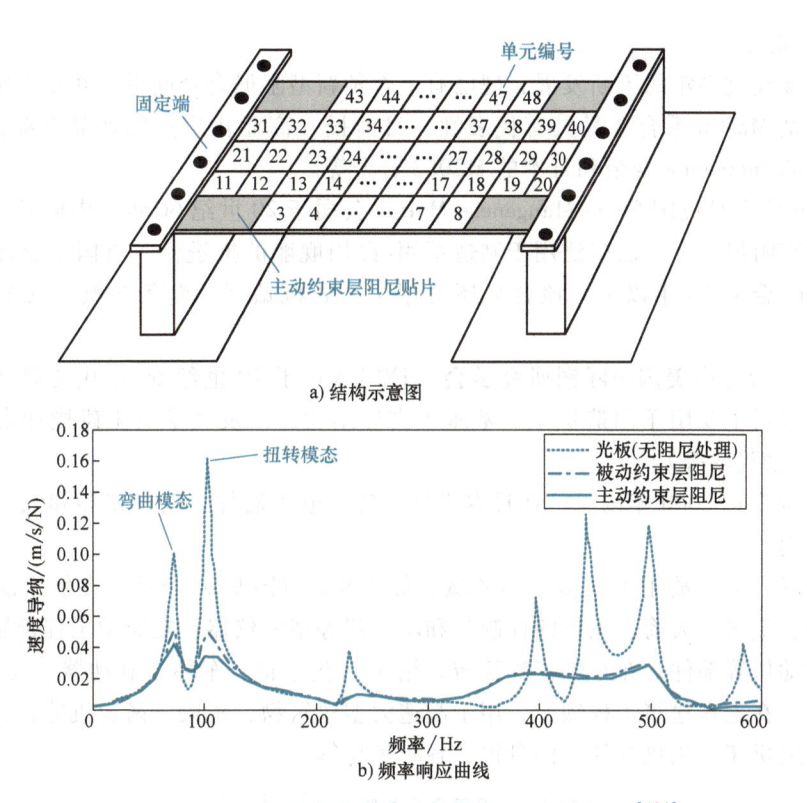

b) 频率响应曲线

图9-23 主动约束层阻尼技术应用于板的振动控制[104]

1. 分类

阻尼合金按其阻尼机理可分为复相型、铁磁型、位错型和孪晶型4类。

(1) 复相型　复相型合金是在强韧的基体上分布着软的第二相，通过相界面的塑性流动或第二相的塑性变形吸收振动能并转变为热能，属于滞弹性阻尼。锌铝（Zn-Al）合金是典型的复相型合金，此外将球墨铸铁进行轧制处理，制成可轧片状铸铁，相比传统片状铸铁，具有更为优良的力学性能和更高的阻尼性能。

(2) 铁磁型　铁磁型合金是由于外力和磁致伸缩效应的相互作用产生的磁性-力学滞后效应而消耗振动能量的，属于静滞后阻尼。铁磁型合金的优点是使用温度较高，缺点则是阻尼性能受磁场影响，磁化饱和后完全失去减振作用，对残余变形很敏感，冷塑性成形后阻尼性能下降，而且阻尼性能强烈地依赖于应变振幅。

(3) 位错型　位错型合金晶体组织中存在析出相或杂质原子，对位错有钉扎作用，在外力作用下位错线做不可逆的往复运动，因而产生阻尼作用，属于静滞后阻尼。位错型合金以镁基合金为主，重量轻、比强度高、阻尼性能高。另外，镁基合金还具有较高的电磁屏蔽性能，目前美国在航空航天领域主要使用的就是这一类合金。尽管镁基合金的阻尼性能很高，但其力学性能偏低，用于制造承受较高载荷的构件存在较大的困难。

(4) 孪晶型　孪晶型合金中一般存在热弹性马氏体，基体与马氏体相界面的移动、马氏体相亚晶界的移动或者孪晶界的移动所产生的损耗是该类合金产生阻尼的原因，属于滞弹性阻尼。孪晶型阻尼合金是出现较早的一类阻尼合金，其典型代表为Mn-Cu系合金。孪晶型阻尼合金的主要特点是具有超弹性或形状记忆效应，衰减较大（仅次于阻尼钢板）且受应变振幅影响小，同时具有良好的力学性能。但使用温度不高，加工性能不好。

2. 应用概况

阻尼合金经过多年的不断发展，现已有上百种新型阻尼合金问世，并投入实际应用，其中尤以孪晶型 Mn-Cu 系合金最具有代表性。目前投入商业化生产的产品有英国的 Sonoston 合金、美国的 Incramute 合金和日本的 M2052 合金等。

Sonoston 合金是英国 Stone Manganese Marine 公司于 20 世纪 60 年代中期专门为潜艇螺旋桨而研制的高阻尼合金，已广泛用于制造军用/民用舰船的推进器。英国皇家海军已经成功应用 Sonoston 合金 30 年以上。该合金还可用于凿岩机钻杆、链条导轨、汽车凸轮轴及齿轮等。

Incramute 合金由美国国际铜研究学会（INCRA）于 20 世纪 60 年代初研制成功，作为变形热处理材料主要用于制造机架、基座等支撑结构，以及经常发生碰撞冲击的机械部件（如低功率传动齿轮等）。

M2052 合金自 2000 年以后已在日本机械设备、电子器件、精密仪器和汽车制造行业得到了广泛应用。

目前阻尼合金已被用于很多工程领域，如表 9-2 与图 9-24 所示。在航天航空领域，用于制造飞船、卫星、火箭、飞机的控制盘和陀螺仪等精密仪器；在船舶工程领域，用于制造螺旋桨和发动机等部件；在车辆工程领域，用于制造车轮、车体、制动器、发动机变速器、减振轮毂等；在土木建筑工程领域，用于制造大型建筑物、桥梁、凿岩机等；在机械工程领域，用于制造机床、风机叶片、圆盘锯、各种齿轮等。

表 9-2 阻尼合金的降噪效果[108-110]

合金名称	应用实例	降噪量/dB
Sonoston	潜艇螺旋桨	效果显著
	链条运输机导轨	-5
	高速纸带穿孔机	-14
	机械过滤器	
	凿岩机机杆	-8 ~ -13
	滚珠轴承	
	防噪车轮	-6
Incramute	高温静电集尘器	
	圆锯	-13 ~ -30
	垃圾粉碎机	
Silentalloy	铁道线路修补机	-4
	大功率直流电闸	-2 ~ -4
轧制球状石墨	圆锯	-10
Fe-Cr-Al 合金	装甲车辆	-10(<80km/h)

第9章 黏弹阻尼技术

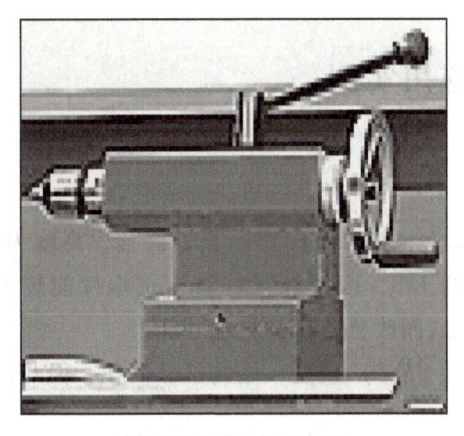

a) 减振铸铁车床尾座（复相型）

b) Al-Zn合金隔振装置（复相型）

c) Mg-Zr-Zn合金直升机齿轮箱（位错型）

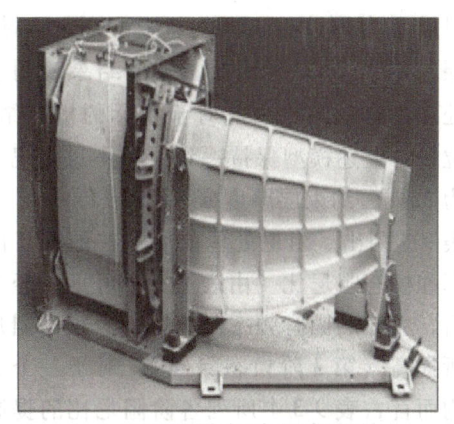

d) PROTEUS合金飞行器（孪晶型）

e) Sonoston合金螺旋桨（孪晶型）

f) M2052合金齿轮（孪晶型）

图 9-24　阻尼合金的工业应用[109]

9.5 工程应用实例

9.5.1 16m立式车床的振动控制[90]

本例中的16m立式车床是一种重型机床,其立柱用22mm厚的钢板焊接,高度为13m,是板厚的600倍左右。由于钢材阻尼只有铸铁的1/3,因此该立柱结构抗振性能较差。为此,采用黏弹阻尼技术来增加立柱的结构阻尼,从而改善机床的抗振性能。

图9-25所示为16m立式车床的立柱-横梁(1:5.5)模型,结构虽已简化,但几何尺寸严格按比例缩小,材料保持相同。

立柱-横梁模型采用局部约束阻尼处理,处理位置如图9-25所示:立柱仅在1/3高度内的外表面,横梁在靠近固定端1/2长度内的外表面。阻尼层为厚度1mm的ZN05型阻尼材料,约束层采用1.2mm厚钢板。试验结果表明这种阻尼处理是有效的。因此对于实际的机床结构,处理位置与上述模型保持一致,只不过阻尼层厚度变为3mm,约束层厚度变为2mm。

表9-3列出了阻尼处理前后立柱的前7阶固有频率和模态阻尼比。由表9-3中可见,经阻尼处理后,立柱的固有频率略有降低,模态阻尼比均有所提高(第3阶模态除外),对于一个超重型结构而言,表9-3中所列各阶阻尼比的提高效果是显著的。

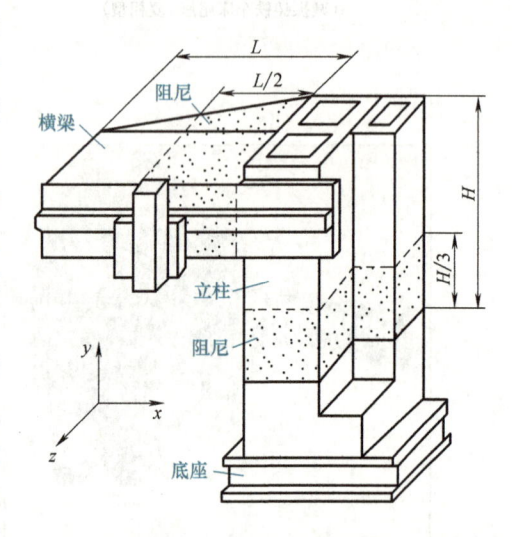

图9-25 16m立式车床的立柱-横梁模型[90]

表9-3 立柱局部约束阻尼处理前后的模态参数[90]

模态阶数		1	2	3	4	5	6	7
固有频率/Hz	处理前	25.7	58.7	124.2	155.2	233.4	248.1	339.5
	处理后	25.3	57.8	120.9	153.6	228.8	248.0	337.6
模态阻尼比(%)	处理前	2.70	0.80	0.39	0.33	0.26	0.18	0.14
	处理后	3.20	1.64	0.39	0.74	0.36	0.25	0.20

9.5.2 飞机发动机叶片的振动控制[111]

某航空发动机在工作过程中,其进口导流叶片常常使用一段时间(大约60h)后由于振动原因而出现应力疲劳开裂,需要修补或更换,甚至更换整个叶轮,因此给正常飞行带来极大的麻烦,而且维修费用很高。对于这一问题,可采用对叶片进行约束阻尼处理来解决。约束阻尼层由铝箔和黏弹性阻尼层(采用3M黏合剂)交替包覆叶片组成。为了使黏结牢靠,采用了真空袋加压和热压罐固化等工艺。处理中,铝箔有两种厚度,一种厚0.05mm,另一种厚 0.127mm，阻尼层厚 0.05mm。叶片及其阻尼处理形式如图 9-26 所示。

实践表明这种阻尼处理可以很好地解决该发动机进口导流叶片的疲劳开裂问题，经阻尼处理后叶片的动应力峰值显著降低，使用寿命大为延长（>1200h）。原先用于进口导流叶片修补和更换的费用每年约需 150 万美元，采用阻尼处理后可节省 120 万美元。

9.5.3 机床床身摇摆振动控制[112]

机床床身的低频摇摆振动（Rocking Vibration）直接影响机床的加工质量，一直是机床设计与制造领域急需解决的关键问题。现有机床床身的支撑布局（见图 9-27a）为机床主支撑（弹性支撑）与阻尼支撑串联的形式，由此导致系统总体刚度的降低，进而降低了系统的固有频率，阻尼支撑的效果体现不出来，因而对于抑制床身低频摇摆振动的效果就不够显著。

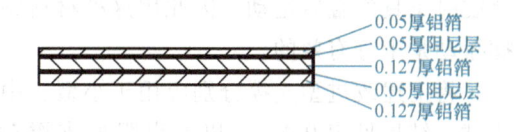

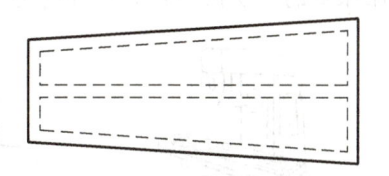

图 9-26 某航空发动机进口导流叶片阻尼处理形式[111]

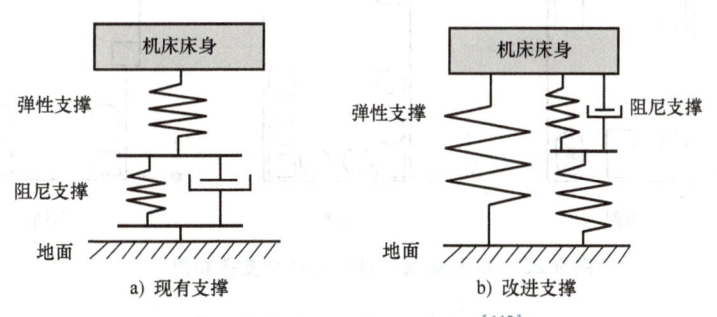

图 9-27 机床床身支撑形式[112]

本例中，日本京都大学的学者们提出了一种改进型机床床身的支撑布局，如图 9-27b 和图 9-28 所示，采用阻尼支撑与机床主支撑并联的形式，这种形式几乎不改变系统的总体刚度，进而能够保证系统固有频率的恒定，此时阻尼支撑的效果得以体现。图 9-28 中阻尼器的材料采用聚异丁烯基热塑性弹性体，这种材料抑制剪切应力的效果非常显著，常用于抑制

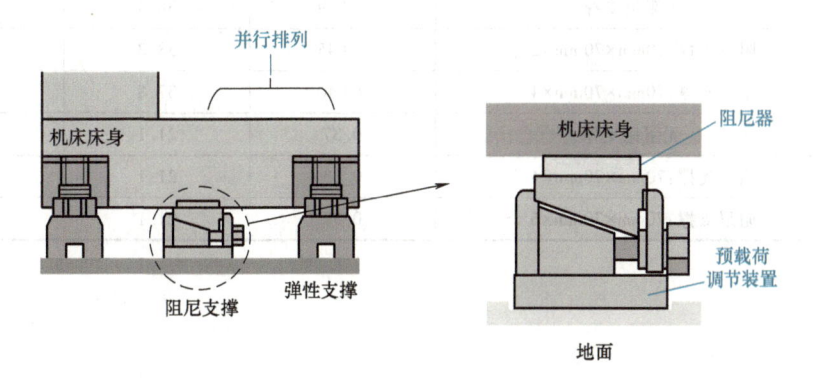

图 9-28 机床床身改进型支撑结构示意图[112]

地震时家具的翻转运动，因此用这种材料制作的黏弹阻尼器对于抑制机床床身的水平往复摇摆振动是十分有效的。

将上述改进型支撑分别应用于小型、中型和大型机床上（见图9-29），并进行模态试验测试，结果见表9-4。可以看出阻尼支撑对于摆振频率影响甚微，对于不同机床，特别是中、小型机床床身的摇摆振动具有良好的抑制效果。

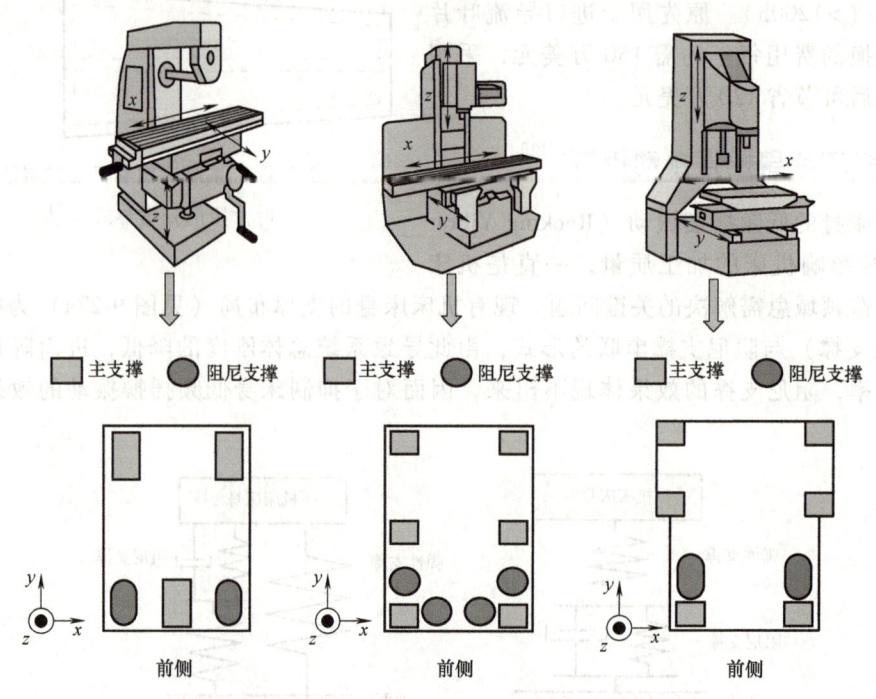

图9-29 不同机床床身的改进型支撑布局[112]

表9-4 不同机床床身的摇摆振动特性参数对比[112]

机床类型与支撑条件		共振峰值/(μm/N)	共振频率/Hz	阻尼比 ζ
小型机床	无阻尼支撑	1.30	19.6	0.0131
	阻尼支撑:40mm×50mm×2个	0.70	19.7	0.0270
	阻尼支撑:40mm×100mm×2个	0.42	19.2	0.0378
中型机床	无阻尼支撑	0.049	38.4	0.0587
	阻尼支撑:70mm×70mm×2个	0.045	38.3	0.0616
	阻尼支撑:70mm×70mm×4个	0.040	37.8	0.0711
大型机床	无阻尼支撑	0.37	21.1	0.0103
	阻尼支撑:70mm×70mm×4个	0.33	21.1	0.0108
	阻尼支撑:70mm×70mm×6个	0.32	21.1	0.0110

第10章

颗粒阻尼技术

10.1 引　言

　　前面两章介绍的动力吸振技术和黏弹阻尼技术因其自身固有的缺点限制了两者更为广泛的应用。众所周知，黏弹材料的阻尼特性对温度异常敏感，而且容易因高温而老化，同时存在着蠕变、脆裂、退化变脆分解以及在酸碱等恶劣的环境条件下易被腐蚀等缺点，使得其阻尼性能受到显著影响；另外，动力吸振技术也存在减振频带过窄的问题。为了解决在极端恶劣条件下（高温、极寒、高压、油污以及酸碱腐蚀等恶劣环境）工作的结构宽频振动控制问题，研究和发展新型被动减振技术就变得十分必要和迫切。令人欣喜的是，经过人们的不懈努力，一种适用于恶劣环境的新型阻尼技术即**颗粒阻尼**（Particle Damping）技术应运而生，它最早出现于 20 世纪 80 年代末期，是由传统的**冲击阻尼**（Impact Damping）技术演化而来，在近二三十年里得到迅猛发展，其以优良的减振效果以及结构简单、成本低廉、易于实施、适用于恶劣环境等一系列优点，在工程实际中得到了广泛应用，并取得了良好的效果。为了便于更好地理解和掌握颗粒阻尼技术，本章将首先对冲击阻尼技术进行概述，然后重点对颗粒阻尼技术的分类及其减振机理与特性、应用与研究进展进行详细的介绍，并给出工程应用实例。

10.2 冲击阻尼技术[113-127]

　　冲击阻尼技术是利用两物体进行非弹性碰撞后经过动量交换而耗散能量的，它是通过在结构体（主系统）内部空腔放置一个起冲击作用的冲击体（刚性质量块或球体颗粒），或者在结构体表面附加一个带有冲击体的腔体［即**冲击阻尼器**（Impact Damper），又称加速度阻尼器］来实现的。当结构体振动时，冲击体将进行冲击运动，与结构体反复碰撞将其振动能量耗散，达到减振的目的。该技术最早始于 20 世纪 30 年代，国外学者 Paget 在研究蒸汽透平叶片减振问题时发明了单体冲击阻尼器（Single-Unit Impact Damper），如图 10-1 所示。

　　这种单体冲击阻尼器具有结构简单、重量轻、体积小、实施方便、窄带减振效果好等优点，一经问世即在很多工程减振领域中得到了成功应用，如飞行器、天线结构、印刷机滚筒、航天器管道、火箭发动机低温转子、斜拉索桥塔架以及 3 关节机器人的振动控制等，其中最具代表性的当属冲击减振镗杆和镗刀等，如图 10-2 所示。

　　在单腔单体冲击阻尼器问世后，又衍生出多种类型的冲击阻尼器，如图 10-3 所示。主要分为以下几种：①多腔单体冲击阻尼器（Multi-Unit Impact Damper）：将结构体划分成多个小腔体，每个腔体装一个冲击体，优点是利用多个冲击体与系统产生碰撞，从而消耗系统的振动能量，它扩展了经典的单腔单体冲击阻尼器的频率范围，冲击力的峰值也得到较为明显的降低；②弹性冲击阻尼器（Resilient Impact Damper）：在振动体腔体的前后端分别添加一个弹簧阻尼系统，以减小冲击体对腔壁的冲击力，减小冲击噪声；③缓冲冲击阻尼器（Buffered Impact Damper）：对弹性冲击阻尼器的结构形式加以改进，把腔体中的弹簧阻尼系统与冲击体接触的刚性结构换成橡胶材料，进一步降低冲击体对腔壁的冲击力和冲击噪声。

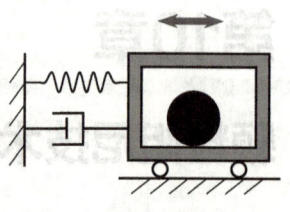

图 10-1　单体冲击阻尼器动力学模型[114]

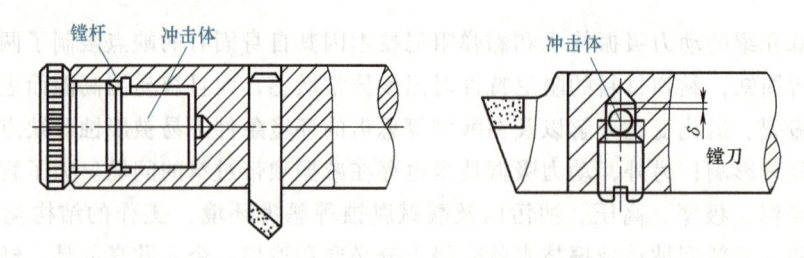

图 10-2　冲击减振镗杆和镗刀[114]

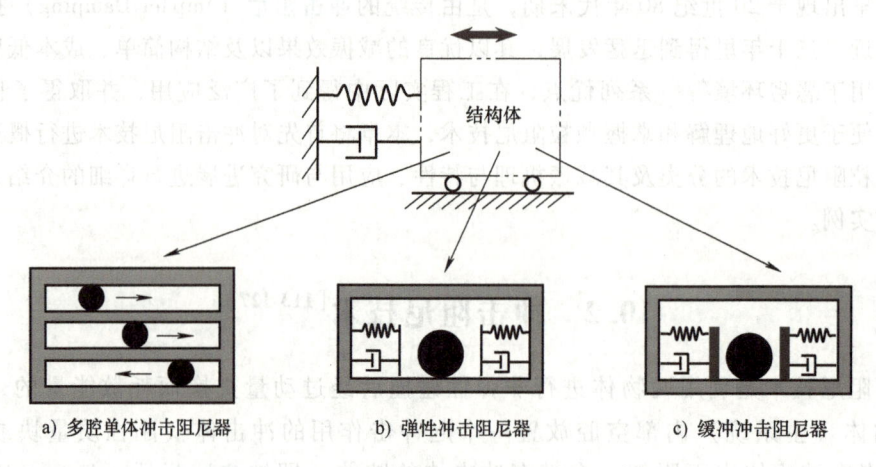

a) 多腔单体冲击阻尼器　　b) 弹性冲击阻尼器　　c) 缓冲冲击阻尼器

图 10-3　几种类型冲击阻尼器[122-125]

一般而言，为提高冲击阻尼器的减振效果，在设计时应遵循以下准则：

1）要实现冲击减振，首先要使冲击体对结构体产生稳态周期性冲击运动，因此合理选择冲击体与结构体腔体之间的运动间隙是关键，同时希望冲击体和结构体都以最大运动速度进行碰撞，以获得有力的碰撞条件，造成最大的能量损失。

2）冲击体质量越大，碰撞时消耗的能量就越大。因此，在结构空间尺寸允许的前提下，选用尽可能大质量比的冲击体。若空间尺寸受限制，冲击体的材料可选用密度大的材料（如铅、钨等），以增加冲击质量。

3）冲击体一般安装在结构体振动幅值最大的位置，以提高减振效果。

10.3 颗粒阻尼技术

10.3.1 概述

尽管冲击阻尼技术可以适应在恶劣环境下使用的要求，并衍生出几种改进型冲击阻尼器，但仍存在如下局限性：①冲击体与结构体之间碰撞而引发的冲击阻尼效应较弱，耗散振动能量的能力不高；②宽频和多模态耦合状态下的减振效果不好；③减振的同时由于冲击作用而产生较高的冲击噪声以及较大的接触应力。上述缺陷限制了冲击阻尼技术的应用。在此背景下，颗粒阻尼技术应运而生，它是在传统的冲击阻尼技术上发展起来的一项新型阻尼减振技术，是一种广义冲击阻尼技术。该技术用大量颗粒代替传统的冲击体，阻尼效应不仅包含颗粒与结构体之间的碰撞与摩擦效应，还包含颗粒之间的碰撞与摩擦效应，阻尼耗能能力显著增强，因此颗粒阻尼可以认为是传统冲击阻尼和摩擦阻尼效应的叠加。

颗粒阻尼技术最早始于20世纪80年代中期，具有减振频带宽、效果好、系统运动稳定性好、冲击力小、无噪声、附加重量轻（相对而言）、适用于恶劣环境等一系列优点，因而一经问世，便迅速在很多工业领域得到了推广应用。

与传统的冲击阻尼技术相似，颗粒阻尼技术的实施也主要分为两种：①颗粒阻尼器(Particle/Granular Damper)，它由内置大量颗粒的密闭腔体构成，安装在需要减振的结构体上；②直接在结构体振动剧烈部位或振动传输路径上加工一定数量的孔洞，将适当数量的颗粒填置其中，并保持非阻塞状态，这种方式下的颗粒阻尼就是常说的非阻塞性颗粒阻尼(Non-Obstructive Particle Damping, NOPD)。下面将对这两种方式予以重点介绍。

10.3.2 颗粒阻尼器

1. 传统颗粒阻尼器[128-131]

动态载荷环境下的非黏性颗粒群具有良好的动态和波传播性能，可以用于制作被动阻尼减振装置，这一点早就被颗粒动力学研究领域的专家所认可。1985年，日本九州工业大学的学者们在研究某离散系统振动问题时首次提出了颗粒阻尼器的概念，它由一定数量的陶瓷或金属（铅、钨、钢等）微小颗粒（或粉末）置于密闭腔体而构成，如图10-4和图10-5所示。与传统冲击阻尼器相比，其结构特点是将原来的单颗粒冲击体用众多微小颗粒代替，这样的颗粒群所呈现的阻尼性能以及减振降噪能力是单颗粒无法比拟的。

图10-4 颗粒材料：铅粒（左）和钨粉（右）[130,131]

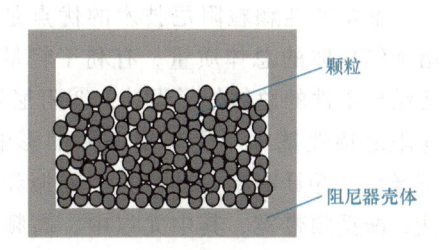

图10-5 传统颗粒阻尼器结构示意图

对于传统颗粒阻尼器来说，其阻尼耗能机理与后面介绍的非阻塞性颗粒阻尼相似，将在 10.3.4 节中专门介绍。下面主要对一种特殊的、采用柔性约束的颗粒阻尼器予以介绍。

2. 豆包阻尼器[132-134]

1989 年，加拿大马尼托巴湖大学的 Popplewell 及其同事们发明了一种将大量铅粒用柔软的包袋包裹起来以代替传统单冲体的新型冲击阻尼器，试验证明其效果良好，可以达到无噪声以及冲击力小的要求，他们将这种阻尼器形象地命名为**豆包阻尼器**（Bean Bag Damper, BBD），如图 10-6 所示。

豆包阻尼器的包袋材料采用了具有良好恢复性能的皮革或人造革等，因此在冲击碰撞时，包袋层首先与固连在结构体上的阻尼器壳体接触，起到了一种缓冲作用。继而由于柔性约束的效应，带动包袋内的金属颗粒先后不一地参与碰撞接触，不但大大延长了总体接触时间，而且起到了一种使冲击力大大减小的非线性缓冲作用。包袋层的柔性约束作用，使其内部颗粒宏观上又表现为一个整体，在和结构体的碰撞过程中，表现为整体参与碰撞，而不是个别颗粒，因而碰撞时和结构体有较大的动量交换。同时由于包袋层的柔性约束作用，加剧了颗粒间的相互碰撞和摩擦作用，消耗了更多的能量，从而使豆包阻尼器表现出良好的减振效果。

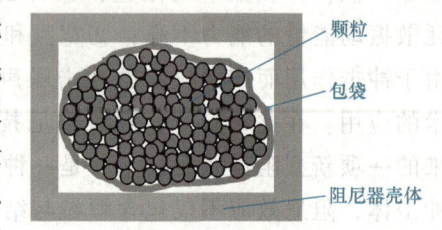

图 10-6 豆包阻尼器结构示意图

10.3.3 非阻塞性颗粒阻尼技术[135-139]

非阻塞性颗粒阻尼（NOPD）技术最早是由美国洛克威尔公司的 Panossian 博士在 1989 年的阻尼技术国际会议上提出来的，目的是解决工作条件极端恶劣或限于结构体本身的特殊性很难甚至无法采用其他减振措施的结构体振动问题。比如，发动机叶片的高频振动、火箭或导弹液氧注入 T 形接头中分流叶片的振动问题等。据称洛克威尔公司从 1990~1993 年间对非阻塞性颗粒阻尼技术进行了大量的基础性试验研究，最终在汽轮机叶片上得到了成功的应用。

非阻塞性颗粒阻尼技术是在结构体的振动剧烈部位或振动传输路径上加工一定数量的孔洞，其中填充适当数量的、直径介于 0.05~5mm 之间的金属或非金属颗粒，使之在孔中处于非阻塞状态（见图 10-7）。随着结构体的振动，颗粒相互之间以及颗粒与结构体之间不断地碰撞和摩擦，以此消耗结构体的振动能量，达到减振或隔振的目的。

非阻塞性颗粒阻尼技术的优点是：①基本上不增加结构体的总体质量，有利于轻量化；②无须改变结构部件的总体外形设计；③阻尼效果十分显著；④阻尼特性基本不受环境条件的影响，性能稳定，不老化；⑤具有良好的减振、隔振和抗冲击综合特性，减振频带宽，其中尤以中、高频减振效果更为突出，在有效减振频带内几乎对系统所有的共振模

图 10-7 非阻塞性颗粒阻尼结构示意图[139]

态都有减振作用,而且较小的质量比就能取得很好的减振效果;⑥颗粒的密度以及颗粒间的摩擦系数越大,减振效果越好。

当然,非阻塞性颗粒阻尼技术也有一定的缺点,即在原结构体上钻孔会产生应力集中,需要进行强度校核,以确定合理的钻孔位置。

一般而言,为提高非阻塞性颗粒阻尼的减振效果,在设计时应遵循以下准则:

1)应用非阻塞性颗粒阻尼技术时,必定要在原结构体上钻孔,对原结构强度或多或少地产生一定的影响。因此,钻孔前需要对原结构的强度和应力进行分析,以尽量减小钻孔对结构强度的破坏,保证钻孔后满足结构强度的要求。

2)非阻塞性颗粒阻尼技术的施加位置很重要。首先应该在振动剧烈部位钻孔,这样易于充分激励颗粒参与系统的振动,减振效率比较高。另外,还可在振动传输路径上钻孔,以起到阻断振动能量传输的作用,达到较好的隔振效果。

3)孔径的大小也影响减振效果。实际应用中,在强度允许的情况下,尽量钻较大直径的孔,但同时也要考虑到主系统振幅的大小,若振幅较大,孔径可适当增大。但当振幅较小时,应以多个小直径的孔代替大直径孔。

4)颗粒材料应尽可能选择密度大的材料(如铅、钨等)。

5)颗粒的填充数量常用体积填充比(定义为所有颗粒占据的体积与孔腔总体积之比)和质量填充比(定义为颗粒实际填充质量与最大可填充质量之比)表示,其中后者在颗粒阻尼技术的具体实施中更为常用,两者之间具有一定的换算关系(对于球形颗粒,100%的质量填充比对应于最大的体积填充比为62.5%)。关于填充比的选择,一般情况下应视具体结构的振动条件而尽可能选择合适的值,以保证减振效果。

10.3.4 颗粒阻尼减振机理与特性

颗粒阻尼的减振机理是由于结构体与其内部填充的颗粒之间存在耦合运动,导致颗粒之间以及颗粒与结构体之间做相对碰撞与摩擦运动,从而消耗结构体的振动能量。颗粒阻尼的能量耗散主要分为两大类:①外部耗散:通过颗粒与腔体或孔壁之间不断地摩擦和冲击作用将能量耗散掉;②内部耗散:通过颗粒之间的相互摩擦与冲击将能量耗散掉。上述两种耗能机理中内部耗散机理占主导地位,其中又以颗粒之间的摩擦耗能占的比例最大,如图10-8所示。

颗粒阻尼是一种高度依赖于结构体振幅的非线性阻尼,这一特性可以借助于散体元法(Discrete Element Method, DEM,见10.4.3节介绍)进行数值模拟来展现。

图10-9所示为悬臂梁端部安装的颗粒阻尼器做瞬态自由振动的散体元法仿真快照,可以看出振动发生前,颗粒群处于非阻塞静止状态,当悬臂梁受到初始干扰发生振动时,颗粒群逐渐受到激发而产生运动,颗粒之间、颗粒与腔壁之间碰撞和摩擦的共同作用而呈现颗粒阻尼效应。振幅越大,颗粒阻尼效应

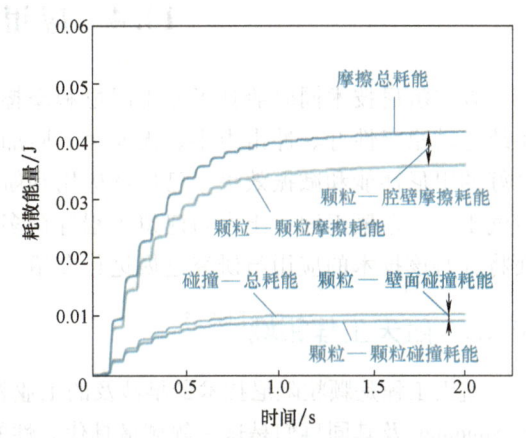

图10-8 颗粒阻尼的能量耗散分布[140]

越强烈，从而导致振幅快速衰减。随着时间的推移，振幅逐渐变小，颗粒阻尼效应越来越微弱，直至达到稳定状态，结构振动趋于停止。这一点也被相关结构的试验结果所证实，如图10-10 所示。

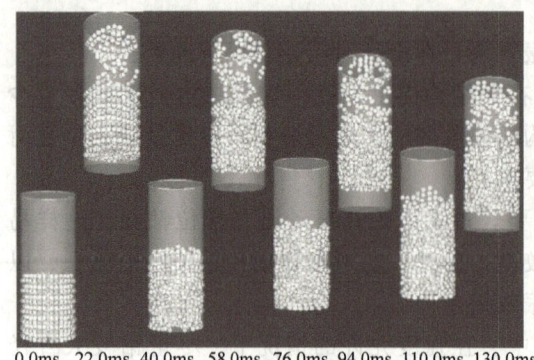

图 10-9　颗粒阻尼器瞬态自由振动的散体元法仿真快照（颗粒数量：1246）[141]

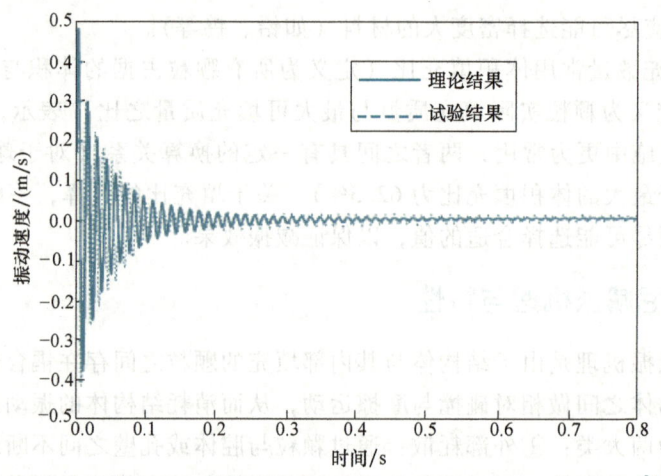

图 10-10　颗粒阻尼悬臂梁瞬态自由振动响应（质量填充比 50%）[142]

10.4　应用与研究进展

颗粒阻尼技术同时兼具了冲击阻尼和摩擦阻尼的综合效应，具有减振频带宽、效果好、系统运动稳定性好、冲击力小、无噪声、附加重量轻、适用于恶劣环境等一系列优点，具有良好的阻尼性能和减振效果，已广泛应用到航空航天、机械工程、能源与动力工程、石油天然气工程、车辆工程、土木与建筑工程等众多工业领域，并取得了明显的振动控制效果。下面将针对该技术的应用与研究进展进行介绍。

10.4.1　航天工程领域[143-152]

航天工程是颗粒阻尼技术最早涉及的工业领域之一，美国 Northrop Grumman 空间系统公司的 Simonian 及其同事们是这一领域最具代表性的研究团队，该团队连续数年在美国航空宇航学会（AIAA）的年会上报道其最新研究成果。早在 1995 年，该团队就尝试采用颗粒阻尼器来抑制某航天器两种悬臂梁状附件结构的振动，其中一种是全方位天线（首阶模态 31Hz，内阻尼 0.5%），另一种是有效载荷附件（首阶模态 21Hz，内阻尼 3%），如图 10-11 所示。颗粒阻尼器（颗粒材料为铅粒，阻尼器质量填充比为 15%~20%）在安装梁的端部，地面模拟试验结果显示经颗粒阻尼技术处理后的上述两种附件结构的模态阻尼提高了 5%~20%。

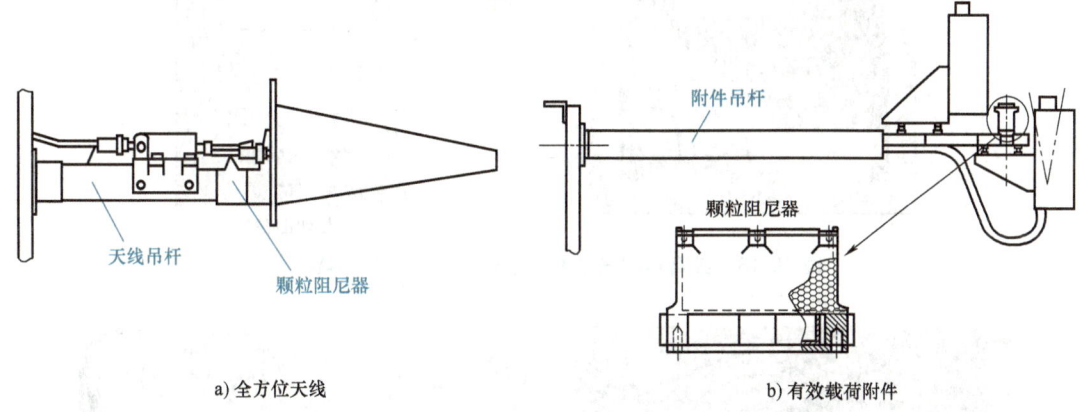

图 10-11 带有颗粒阻尼器的航天器悬臂梁状附件结构示意图[143]

a) 全方位天线　　b) 有效载荷附件

在上述研究的基础上，2004 年 Simonian 博士又将颗粒阻尼技术引入到另一种在超低温环境下（现有黏弹阻尼器、聚合物阻尼器以及流体阻尼器均无法承受）工作的梁状航天仪器的振动控制中，阻尼器仍然采用箱型结构（内部尺寸为 0.50in×0.61in×0.90in，1in=0.0254m），内填 30g 的铅粒，安装在接近于梁的有效质量中心位置（飞行中的变形最大）。施加阻尼器后，结构在共振频率 212Hz 处的品质因子 Q 由 53 降低到 2.2~12 之间，阻尼效果显著。所开发的颗粒阻尼器由于结构简单、使用方便以及效果好，目前已成为这种航天仪器的标准配置。

随后数年，Simonian 及其同事们又相继开发出多种颗粒阻尼器并应用于不同的航天器附件结构上。图 10-12 所示为一种颗粒可调谐质量阻尼器（Particle Tuned Mass Damper，PTMD），内部填充 490g、直径为 2mm 的钨粒，也是用于梁状航天器附件结构的振动控制。

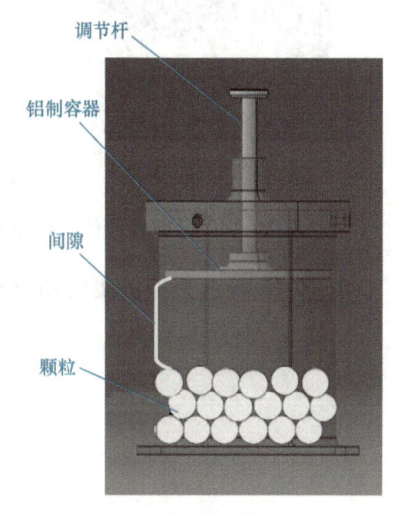

图 10-12 颗粒可调谐质量阻尼器结构示意图[146]

图 10-13 所示为抑制某高精密光学系统在 250~280Hz 频带的抖动（Jittering）而研发的颗粒阻尼器布局，颗粒材料采用直径为 2mm 的钨粉，质量填充比为 97%。同时针对该系统内一种半月形中空圆柱体（系统另一重要干扰源之一），采用非阻塞性颗粒阻尼技术进行处理，为了减轻重量，内部填充颗粒为玻璃颗粒。经过上述处理，系统阻尼提高了 10%，共振峰降低 50%，光学抖动问题得以有效的解决。

图 10-14 所示为某航天器使用的电子线路箱，为降低冲击和声载荷激励的影响，采用前面已开发的颗粒可调谐质量阻尼器进行处理，效果显著，共振频率处的品质因子可降低 10。

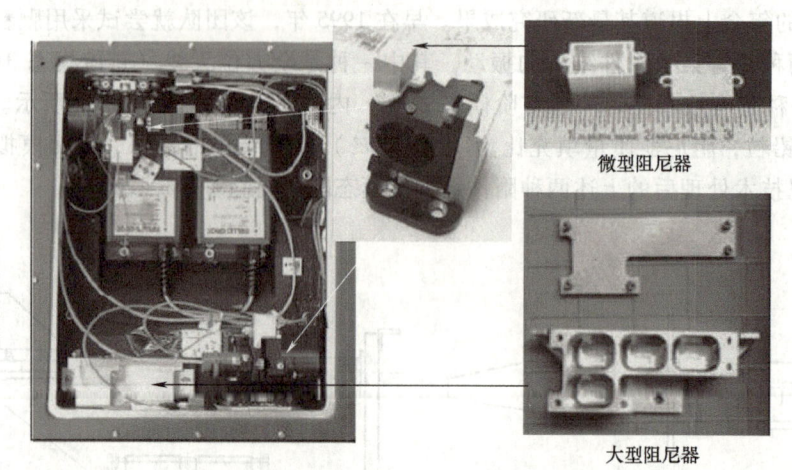

图 10-13 某高精密光学系统上使用的颗粒阻尼器[147]

图 10-14 某航天器使用的电子线路箱（左）和颗粒可调谐质量阻尼器布局（右）[148]

图 10-15 所示为抑制集气箱（Steam Manifold）引发的流致扰动（Fluid-Flow Induced Dis-

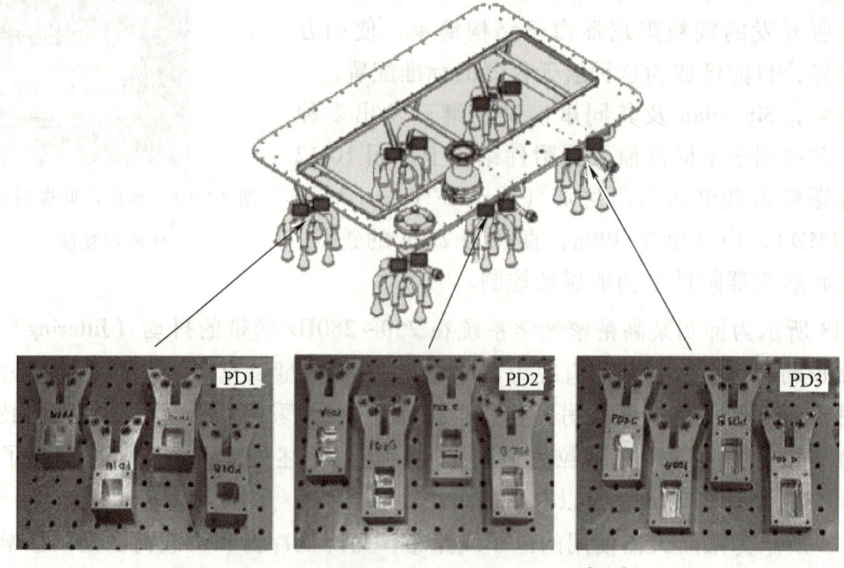

图 10-15 某集气箱颗粒阻尼器布局[149]

turbance）传播给支撑结构而研发的三种不同尺寸的颗粒阻尼器［共计12个，每个阻尼器质量0.5lb（1lb=0.454kg），内填2mm钨粒］布局，试验结果显示效果良好。

航天器发射过程中，太空制冷机的冷指（Cold Finger）机构很难承受$0.3g^2$/Hz的随机振动环境，冷头（冷指头部）处的加速度品质因子Q通常高达50~80。为了保证制冷机在发射过程中能正常工作，美国加州理工学院的学者Ross提出采用颗粒阻尼技术予以解决。颗粒阻尼器（内部填充铅或钨颗粒，总质量50~100g）安装在冷头处。阻尼处理前后的效果对比如图10-16所示，可以看出AIRS型制冷机脉冲管冷指处的加速度品质因子Q由40降低到10，而且共振频率几乎不变，效果显著。

近年来，颗粒阻尼技术也被用于立方体卫星的振动控制中，这种卫星是用来进行简单的太空观察和对地球大气进行测量的星标准立方体模块或其组合体的小卫星，尺寸为10cm×10cm×10cm，质量不大于1kg的皮卫星为标准单元（1U）。图10-17所示为美国加州州立理工大学开发的CP6型1U立方体卫星。2011年又与Northrop Grumman空间系统公司合作开发新一代CP7型立方体卫星，并在其有效载荷上使用了颗粒阻尼技术，如图10-18所示。颗粒材料选用高纯度钨粉，同时为防止颗粒湿度对阻尼器性能的影响，这些钨粉还必须放置在热真空室内进行烘干处理，以除去材料内残余湿气。阻尼器腔内填充好钨粉（填充比分别为90%和95%）后采用环氧树脂进行密封处理。

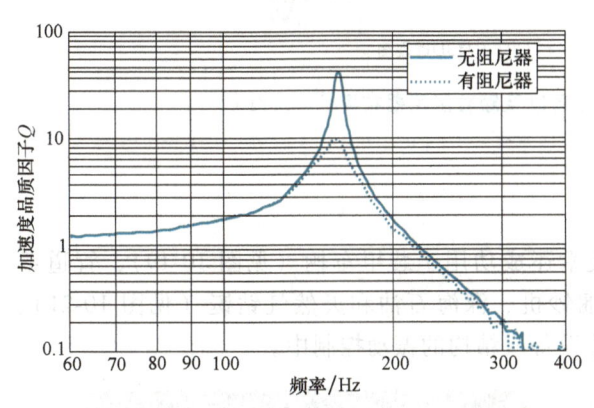

图10-16 AIRS型太空制冷机脉冲管冷指处的加速度响应频谱[150]

图10-17 CP6型1U立方体卫星[152]

CP7卫星硬件实物

图10-18 CP7型1U立方体卫星以及颗粒阻尼器布置[152]

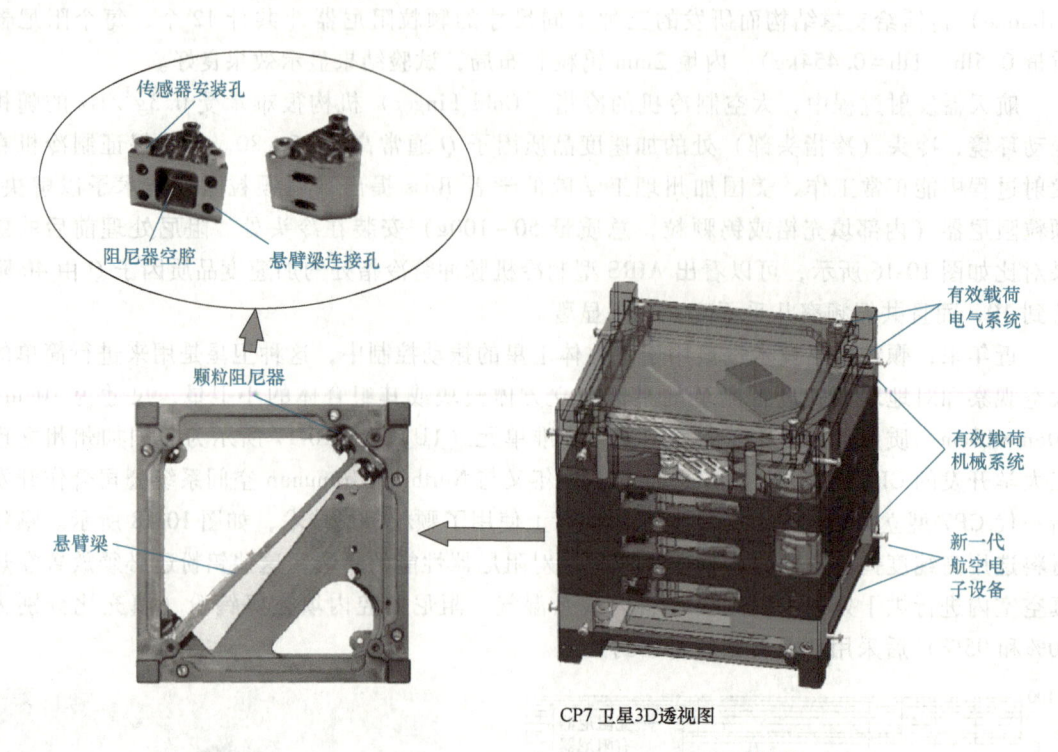

图 10-18 CP7 型 1U 立方体卫星以及颗粒阻尼器布置[152]（续）

10.4.2 其他工程领域[153-161]

除了上述航天工程领域外，颗粒阻尼技术还成功用于装甲车辆（见图 10-19）、管道系统、雷达采样架立柱（见图 10-20）、金融捆钞机、深海石油和天然气钻铤（见图 10-21）、IC 封装设备、船用压缩机组以及高层建筑等设备或结构的振动控制中。

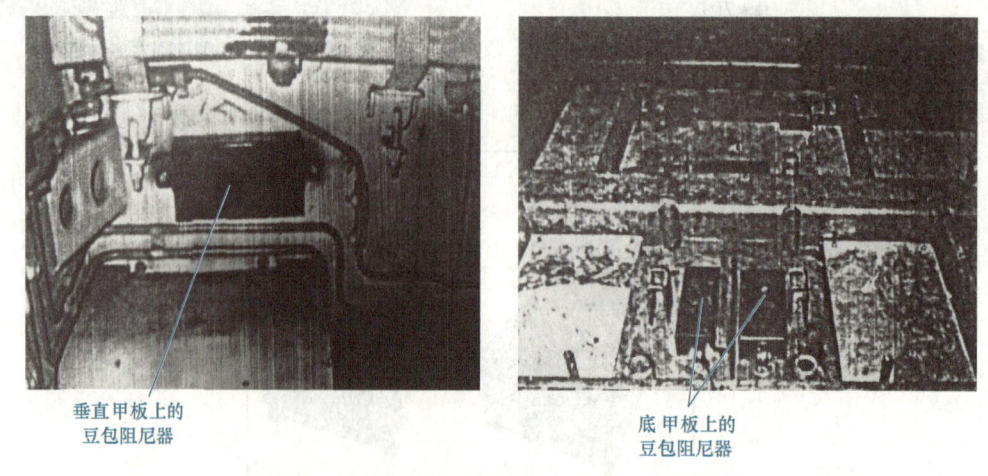

图 10-19 装甲车甲板上安装的豆包阻尼器[153]

此外，颗粒阻尼技术还可与前面介绍的隔振技术或动力吸振技术等有机地结合，可以得

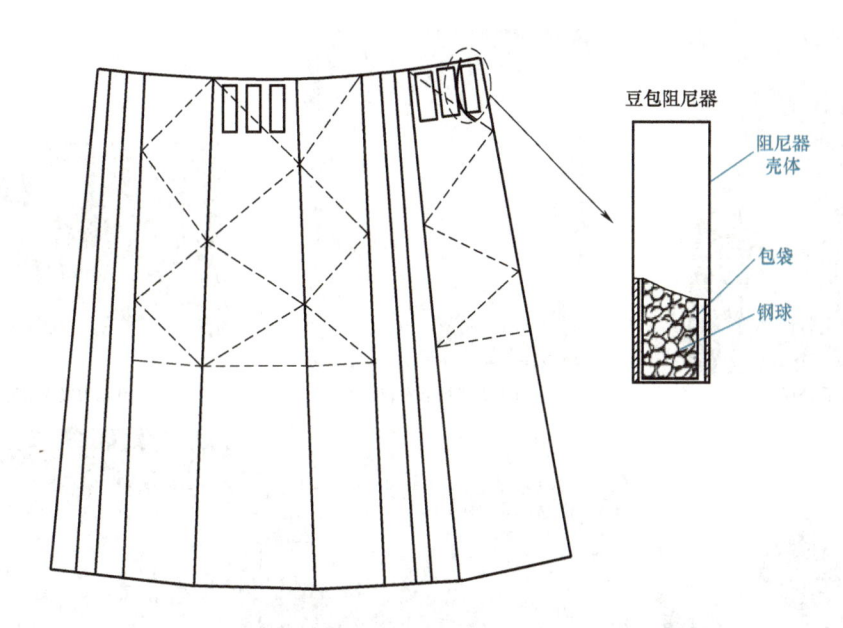

图 10-20　顶部安装豆包阻尼器的雷达采样架立柱模型展开示意图[154]

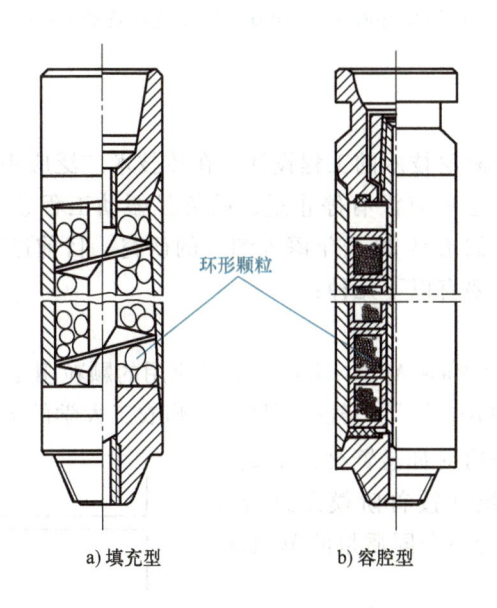

a) 填充型　　b) 容腔型

图 10-21　采用颗粒阻尼技术的两种石油和天然气钻铤[156]

到更好的振动控制效果，对于这一点，下面通过一个具有代表性的建筑工程应用范例来说明。2010 年 2 月 27 日智利发生里氏 8.8 级特大地震，期间首都圣地亚哥市内的绝大多数现代高层建筑并没有受到损坏。如图 10-22 所示，一座名叫 Parque Araucano 的 22 层高层建筑，由于在 21 层安装了两个由金属球组成的特制可调谐质量阻尼器（TMD，即第 8 章介绍的动力吸振器，只是将单个质量块用大量颗粒代替），在地震后保持完好无损。

a) 地震后外观 　　　　b) 动力吸振器安装位置 　　　　c) 动力吸振器腔体

d) 动力吸振器金属球 　　　　e) 安装后的动力吸振器

图 10-22　智利 Parque Araucano 高层建筑以及动力吸振器系统[161]

10.4.3　理论分析方法

为了更好地指导颗粒阻尼技术的工程设计，在该技术广泛应用的同时，有关颗粒阻尼建模与预估等理论研究工作也一直没有停止过，始终是振动工程领域非常活跃的研究前沿之一。经过国内外众多学者们历经 20 余年深入细致的研究，目前已取得了丰硕的成果，其中最主要的理论分析方法主要有以下几种：

1. 集中质量法

集中质量法（Lumped Mass Approach）是最早应用的颗粒阻尼理论分析方法，其代表人物是美国南加州大学的 Masri[162-163] 教授团队和德州农工大学的 Kinra[164-165] 教授团队。该方法的思想是将连续体结构（如悬臂梁）等效为一个简单的单自由度系统（按首阶模态进行等效），把填充的颗粒等效为一个同质量的单颗粒，如图 10-23 所示。

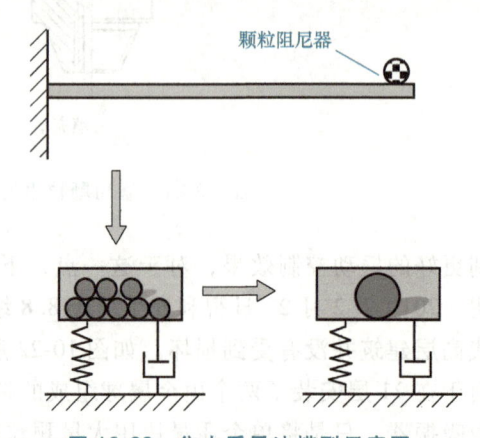

集中质量法的优点是模型简单，易于计算，但该方法仅对颗粒整体与腔体之间的非弹性碰撞产生的冲击阻尼效应进行了精确的表达，而对颗粒之间碰撞和摩擦耗能、颗粒与腔体之间的摩擦耗能仅通过试验拟合得到的经验公式进行近似描述。因此，无法对颗粒的阻尼效应进行全面、精确的描述，其计算结果准确性欠佳。

图 10-23　集中质量法模型示意图

2. 散体元法

散体元法（DEM）是解决非连续介质问题的一种显式求解数值方法，最早由美国明尼苏达大学的 Cundall[166] 博士于 20 世纪 70 年代提出并用于岩土力学方面的研究。该方法是对每一个离散的颗粒进行建模，根据牛顿第二定律和接触关系来描述颗粒的运动，通过时步迭代求解，跟踪颗粒的运动轨迹，主要用于采矿、冶金、岩土工程、颗粒运输、生物制药、石油化工等领域。

由于散体元法可以很好地揭示颗粒与颗粒之间、颗粒与腔壁之间的相互作用力，因此也被应用于研究颗粒阻尼的耗能机理和力学行为，在振动工程领域得到了广泛应用，已成为一种成熟有效的颗粒阻尼理论分析方法，并已开发出大型商业散体元法仿真软件，如 EDEM、PFC2D&3D 等，如图 10-24 所示。

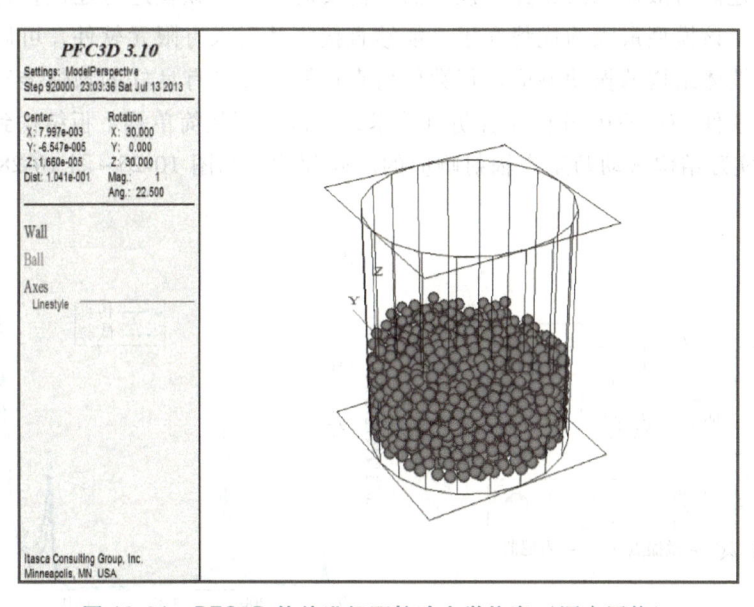

图 10-24　PFC3D 软件进行颗粒动力学仿真（源自网络）

但是，散体元法仿真需要对每一个颗粒进行建模计算，当颗粒数目较大时，需要花费大量的计算资源和计算时间，计算成本比较高。特别是当填充材料为细小的粉状颗粒时，无法对颗粒阻尼效应进行准确计算。另外，散体元法的研究对象多为简单的单自由度系统，或能够等效为单自由度系统的简单连续体结构（如悬臂梁等），而无法完成复杂颗粒阻尼连续体结构的振动响应的仿真计算。由于其重在颗粒阻尼耗能机理的研究，对于指导颗粒阻尼技术的工程实践（前提是能够针对复杂工程结构施加颗粒阻尼技术后的振动响应进行准确预估）具有较大的局限性。

3. 气固两相流理论

气固两相流，顾名思义就是由气体相和固体相组成的两相混合流，广泛存在于自然界和工农业生产中。基于分子动力学的气固两相流理论自 20 世纪 50 年代提出以来，相继在石油工业、煤炭与冶金工业、动力与核能工业、化学工业、水利以及航天工业等领域得到了成功应用，主要研究诸如输流管道、流化床、粉料或粒料的气力管道输送、粉尘的分离与收集、煤粉或金属粉的燃烧、炮膛中火药粒流动、材料喷涂、等离子体化工、各种粉末制备，甚至大气雾霾颗粒污染等大尺度系统的颗粒流之间的相互作用问题。然而对于颗粒阻尼技术来说，封闭于振动系统腔体中的小尺度颗粒流之间的运动学和动力学特性问题，能否借鉴上述理论则是一个具有挑战性的关键技术问题。当振动腔体内的颗粒浓度较高时，可以简化为具有低雷诺数的气固两相混合流，这一尺度的颗粒流虽然与上述大尺度颗粒流有所不同，但两者在本质上都遵循着质量、动量和能量传递的基本物理规律，正是这些共性的存在，使得上述气固两相流理论模型用于振动腔体内颗粒阻尼特性的分析成为可能。

目前气固两相流理论已成功引入振动工程领域的颗粒阻尼技术理论分析与响应预估中，考虑颗粒之间碰撞与摩擦效应的颗粒阻尼预估模型（等效黏性阻尼模型）已被开发出来，该模型基于微观的理论基础、从宏观分析的角度，对颗粒间作用产生的阻尼效应进行了较为准确的定量描述。与散体元法相比，该方法不需要对每一个颗粒进行建模，计算过程更为简单、耗时更短。该模型最大的优势在于，能够直接将其引入有限元软件，可以对无限自由度的颗粒阻尼连续体结构的振动响应进行数值仿真计算，并具有良好的预估准确性。目前通过多物理场耦合软件 COMSOL 进行联合仿真技术，可以实现从简单梁、板结构到复杂的箱体类结构以及工程实际结构振动乃至声辐射响应的准确预估，如图 10-25～图 10-28 以及表 10-1～表 10-2 所示。

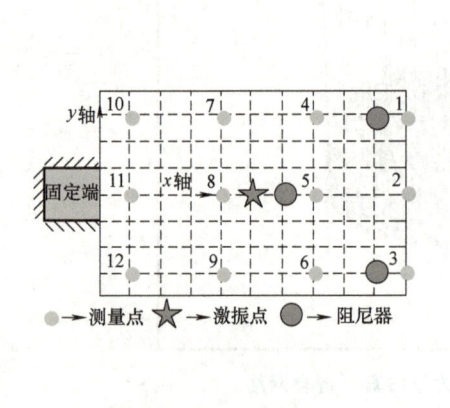

a）颗粒阻尼器、激振点和测量点布局

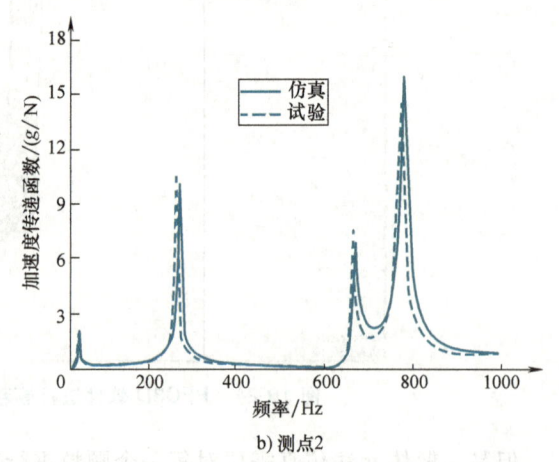

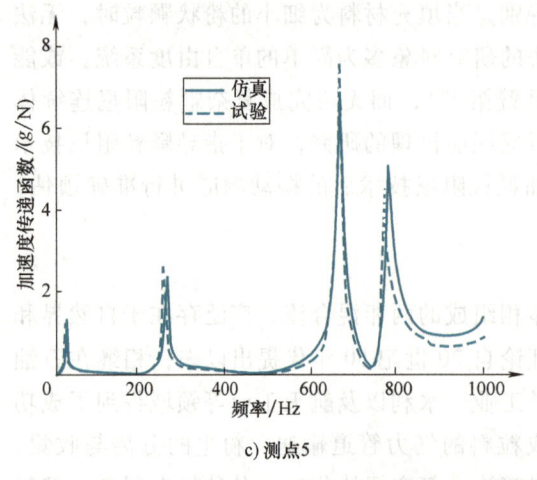

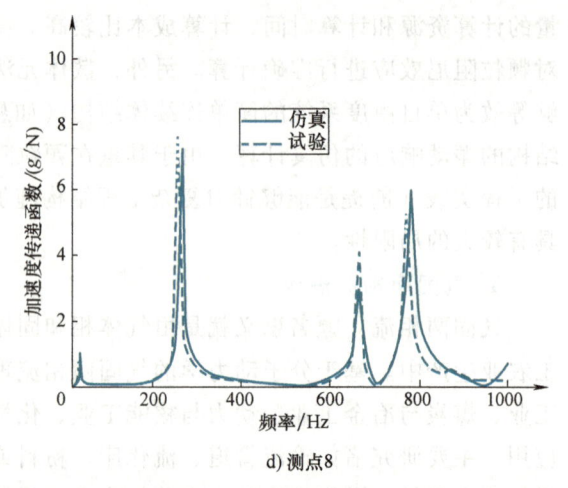

b）测点2

c）测点5

d）测点8

图 10-25　矩形悬臂板施加颗粒阻尼器后的加速度频响曲线[167]

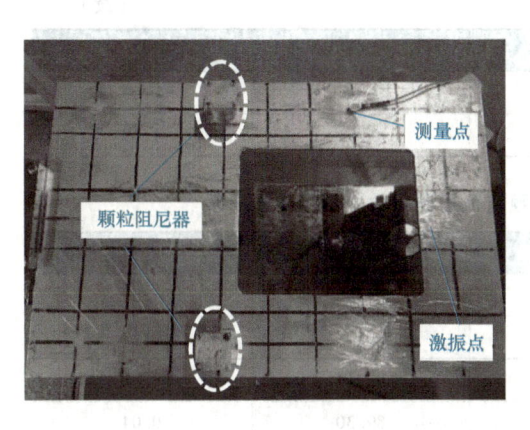

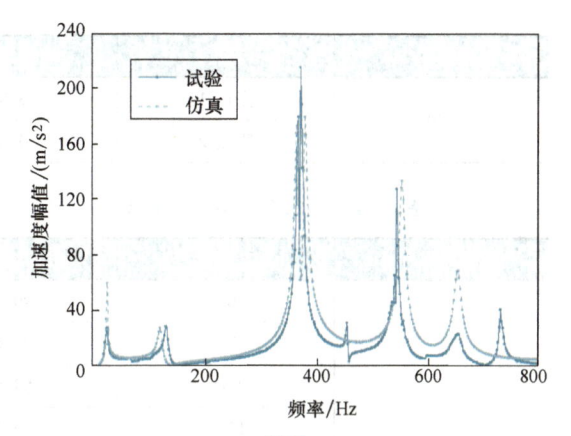

图 10-26 异形悬臂板施加颗粒阻尼器后的加速度响应[168]

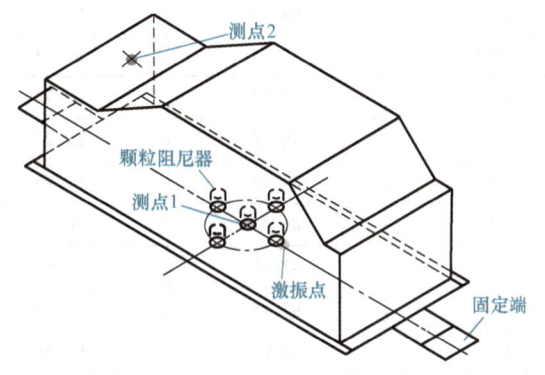

图 10-27 轿车白车身缩比模型（1∶10）激振点、测点和颗粒阻尼器布局[167]

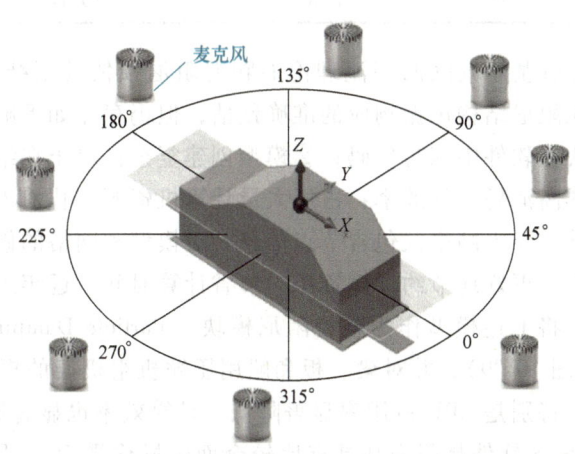

图 10-28 轿车白车身缩比模型（1∶10）声场测点分布[167]

表 10-1 轿车白车身缩比模型（1∶10）施加颗粒阻尼器后的振动加速度响应幅值[167]

激振频率/Hz	测点	仿真结果/g	试验结果/g	相对误差（%）
200	测点 1	1.64	1.66	1.22
	测点 2	0.63	0.65	3.17

（续）

激振频率/Hz	测点	仿真结果/g	试验结果/g	相对误差(%)
600	测点 1	3.96	3.97	0.25
	测点 2	0.59	0.60	1.69

表 10-2　轿车白车身缩比模型（1：10）施加颗粒阻尼器后的外部辐射声压级[167]

激振频率/Hz	方位角	仿真结果/dB	试验结果/dB	相对误差(%)
200	0°	90.64	89.46	1.30
	45°	89.83	90.08	0.28
	90°	89.05	89.14	0.11
	135°	89.27	89.30	0.04
	180°	89.61	91.89	2.54
	225°	89.40	92.73	3.72
	270°	89.08	91.18	2.36
	315°	89.77	89.74	0.03
600	0°	88.88	88.22	0.75
	45°	87.71	89.23	1.70
	90°	86.47	86.97	0.58
	135°	92.17	87.62	5.18
	180°	93.48	88.71	5.37
	225°	92.03	92.58	0.60
	270°	86.51	84.09	2.88
	315°	87.88	89.47	1.77

需要说明的是，尽管基于气固两相流理论的颗粒阻尼预估模型结合 COMSOL 联合仿真技术可以实现复杂颗粒阻尼结构声振响应的准确预估，但仍存在如下缺点：①操作技能要求高：需要根据理论公式在软件中编写代码；②模型创建复杂：对于在结构上施加的颗粒阻尼器，需要逐个设定；③高消耗、低效率：占用大量计算机资源（内存和 CPU），计算效率较低；④网格功能不完善：导入网格仅包含节点信息，对模型和网格的修改困难。

为了解决上述缺点，更好地节约计算资源，节省计算时间，近年来通过对现有大型有限元软件进行二次开发，将上述模型作为颗粒阻尼模块（Particle Damping Module）成功地嵌入到 ANSYS 软件（见图 10-29），并对梁、板和船用压缩机组机架的振动响应进行了较为准确的预估，计算机内存特别是 CPU 占用率显著降低，计算效率也显著提高（见表 10-3）。需要指出的是，选用 ANSYS 软件是因为其具有比较全面的操作界面，可以非常便捷地对模型进行编辑和修改，并且具有比较强大的计算内核（低耗高效）。同时，ANSYS 软件为用户提供了比较强大的二次开发及接口技术，提供了如 UIDL、APDL 等二次开发语言，使得用户可以根据实际需求，对 ANSYS 进行开发，获得所需的接口、模块等。ANSYS 内嵌颗粒阻尼模块的成功开发（后续尚需不断改进与完善）为快速、准确地指导颗粒阻尼技术的工程设计及应用提供了重要的理论分析手段。

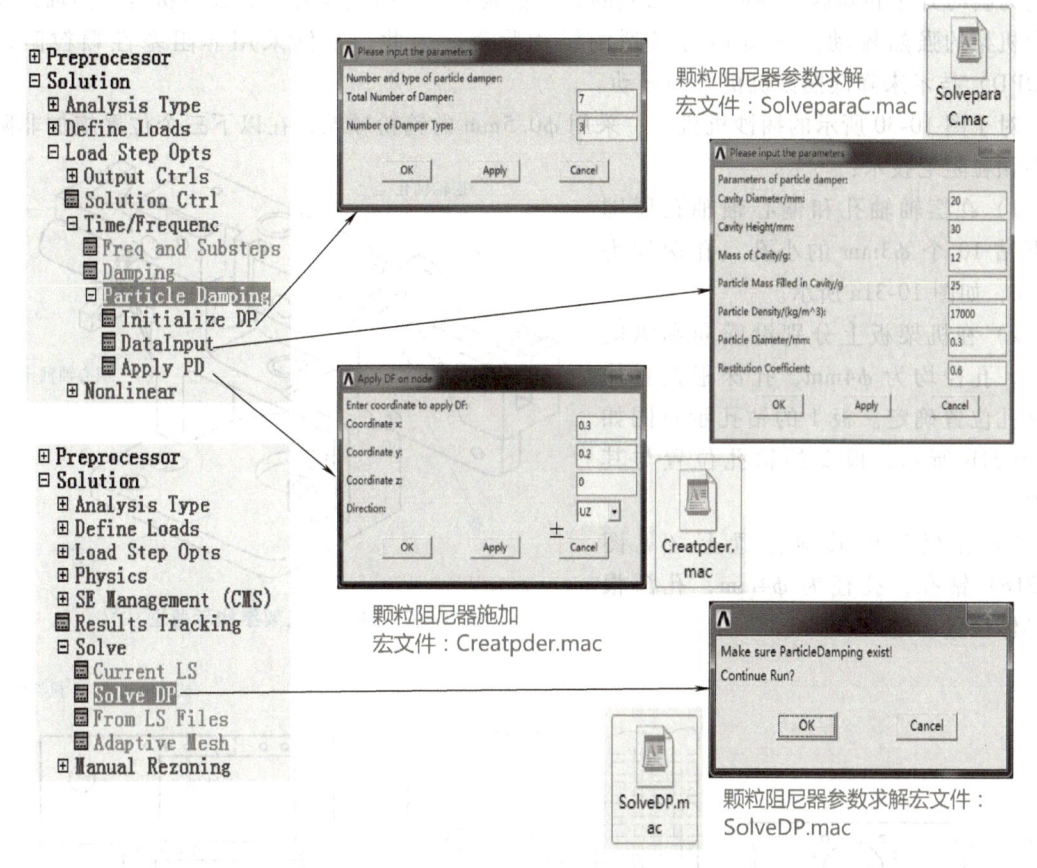

图 10-29 ANSYS 软件颗粒阻尼模块界面与数据接口二次开发[169]

表 10-3 COMSOL 和 ANSYS 仿真的效率与资源占用对比[169]

结构	等强度梁		缺角板	
使用的软件	COMSOL	ANSYS	COMSOL	ANSYS
结构单元数量	1114	1082	2579	2519
内存占用率(%)	15.97	7.26	16.14	7.29
CPU 占用率(%)	98.08	5.96	97.55	6.45
耗费时间/s	1088	679	1936	1434
平均每个单元耗费时间/ms	976.7	627.5	750.7	569.3

注：表中涉及"耗费时间"均指计算 400 步消耗的时间。

10.5 工程应用实例

10.5.1 全自动捆钞机的振动控制[155]

全自动捆钞机在捆钞过程中，捆扎带的成圈和热合是通过高速主电动机和偏心轴驱动摇爪机构，带动摆轴回转和摆动而实现的。在成圈和热合的过程中，偏心轴和摇爪机构以及摆轴均为瞬时升速和降速，因而存在强烈的非平稳激振力，引起偏心轴、摇爪机构、摆轴以及整个机架的强烈振动，进而辐射强烈的结构噪声。为此，本例采用非阻塞性颗粒阻尼（NOPD）技术来降低捆钞机机架的振动。

对于图 10-30 所示的捆钞机机架，采用 $\phi 0.5mm$ 的钨粉颗粒，在以下三个位置施加非阻塞性颗粒阻尼技术：

1）在摆轴轴孔和偏心轴轴孔周围分别钻 10 个 $\phi 3mm$ 的小孔，孔深均为 20mm，如图 10-31a 所示。

2）在机架板上分别沿横向和纵向钻孔，孔径均为 $\phi 4mm$，孔深根据具体的钻孔位置确定。板 1 的钻孔示意图如图 10-31b 所示，板 2 的钻孔位置与其相似。

3）在机架的其他位置上（见图 10-31c）钻孔，孔径为 $\phi 4mm$，孔深根据具体位置确定。

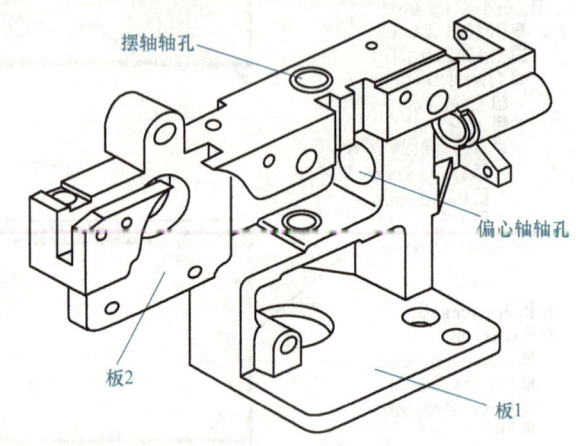

图 10-30　捆钞机机架结构示意图[155]

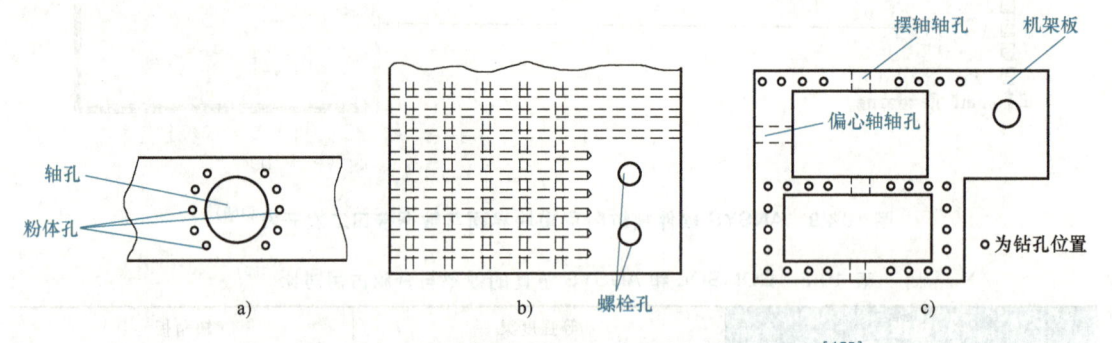

图 10-31　捆钞机非阻塞性颗粒阻尼技术施加位置示意图[155]

该捆钞机机架施加非阻塞性颗粒阻尼技术前后的加速度频响函数曲线如图 10-32 所示，从图中可以看出，施加非阻塞性颗粒阻尼后在整个频段内均有较好的减振效果，但从总体上

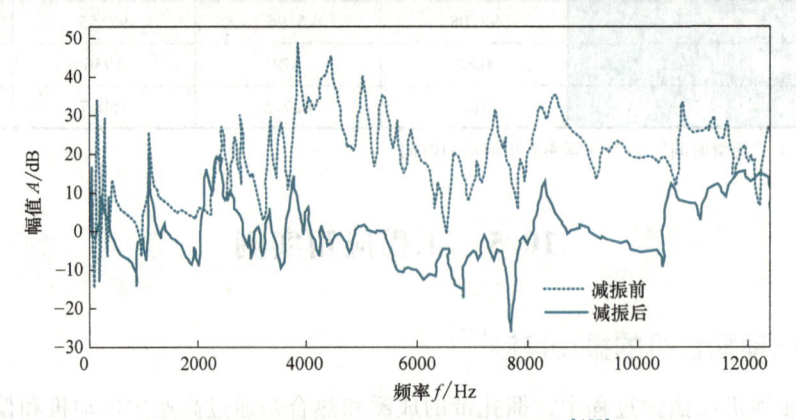

图 10-32　捆钞机机架加速度频响函数[155]

来说，中、高频段的减振效果要好于低频，特别是对于 4000～10000Hz 的范围，减振效果最好，个别频率处的减振幅度高达 40dB。

10.5.2 卫星低温结构冷级面板的振动控制[151]

在航天器发射入轨的过程中，卫星低温结构（Cryogenic Structure）往往承受超过设计极限的载荷冲击，容易导致与其相连接的隔热器（Thermal Isolator）产生过高的应力水平，对于低温结构的正常工作乃至卫星的平稳运行造成严重影响。因此，开展卫星低温结构的振动控制具有极为重要的意义。

针对上述问题，美国 CSA 公司的学者们尝试采用颗粒阻尼技术予以解决。所研究的低温结构是一个质量为 53lb 的铝制加筋矩形板（30in×10in）结构，由温级、中级和冷级三层面板组成，其中心与隔热器相连接。经过研究发现，最外层的冷级面板在 50～150Hz 范围内的弯曲振动对隔热器具有重要影响，是造成隔热器应力过大的主要原因。为了便于实施颗粒阻尼技术，首先对冷级面板进行了模态分析，在 50～150Hz 范围的 3 阶模态云图如图 10-33 所示。根据该云图，设计了 8 个铝制颗粒阻尼器（每个质量 0.125lb，总质量 1lb）安装在模态峰值较大的部位（面板背部），如图 10-34 所示。

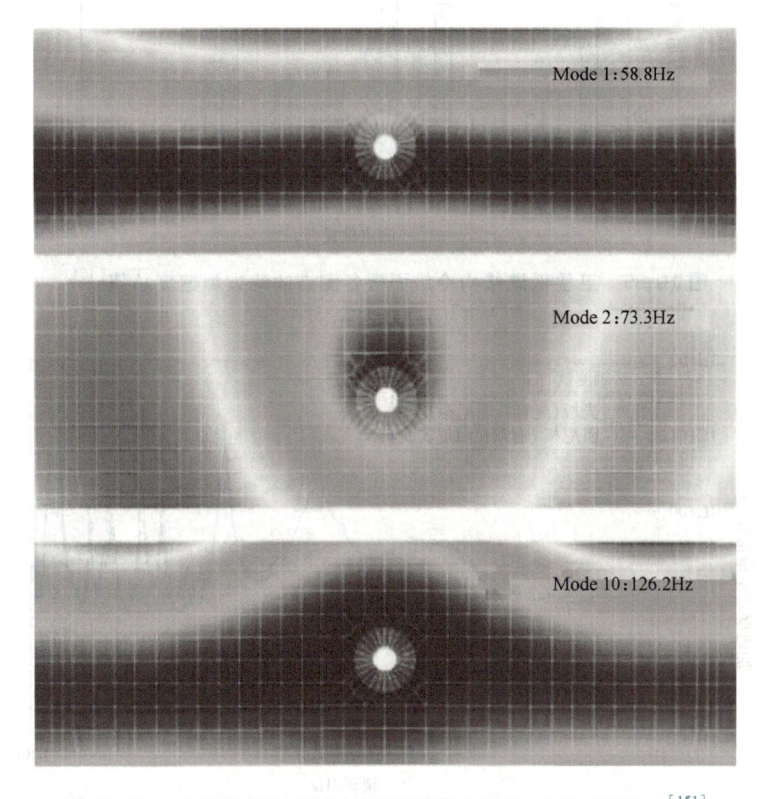

图 10-33　卫星低温结构冷级面板的模态云图（50～150Hz）[151]

对颗粒阻尼处理前后的冷级面板进行了地面模拟随机振动试验，垂向（Z 轴）测试结果如图 10-35 和图 10-36 所示，可以看出颗粒阻尼的减振效果显著，阻尼处理后冷级面板不同测点的均方加速度总值降低了 20%～40%。

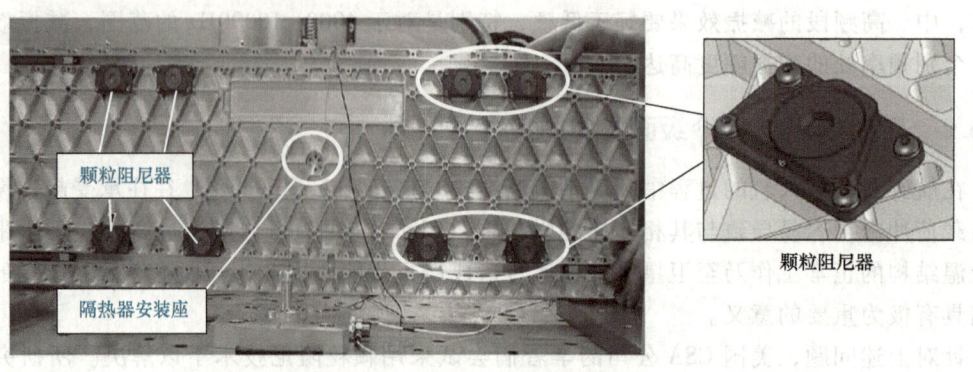

图 10-34 卫星低温结构冷级面板背部颗粒阻尼器布局[151]

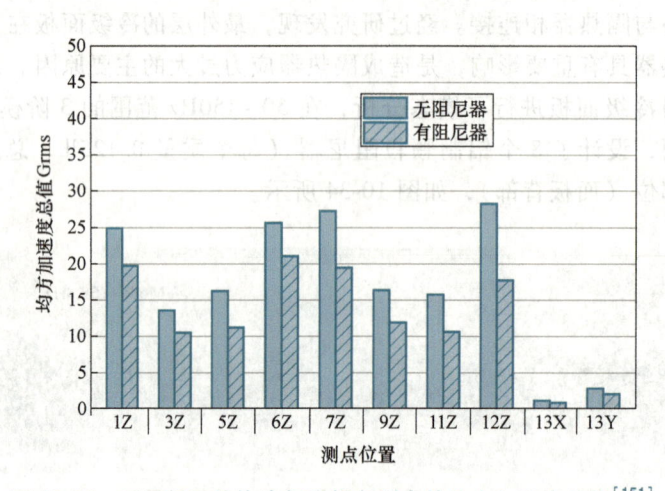

图 10-35 卫星低温结构冷级面板各测点的均方加速度总值[151]

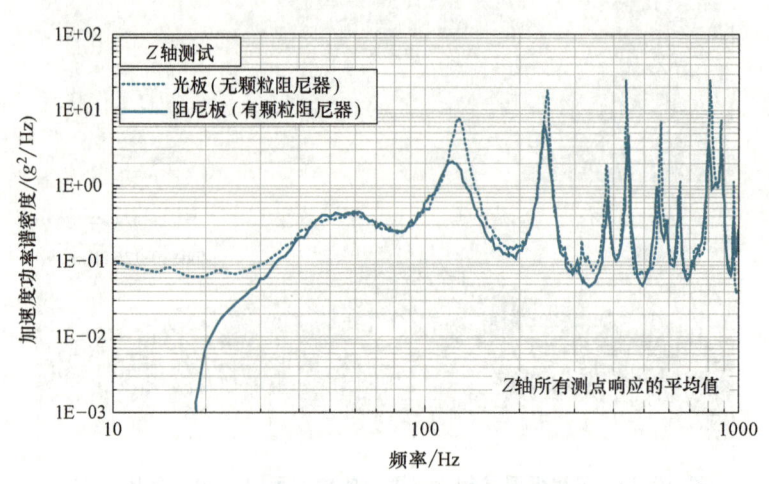

图 10-36 卫星低温结构冷级面板的加速度功率谱密度平均值[151]

10.5.3 船用压缩机组机架振动控制[160]

压缩机组是船舶重要的流体机械系统组件，在运转过程中由于吸、排气冲击作用以及其他机械激励往往产生强烈振动,不仅影响其使用寿命和船舶其他设备的正常工作,对于军用舰船来说还直接影响其隐身性能和战斗力,威胁自身安全。

本例中,某船用压缩机组作为船舶排气系统的增压附件,目的是为水下排气提供动力。如图 10-37 所示,机组采用 V 形双压缩机布局,安装在机架上,再通过浮筏隔振系统与船体相连。在运转过程中机组振动剧烈,振动烈度处于 B 级左右,单纯采用传统的浮筏隔振系统无法满足技术指标(<135dB)要求。由于机架是振源(双压缩机和电动机)振动能量传递的上层载体,考虑到其工作环境和工艺要求,采用颗粒阻尼技术来进行机架的振动控制,以尽可能减少其向下层浮筏隔振系统组件输入振动能量。

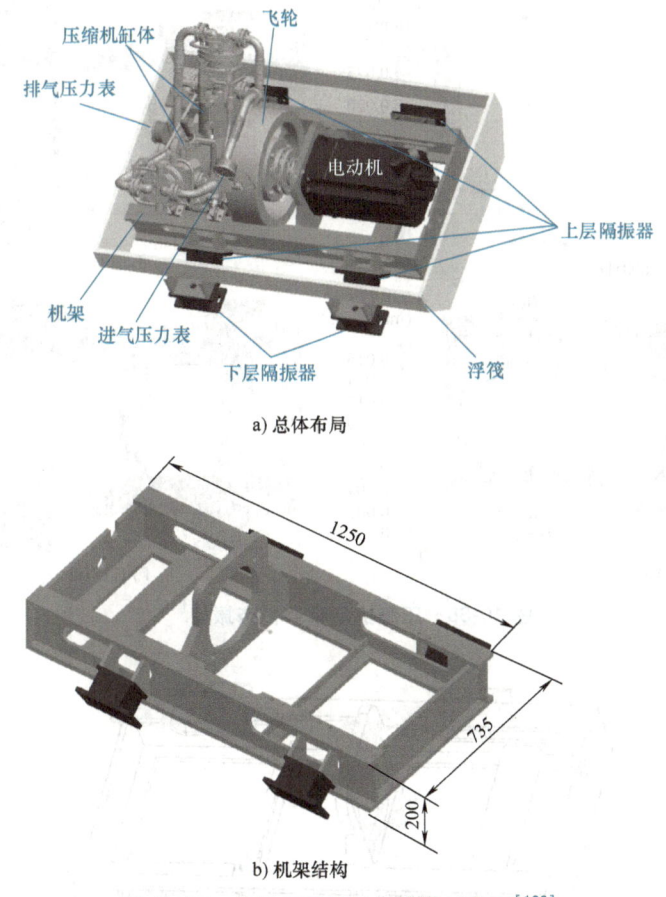

a) 总体布局

b) 机架结构

图 10-37 某船用压缩机组结构示意图[160]

通过采用颗粒阻尼器预估模型与 COMSOL 联合仿真技术,对机架评价点处的振动响应进行了仿真计算,可知机组振动主要集中在 0~1000Hz 频段,其中振幅较大的频率主要为 26Hz、352Hz、698Hz、814Hz、984Hz 和 1117Hz。针对这些频率,对机架结构进行了模态分析,如图 10-38 所示。

根据图 10-38 以及机架的振动速度云图分布,最终确定颗粒阻尼器的具体施加部位如图 10-39 所示,其中柱形颗粒阻尼器 24 个(每个阻尼器的颗粒质量为 78g,填充 0.3mm 钨粉,填充比为 90%),而箱形阻尼器 18 个(每个颗粒的质量为 201g,填充 0.3mm 钨粉,填充比为 80%)。

a) 26Hz ▲3.1928(mm)

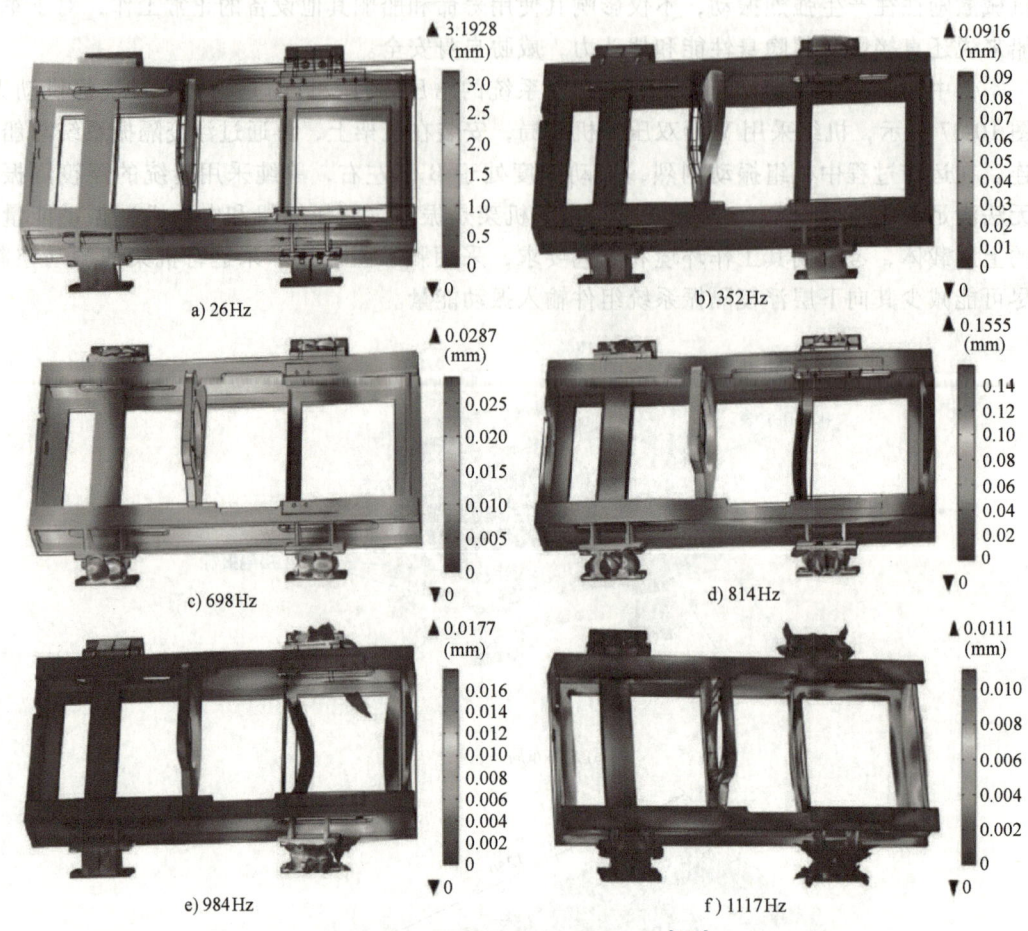

b) 352Hz ▲0.0916(mm)

c) 698Hz ▲0.0287(mm)

d) 814Hz ▲0.1555(mm)

e) 984Hz ▲0.0177(mm)

f) 1117Hz ▲0.0111(mm)

图 10-38　压缩机组机架模态振型[160]

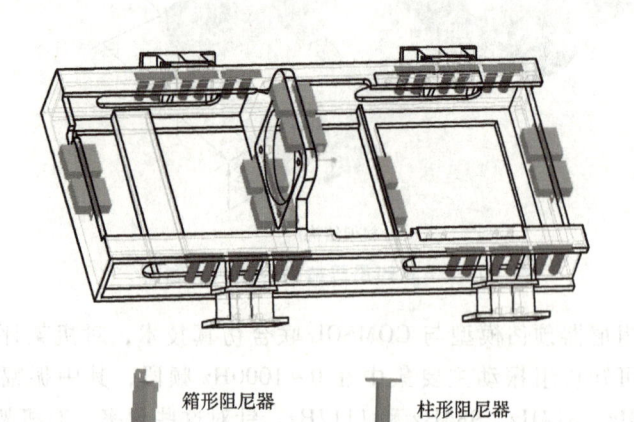

箱形阻尼器　　柱形阻尼器

图 10-39　机架施加颗粒阻尼器布局[160]

　　为考核颗粒阻尼技术的减振效果，对该船用压缩机组的振动进行了现场测试（见图 10-40）。机架和浮筏的振动加速度响应测试结果如图 10-41 和表 10-4 所示，可以看出所设计的颗粒阻尼器具有良好的减振效果，能完全满足技术指标的要求。

第10章 颗粒阻尼技术

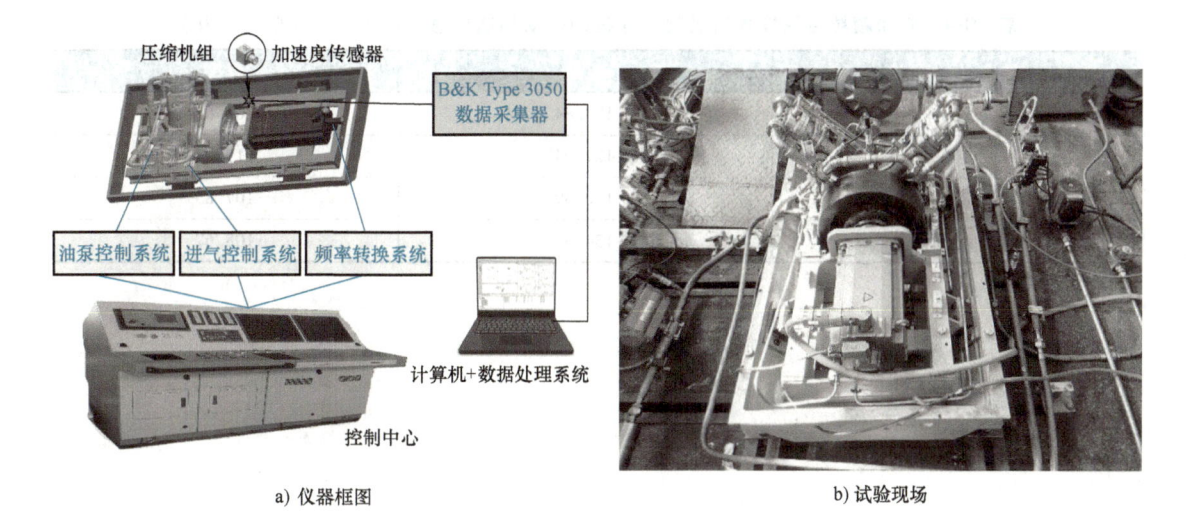

a) 仪器框图

b) 试验现场

图 10-40　压缩机组振动测试[160]

a) 220r/min

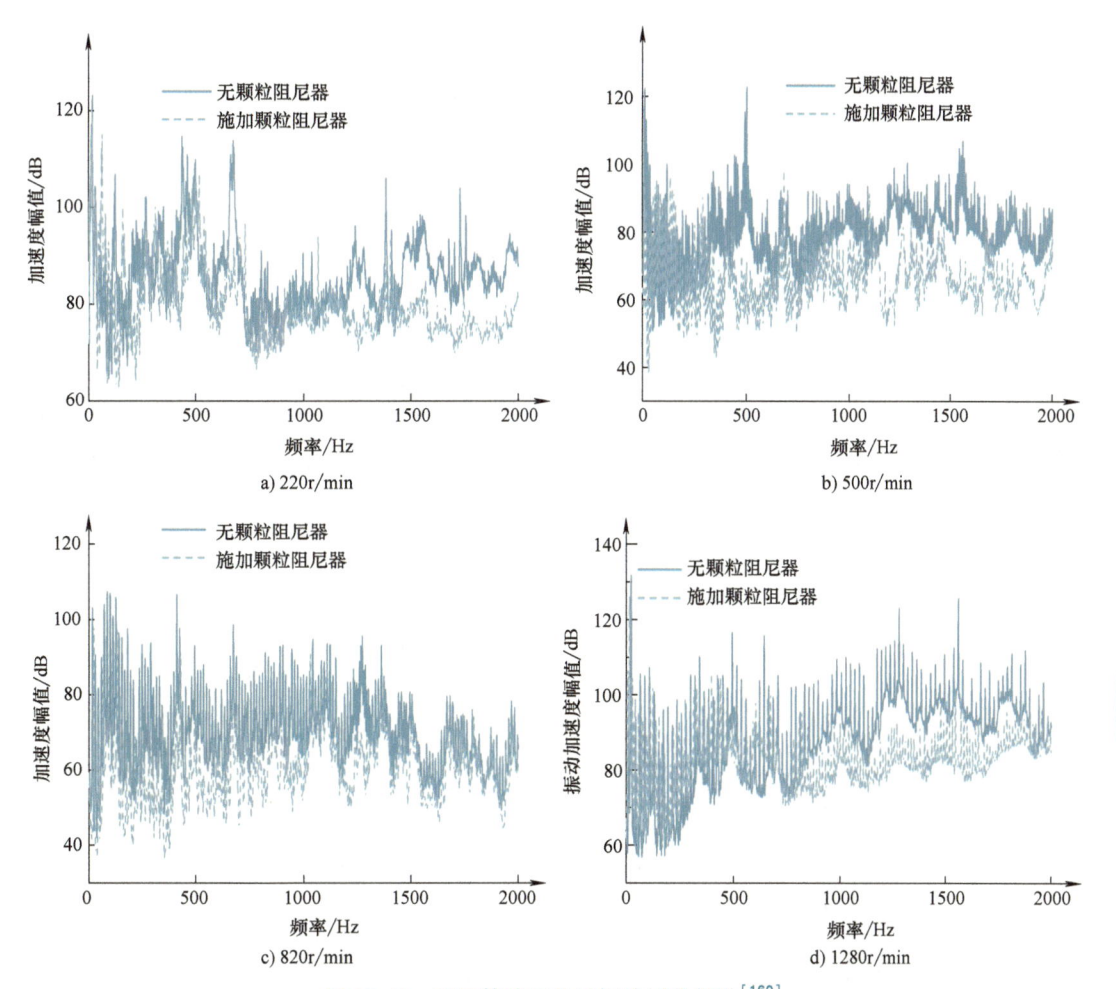

b) 500r/min

c) 820r/min

d) 1280r/min

图 10-41　不同转速下机架振动测量频谱[160]

187

表 10-4 施加颗粒阻尼技术后机架和浮筏的振动加速度总值对比[160] （单位：dB）

转速/(r/min)	机架	浮筏
220	123.84	103.61
500	127.94	111.94
820	130.39	107.83
1280	134.51	108.67

第11章

振动主动控制技术

11.1 引　言

前面几章中相继介绍了隔振技术、动力吸振技术、黏弹阻尼技术、颗粒阻尼技术等，这些技术从减振机理的角度来讲通常属于**振动被动控制**（Passive Vibration Control，PVC）技术，又称无源减振技术。振动被动控制技术由于不需要外界能源，结构简单，易于实现，经济性与可靠性好，在许多场合下的减振效果还是令人满意的，已在很多工程领域中得到了广泛应用。

但是随着科学技术的发展，人们对振动环境以及工业装备或产品的振动特性的要求越来越高，振动被动控制技术的局限性就突显出来。该技术的主要缺点是对低频、超低频及宽带随机振动的控制效果很有限。例如从理论上讲，被动隔振器对激励频率大于隔振系统固有频率的$\sqrt{2}$倍方能起到隔振作用，但对低频（如小于2Hz）激励的隔振在实现时就会遇到静变形过大与失稳的问题，造成低频隔振难题。

振动主动控制（Active Vibration Control，AVC）技术又称有源减振技术，是随着计算机技术、现代控制理论以及材料科学等学科的发展而迅速发展起来的一项高新技术，它需要依靠附加的能源提供能量来支持减振装置工作，具有效果好、适应性强等潜在的优越性，已成为振动控制的一条重要的新途径。本章将对这一技术的基本概念与技术原理、应用与研究进展、机敏材料以及工程应用实例做介绍。

11.2　基本概念与技术原理[170-171]

振动主动控制是主动控制技术的重要研究分支之一，是自动控制系统的反馈原理在振动工程领域的应用和发展，它是指采用某种方法对受控对象施加一定的影响，从而达到抑制或消除振动的目的。所谓"主动控制"是相对于"被动控制"而言的，两者最主要的差别在于，后者不需要外界能源的输入，而前者需要外界输入能源，用以抑制或抵消受控对象的振动水平。

振动主动控制技术通常是通过主动控制系统来实现的，与传统的自动控制系统相类似，它也包含**开环控制系统**和**闭环控制系统**两类。开环控制系统又称为程序控制系统，其控制策略（控制律）是事先按规定的要求设置好的，与受控对象的振动状态无关；而闭环控制系统的控制策略则是根据传感装置反馈而来的受控对象振动状态而随时进行调整的，是目前最为常用的一类振动主动控制系统，如图11-1所示。闭环振动主动控制系统主要由受控对象、传感器、作动器、控制器和外界能源五部分组成，其中外界能源（如液压油源、气源、电源等）用来支持作动器的工作。

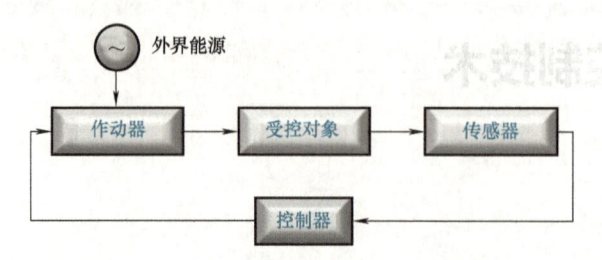

图 11-1　闭环振动主动控制系统示意图

闭环主动控制的技术原理是：首先由传感器拾取受控对象的振动信号输入控制器，控制器根据不同的控制策略输出控制信号，控制信号控制作动器对受控对象施加作用力或力矩，从而达到振动控制的目的。因此，闭环振动主动控制的技术原理就是通过适当的系统状态或输出反馈，产生一定的控制作用来主动改变受控对象的闭环零、极点配置或参数，从而使系统满足预定的动态特性要求。

随着现代控制理论的不断完善与发展，越来越多的控制方法也被引入到振动主动控制领域，例如滑模控制、最优控制、自适应控制、随机控制、鲁棒控制（如 H^∞ 控制）以及智能控制（如模糊控制、神经网络控制）等。特别地，对于某些复杂的振动控制问题，往往还需要多种控制方法相结合方能达到良好的控制效果。

经典的振动主动控制系统中的作动器往往需要高量级能源供给才能产生足够强大的控制力来维持系统的正常工作，例如对于小型结构的控制，常用的电液作动器的能量供给通常在数十千瓦级别；而对于大型结构来说，甚至要达到数兆瓦的能量级别。

作为振动主动控制技术的一个重要分支，半主动振动控制（Semi-Active Vibration Control，SAVC）技术则不需要大量外部能源的输入来提供控制力，它属于一种参数控制，控制过程依赖于受控对象的振动响应及外部激励信息，作动器仅需要少量的能量即可实时改变受控对象的刚度或阻尼等参数来减少受控对象的振动响应，以实现最优的控制力。由于半主动控制兼具主动控制优良的控制效果和被动控制简单易行的优点，同时克服了主动控制需要高额能量供给和被动控制调谐范围窄的缺点，因此，半主动控制具有更为良好的应用前景。

11.3　应用与研究进展

主动和半主动振动控制技术是振动主动控制技术的两大分支，为了方便起见，本节将对主动和半主动振动控制技术的应用与研究进展分别予以介绍。

11.3.1　主动振动控制[172-180]

主动振动控制的概念最早出现于土木工程领域的结构抗震研究中，由日本京都大学的 Kobori 博士于 20 世纪 50 年代在研究地震响应控制结构时提出。20 世纪 60 年代，为了解决航空工程领域的飞机机翼颤振问题，形成了较为成熟的主动振动控制系统，美国军用和民用系列飞机相继成功采用主动控制技术来抑制飞机颤振。目前飞机设计中普遍采用的、源于 20 世纪 70 年代为某型飞机研发的随控布局系统中四个重要子系统之一的颤振模式控制（Flutter Mode Control，FMC）就采用了主动振动控制技术。如图 11-2 所示，该主动控制系统包含外侧副翼和外侧襟副翼两个控制回路，飞机颤振标示速率可以提高 30%，颤振抑制效果显著。

在直升机整机振动控制方面，20 世纪 80 年代，英国 Westland 直升机公司开发出直升机结构响应主动控制（Active Control of Structural Response，ACSR）技术，相继在很多型号直升机设计中得到应用，是降低直升机振动水平的有效途径之一，如图 11-3 所示。该技术可使主动控制力在关键部位（如座舱）产生的振动响应与外部激振力引发的机体振动相抵消，从而达到减振的目的。

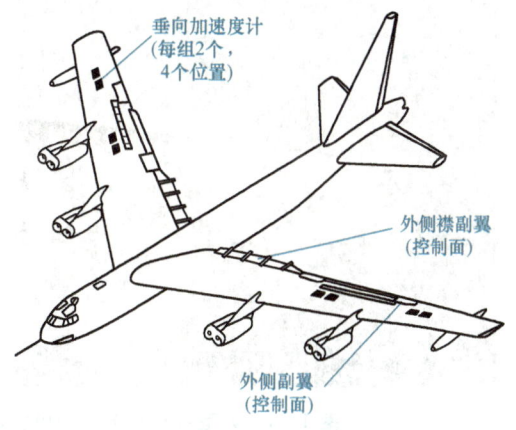

图 11-2 某型飞机颤振模式控制的控制面与传感器位置[175]

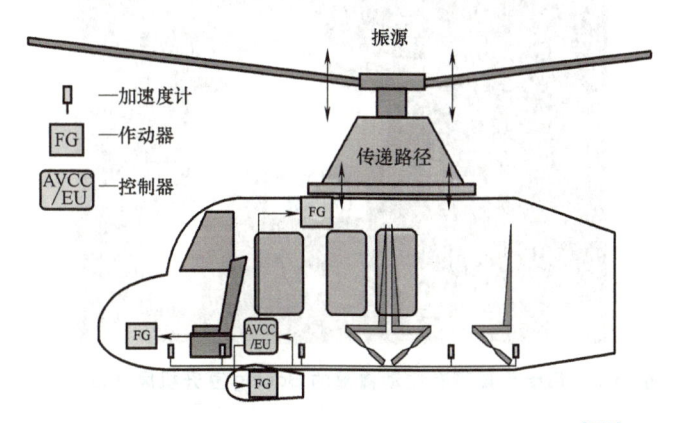

图 11-3 某型直升机结构响应主动控制系统示意图[176]

结构响应主动控制技术具有功耗低、能够适应旋翼转速和飞行状态变化等优点，可以显著降低直升机的振动水平，同时它与直升机飞行控制系统相互独立，不影响直升机的适航性能，已成为目前国内外广泛关注的、最有发展潜力的直升机机体主动振动控制技术。2005年，欧洲直升机公司对某型直升机进行了结构响应主动控制研究，采用三个电磁惯性作动器控制座舱的垂向振动水平。飞行试验结果表明，传感器测得的振动水平在整个飞行过程中始终小于 $0.1g$，且在高速飞行阶段振动控制系统也表现出很好的控制能力，该机也是第一种得到认证的实际装备结构响应主动控制系统的直升机。2012 年，美国贝尔直升机公司采用两种不同的惯性作动器（见图 11-4），针对某型直升机进行了结构响应主动控制研究，取得了超出预期的振动控制效果，可在全飞行速度范围内将机体主通过频率的振动水平降低到 $0.05g$ 以内。

在直升机旋翼振动控制方面，从 2004 年开始，美国国防部高级研究计划局联合美国国

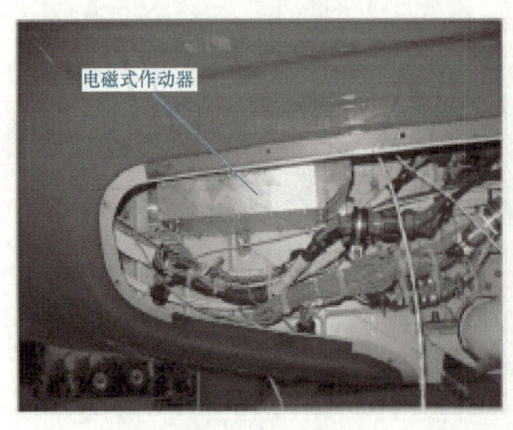

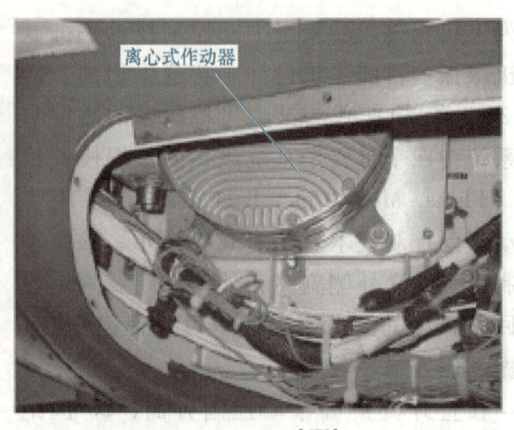

图 11-4　某型直升机结构响应主动控制系统所用的惯性作动器[176]

家航空航天局和波音公司等单位，开展了直升机智能旋翼研究计划，并于 2008 年成功完成风洞试验，如图 11-5 所示。后缘旋翼的主动襟翼可以有效降低旋翼的振动水平，同时对旋翼的空气动力学性能也有所改善。

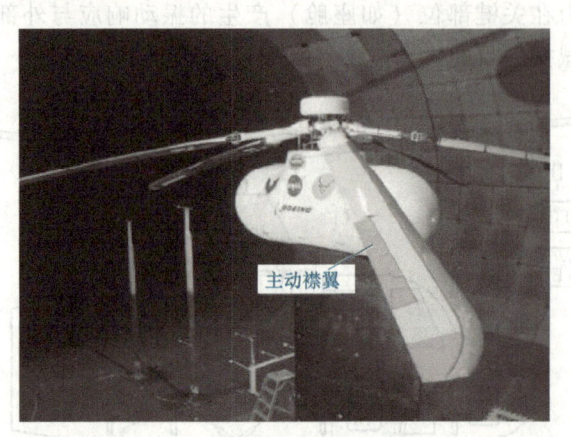

图 11-5　后缘旋翼带有主动襟翼的 Boeing 直升机风洞试验[177]

在大气观测领域，1996 年美国国家航空航天局和德国宇航中心联合发起了一个天文物理学领域具有里程碑意义的平流层红外线天文台（The Stratospheric Observatory for Infrared Astronomy, SOFIA）计划，以 Boeing 747 飞机作为载体，采用一个大型红外望远镜对平流层大气进行红外观测（见图 11-6）。该望远镜已于 2014 年正式投入运转，开始了每星期运转 3 次进行升空观测的任务，取得了显著的观测效果。它采用主动控制技术有效地解决了外界干扰引发的图像抖振而导致的定位误差问题，其中 2.5m 直径的主镜支撑结构采用了基于反作用质量作动器也称主动质量阻尼器（Active Mass Damper, AMD）的主动阻尼技术，而 352mm 直径次镜的倾斜斩波器机构（Tilt Chopper Mechanism）则采用了基于极点配置控制器的主动控制系统。

在土木与建筑工程领域，基于抵抗风致振动和抗震的要求，目前越来越多的高层建筑相继采用了主动振动控制技术。截至 2009 年，日本已有 50 余栋建筑物采用了基于主动质量阻尼器的主动控制系统，目前运行良好，控制效果显著。

此外，主动振动控制技术已普遍应用于航天工程领域的空间站和卫星有效载荷（如天

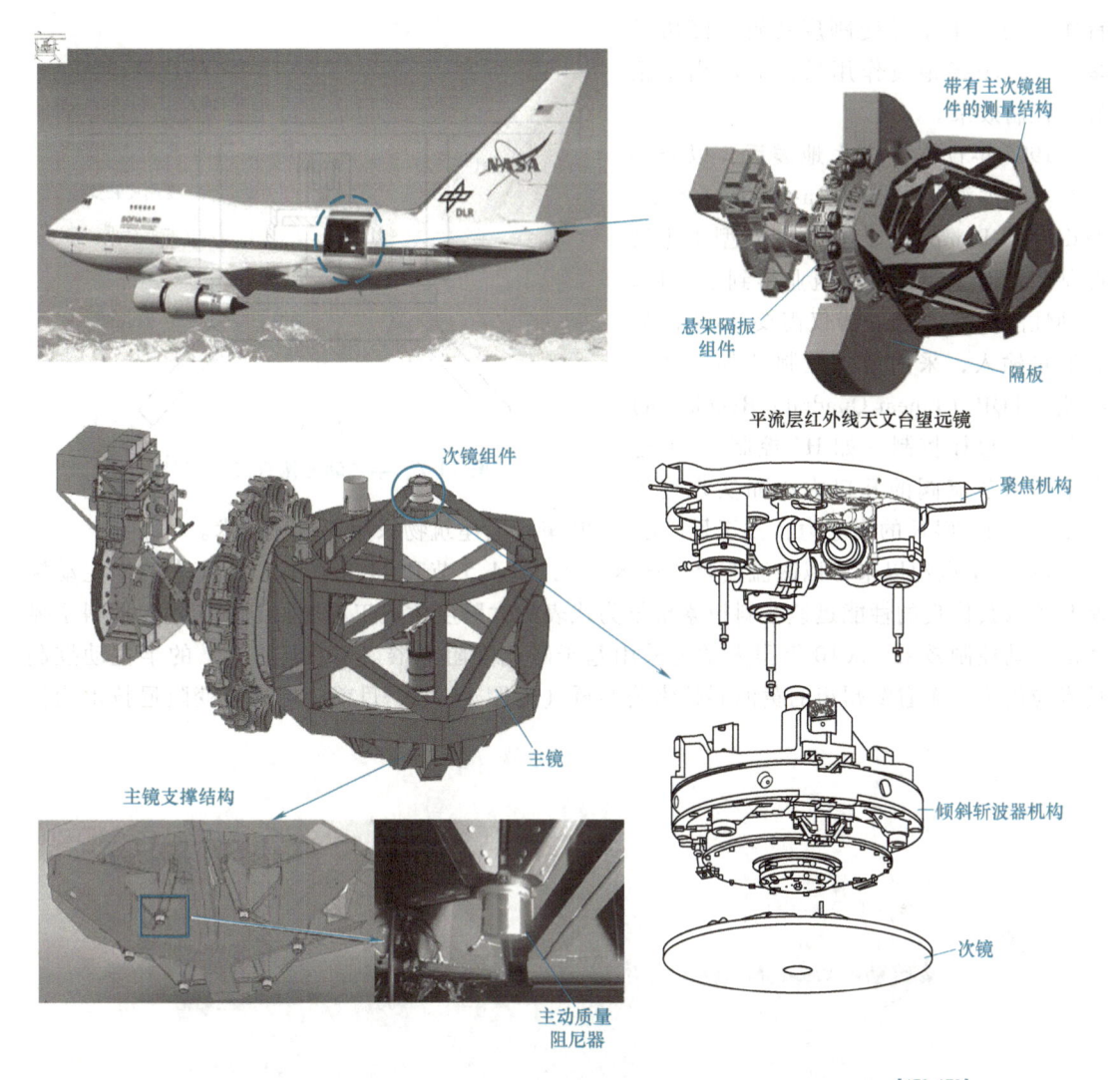

图 11-6　带有主动质量阻尼器的平流层红外线天文台望远镜结构示意图[178,179]

线、太阳能帆板、光学成像系统等），以及机械工程、能源与动力工程领域的机床、轴承、机器人、精密测量平台、风力发电机叶片、消防云梯等设备或产品的振动控制中，已发展成为振动控制非常有效的技术手段之一。

11.3.2　半主动振动控制[181-184]

相对于主动振动控制，半主动振动控制的概念则出现得更早，20 世纪 20 年代出现的采用电磁阀控制流体流动的冲击吸振器实际上就是半主动振动控制系统的雏形。直到 1983 年，美国韦恩州立大学的 Hrovat 教授及其同事们才提出了一种用于抑制高层建筑风致振动的半主动可调谐质量阻尼器（Semi-Active Tuned Mass Damper），仿真结果显示其减振效果优于传统的被动阻尼器和主动振动控制系统。

随后的 1990 年，日本京都大学的 Kobori 博士提出了半主动变刚度控制的概念，研制了半主动变刚度装置，如图 11-7 所示。同年，日本鹿岛建设研究所的一个三层钢结构办公楼首次应用了半主动变刚度装置，经历了多次中、小级地震作用后，显示出了很好的控制效果。

1995年日本神户大地震后，以开关型半主动油液阻尼器（On-Off-Type Semi-Active Oil Damper）为代表的新型半主动控制装置迅速在日本建筑业得到了应用，这种性能优良的阻尼器仅需要70W的外界能量输入，采用最优控制［如线性二次调节LQR（Linear Quadratic Regulation）控制］或鲁棒控制（如H^∞控制），通过调节油路节流阀的开口大小而实现连续可变高达1000kN的阻尼力，截至目前已有20座以上建筑物采用了这项技术。

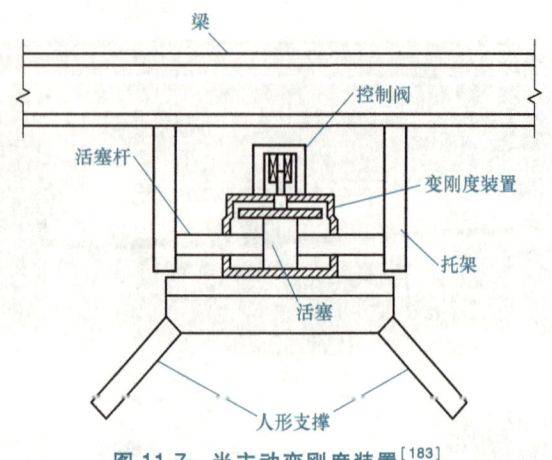

图11-7 半主动变刚度装置[183]

进入21世纪以来，以磁流变阻尼技术（见11.4.5节和11.4.6节）为代表的半主动控制装置以其优良的性能迅速在斜拉索桥梁为代表的大跨度桥梁工程中得到了应用，取得了显著的振动控制效果。2010年国内学者采用基于磁流变阻尼器（MR阻尼器）的半主动控制技术应用于山东省滨州市的黄河斜拉索公路桥（见图11-8）。目前，以磁流变阻尼技术为代

a) 实景照片

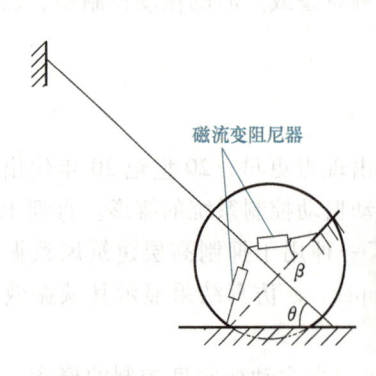

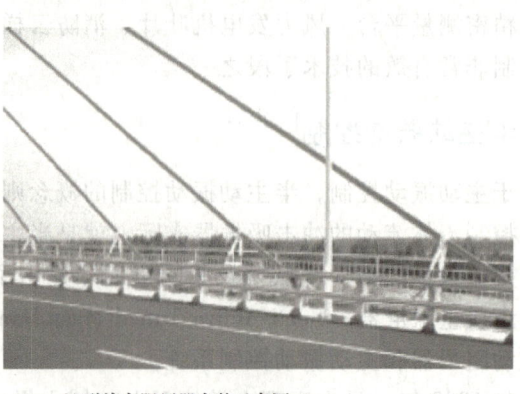

b) 磁流变阻尼器安装示意图

图11-8 桥梁斜拉索上安装MR阻尼器的山东滨州黄河公路桥[184]

表的半主动振动控制技术进入了迅猛的发展时期，特别是基于磁流变阻尼器的半主动悬架系统以及半主动起落架系统已发展成为车辆与飞机的必备组件。目前，振动主动控制技术已发展成为结构振动分析和控制领域的一个重要分支，成为当前学术研究的热点。

11.4 机敏材料

机敏材料是近些年来飞速发展的一种新型智能材料，它同时兼具传感与作动功能。一方面它可以对来自外界或内部的各种信息，如负载、应力、应变、振动、热、光、电、磁、化学和核辐射等信号强度及变化具有感知能力；另一方面在外界环境或内部状态发生变化时，它又能对其做出适当的反应并产生相应的动作。以压电材料、磁致伸缩材料、形状记忆合金、电流变流体、磁流变流体以及磁流变弹性体等为代表的一大类机敏材料，是目前振动主动控制研究中最为活跃、应用最为广泛的智能材料，下面将对这些材料予以介绍。

11.4.1 压电材料[185-196]

压电材料（Piezoelectric Material）是一种同时兼具正、逆电-机械耦合特性的机敏材料。若对其施加作用力，则在它的两个电极上将感应产生等量的异号电荷；反之，当它受到外加电压的作用时，便会产生机械变形。基于这一特性，压电材料在振动主动控制中被广泛用作传感器和作动器。

压电效应（见图 11-9）最早是由法国物理学家 Pierre Curie 和 Jacques Curie 兄弟于 1880 年发现的，当石英晶体上放置一定重量的物体后，其表面就会产生电荷，并且电荷量与重物压力成比例，这就是著名的正压电效应现象。随后的 1881 年，他们又发现了逆压电效应，

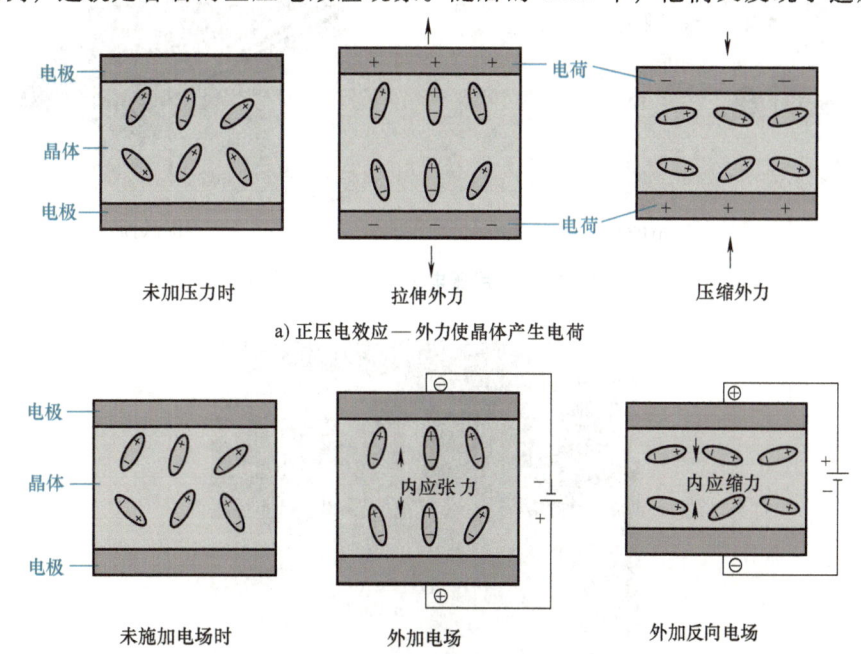

a) 正压电效应——外力使晶体产生电荷

b) 逆压电效应——外加电场使晶体产生形变

图 11-9 正、逆压电效应示意图[185]

即在外电场的作用下压电晶体会产生一些形变。压电效应的发现使得有关压电材料的研究得到了迅猛发展。

1946 年美国麻省理工学院的学者们研究发现，在钛酸钡（$BaTiO_3$）铁电陶瓷上施加直流高压电场，使其自发极化并沿电场方向择优取向，除去电场后仍能保持一定的剩余极化，使其具有压电效应，从此诞生了压电陶瓷，压电材料及其应用取得划时代的进展。

1955 年，美国学者 Jaffe 等人发现了比 $BaTiO_3$ 压电性能更优越的压电锆钛酸铅（Piezoelectric Lead Zirconate Titanate，PZT）陶瓷（见图 11-10a）。1969 年日本科学家 Kawai 发现了聚偏二氟乙烯（Polyvinylidene Fluoride，PVDF）及其聚合物（见图 11-10b）的压电特性。上述两种压电材料通常具有较高的居里温度（压电特性消失的临界温度）、高介电常数、高机电耦合系数，而且可以制成任意形状，易于与其他材料复合制成压电智能结构作为作动器（注：PVDF 薄膜由于驱动力有限，一般用作传感器）或传感器使用，因此是目前振动主动控制中常用的压电材料，自 20 世纪 80 年代中期开始，在振动工程领域的研究和应用一直十分活跃（见图 11-11 和图 11-12）。

针对单片 PZT 易于脆裂、难以在曲面结构表面使用的缺陷，1997 年，美国麻省理工学院的 Bent 在其博士论文中首次研制出一种新型压电纤维复合结构（Active Fiber Composite，AFC），如图 11-13 所示。AFC 是一种将圆形截面 PZT 纤维置于环氧树脂基体中的具有各向异性的压电作动器，由于采用梳状电极布局，因而可以产生比传统 PZT 作动器更大的作动力，已成功用于直升机螺旋桨叶片的振动主动控制。

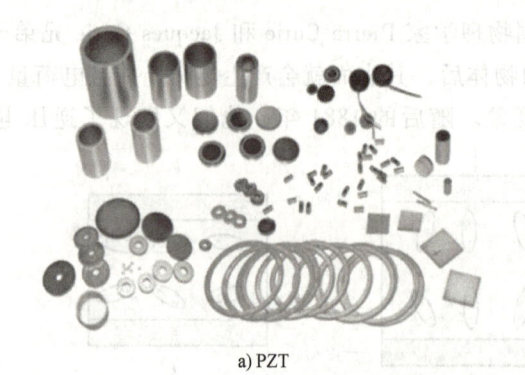

a) PZT　　　　　　　　　　　　b) PVDF

图 11-10　常用压电材料（源自网络）

a) 主动控制试验现场

图 11-11　基于 PZT 的空间环形桁架天线的振动主动控制[190]

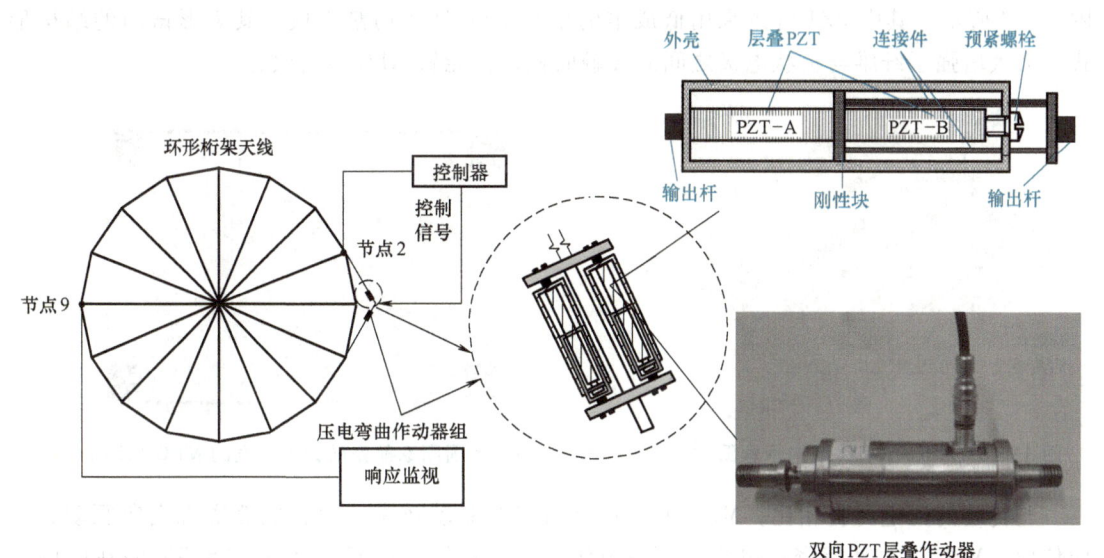

b) 测试系统仪器框图

图 11-11 基于 PZT 的空间环形桁架天线的振动主动控制[190]（续）

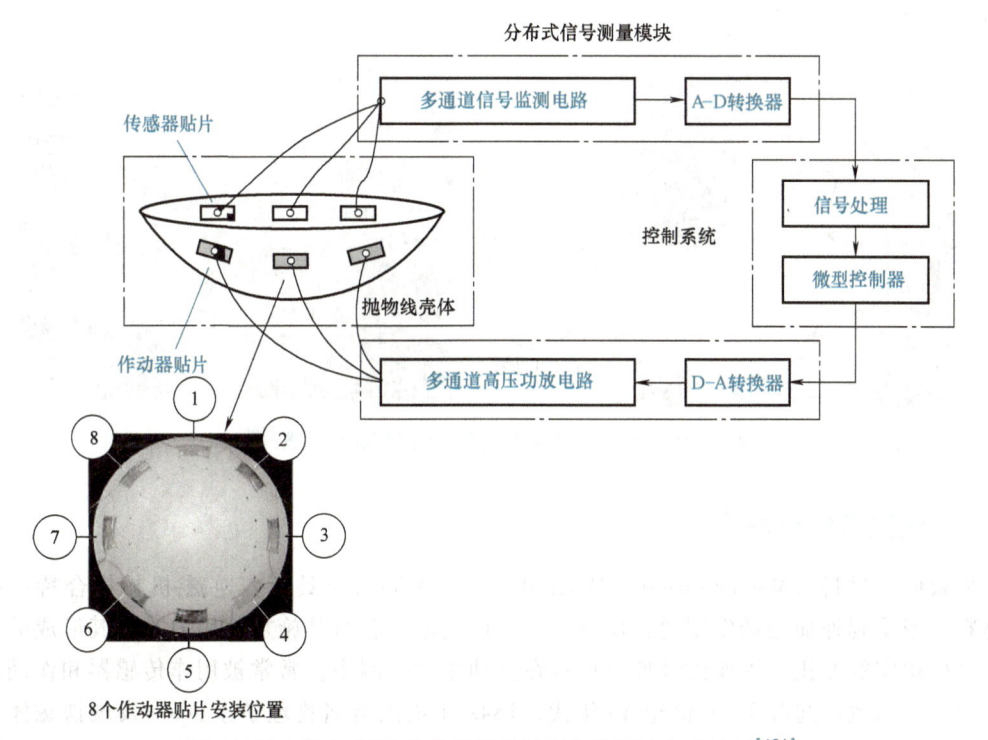

图 11-12 基于 PZT 的空间抛物线壳体的振动主动控制[191]

然而 AFC 作动器的梳状电极与 PZT 纤维之间的接触面积小，导致传递到纤维上的电场信号微弱，往往需要高压驱动才能正常工作，加之制造圆形截面 PZT 纤维的成本比较高，使得 AFC 作动器的应用受到一定限制。为解决这一问题，美国国家航空航天局兰利研究中心的专家们于 2000 年开发出一种压电巨纤维复合结构（Macro Fiber Composite，MFC），如

图 11-14 所示。其中 PZT 纤维采用低成本的单片 PZT 晶片切割而成，其矩形截面的结构形式，大大增强了纤维与梳状电极之间的接触面积，性能较 AFC 显著改善。

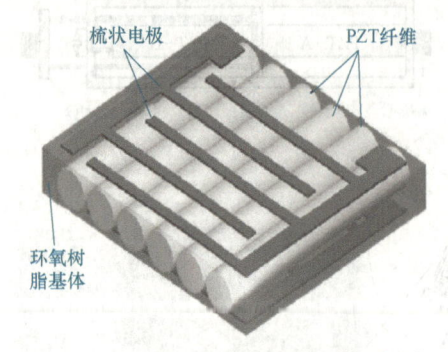

图 11-13　AFC 作动器结构示意图[193]

图 11-14　美国国家航空航天局开发的 MFC 作动器[193]

与传统的压电材料相比，MFC 不仅具有高应变驱动效率，而且能够实现定向驱动、定向传感。MFC 通过环保密封包装，不易损伤。由于其具有极好的挠性，能够粘贴在曲面结构上，加之具有高性能、耐久性和灵活性等特点，已成功应用于飞机垂直尾翼（见图 11-15）、转子叶片等结构振动主动控制领域，并且在振动利用的能量收集领域也有着良好的应用。

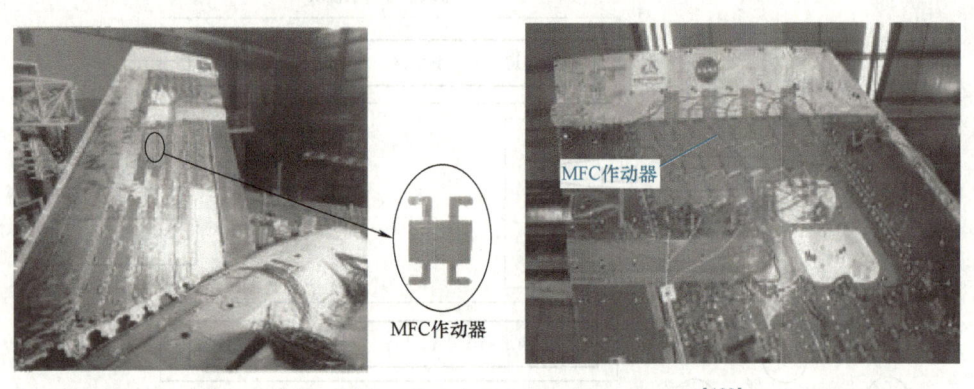

图 11-15　某型飞机垂直尾翼上的 MFC 作动器[196]

11.4.2　磁致伸缩材料[197-211]

磁致伸缩材料（Magnetostrictive Material）是一种同时兼具正、逆磁-机械耦合特性的机敏材料，当受到外加磁场作用时，便会产生弹性变形；若对其施加作用力，则其形成的磁场将会发生相应的变化。因而磁致伸缩材料在振动主动控制中，常常被用作传感器和作动器。

磁致伸缩效应起源于 19 世纪 40 年代，1842 年英国著名物理学家 Joule 发现铁磁体在外部磁场的作用下产生长度、体积等形状变化的现象，这就是人们通常所说的磁致伸缩效应，又称 Joule 效应。随后的 1865 年，物理学家 Villari 发现铁磁性材料在机械应力（应变）的作用下，材料的形状发生变化的同时，材料磁性也随之发生改变的现象，这种现象就是所谓的磁弹效应，与磁致伸缩效应相反，也被称为逆磁致伸缩效应或 Villari 效应。此外，磁性材料在磁场作用下发生扭转变化的现象，称为维德曼效应。需要指出的是，具有以上物理效应的磁性材料称为磁致伸缩材料，这种材料在不同的磁化状态下，其弹性模量往往也会发生显著的变化。磁致伸缩效应可用于设计位移作动器或扭转马达，而其逆效应可用于制作力或扭矩传感器等。

早期的磁致伸缩材料如铁、镍（Ni）、镍钴（Ni-Co）合金、铝铁（Al-Fe）合金等的磁致伸缩系数（指材料的伸长或缩短随外加磁场成比例变化）很低，通常只有 $(10 \sim 60) \times 10^{-6}$。20 世纪 60 年代铁氧体材料等陆续被采用，它们的磁致伸缩系数最高可达 110×10^{-6}，这些材料虽然具有一定的磁致伸缩效应，但限于其较小的伸缩量以及较低的居里温度，应用仍受到一定的限制。

到了 20 世纪 70 年代，人们发现稀土-铁系合金具有高于室温的居里温度，同时具有很好的磁致伸缩性能。1972 年前后，美国海军军械实验室的 Clark 等人发现，铽（Tb）与镝（Dy）在低温下呈现较大的磁致伸缩效应，是镍的 100~1000 倍，其与铁的合金（如二元稀土铁合金 $TbFe_2$、$DyFe_2$）在室温下即具有较强的磁致伸缩效应，但需要较强的磁场条件才能获得较大的应变，使其应用也受到限制。随后的 1974 年，Clark 等人又发现了三元稀土铁合金（Tb-Dy-Fe，组分 $Tb_{0.3}Dy_{0.7}Fe_2$）的超磁致伸缩效应（磁致伸缩系数可达 $1500 \times 10^{-6} \sim 2400 \times 10^{-6}$），命名该合金为 Terfenol-D（其中 Ter 代表铽，fe 代表铁，nol 为海军军械实验室英文缩写，D 代表镝），并在 1976 年申请了专利推向实用化。该合金材料具有很高的居里温度，很好的磁致伸缩性能和低的磁晶各向异性，磁致伸缩系数为传统磁致伸缩材料的几十倍到上百倍，所以称为"超磁致伸缩材料"（Giant Magnetostrictive Material，GMM）。

以 Terfenol-D 为代表的超磁致伸缩材料以其高的能量转换效率（49%~56%，压电陶瓷 PZT 为 23%~52%）、高居里温度（300℃以上）、高应变特性（PZT 的数倍）、高的能量密度（镍的 400~800 倍、PZT 的数十倍）和快速的机械响应等优点，立即受到业界的高度关注。从此，磁致伸缩材料有了迅猛的发展，尤其是 20 世纪 80 年代美国、日本、瑞士等国家争先对其性能、成分（掺杂）、相结构和磁结构做了充分的研究，并在此基础上开发了大量的实用器件，如图 11-16~图 11-18 所示。

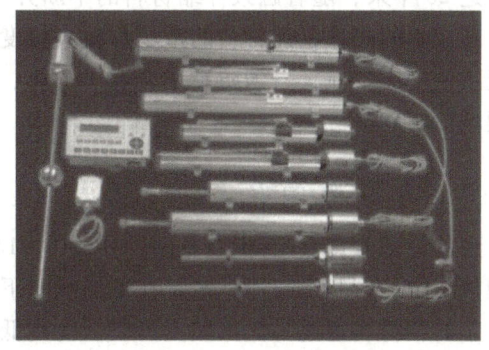

图 11-16 Terfenol-D 棒材（左）与磁致伸缩传感器（右）（源自网络）

1998 年，美国海军军械实验室的 Clark 等研究人员又发现了一种新型磁致伸缩材料，即铁镓（Fe-Ga）合金（命名为 Galfenol）。它在力学性能方面比 Terfenol-D 具有更大的优势，且需要的驱动磁场强度更低。与其他机敏材料（Terfenol-D 和 PZT）普遍易脆不同，Galfenol 具有独特的力学性能，脆性小，可以热轧、焊接，具有良好的抗拉强度，能承受转矩、冲击等机械载荷；同时，良好的热稳定性使得该材料具备其他材料无法比拟的优势。

a) 实物照片　　b) 结构示意图

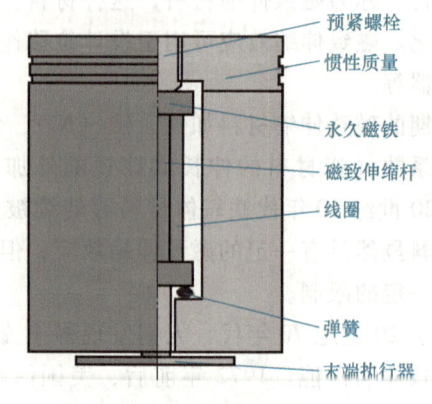

图 11-17　磁致伸缩 Terfenol-D 作动器[200]

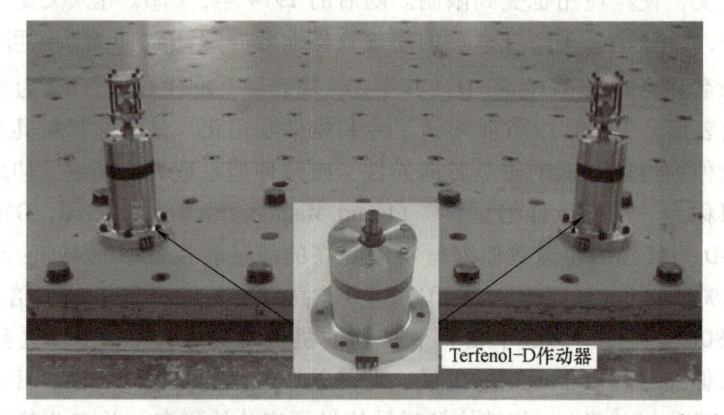

图 11-18　用于梁结构振动主动控制的磁致伸缩 Terfenol-D 作动器[201]

近 20 年来，随着磁致伸缩材料的不断开发应用以及相应的制造工艺的不断完善和突破，原材料成本的降低，此材料的市场价格大幅度降低，已形成了代替压电陶瓷的强大势头，已广泛应用于航空航天、国防军工、电子工业、机械工业、石油工业、纺织工业、农业和民用等领域。

11.4.3　形状记忆合金[212-219]

形状记忆合金（Shape Memory Alloy，SMA）也是一种新型的机敏材料，它在高温下被处理成一定的形状后急冷下来，在低温状态下经塑性变形为另一种形状，当再加热至高温稳定状态时，材料通过马氏体相变可以恢复到低温塑性变形前的形状。恢复最初形状的过程与固态合金从低温马氏体转变为高温奥氏体的相变有关。形状记忆合金以其特有的形状记忆、超弹性、大变位、高耗能、良好耐腐蚀及耐疲劳性能等优势被认为是结构振动主动控制中最有前途的传感和作动材料。

合金材料的形状记忆效应如图 11-19 所示，是指材料的形状在低温环境被改变之后，一旦加热到一定的跃变温度时，它又可以魔术般地变回到原来的形状，人们把具有这种特殊功能的合金称为形状记忆合金。

a) 原始状态　　　　　　　　b) 低温拉直　　　　　　　　c) 加热后恢复

图 11-19　合金材料的形状记忆效应演示（源自网络）

形状记忆效应最早发现于 20 世纪 30 年代，1932 年瑞典化学家 Ölander 在金镉（Au-Cd）合金中首次观察到材料的伪弹性行为。其后的 1938 年，Greninger 和 Mooradian 研究发现通过降低和增加温度，铜锌（Cu-Zn）合金中马氏体相发生变形和消失的现象。

1962~1963 年，美国海军军械实验室的专家们在一次偶然的研究中发现，在高于室温较多的温度范围内，把一种镍钛（Ni-Ti）合金丝绕制成弹簧，然后在冷水中把它拉直或铸成正方形、三角形等形状，再放在 40℃ 以上的热水中，该合金丝就恢复成原来的弹簧形状。他们把这种"神奇"的合金命名为 Nitinol，并迅速投入商业化开发。

1969 年，Nitinol 合金首次成功用于某型飞机的液压管密封接头，这种接头通常在常温下制作，使它的内径小于管道外径，如图 11-20 所示。再在低温下拉大（大于管道外径），套在两管相连接的接缝上，一旦放回常温环境，常温唤醒了它的记忆，接口随之收缩，紧紧箍住管口，使两管牢牢连成一体，使用这种接头后从未发生过漏油、脱落或破损事故。

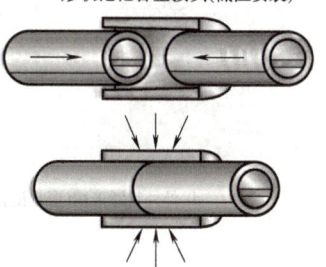

工程上常用的形状记忆合金主要分为铜基合金（如 Fe-Mn-Si，Cu-Zn-Al 和 Cu-Al-Ni 合金等）以及以 Nitinol 为代表的镍基合金。其中 Nitinol 合金以其优良的性能已成为振动主动控制中最常用的一种形状记忆合金，它从低温马氏体相转变为高温奥氏体相的过程中，其弹性模量可以增加到原来的数倍，所产生的作动力可以增加到原来的近 10 倍。相比于其他形状记忆合金，Nitinol 合金的电阻率高，通入电流就可以方便地对其进行加热。但是，相对于压电材料来说，形状记忆合金响应慢，对瞬时电流要求较高，加热周期长。

图 11-20　形状记忆合金管接头示意图[215]

形状记忆合金自 20 世纪 60 年代开发以来，以其神奇的形状记忆效应广泛应用于各种工业领域。在航空工程领域，21 世纪初美国波音公司联合通用发动机公司和美国国家航空航天局等单位研发了一款采用 Nitinol 合金的飞机发动机可变面积风扇喷嘴（Variable Area Fan Nozzle，VAFN），并于 2005~2006 年成功完成了飞行测试，如图 11-21a 所示。此外，形状记忆合金还应用于控制安全气囊的汽车低压阀门以及控制通风口叶片开启与关闭的汽车作动器、机器人（见图 11-21b）、智能电话、消防喷嘴、光学镜架以及矫形外科用矫形棒（见图 11-21d）、眼科手术（泪管栓塞、青光眼分流术等）器械、静脉套管等医

a) 飞机发动机可变风扇喷嘴(形状记忆合金)

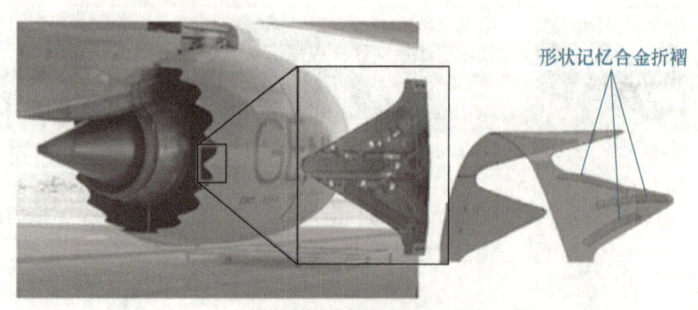

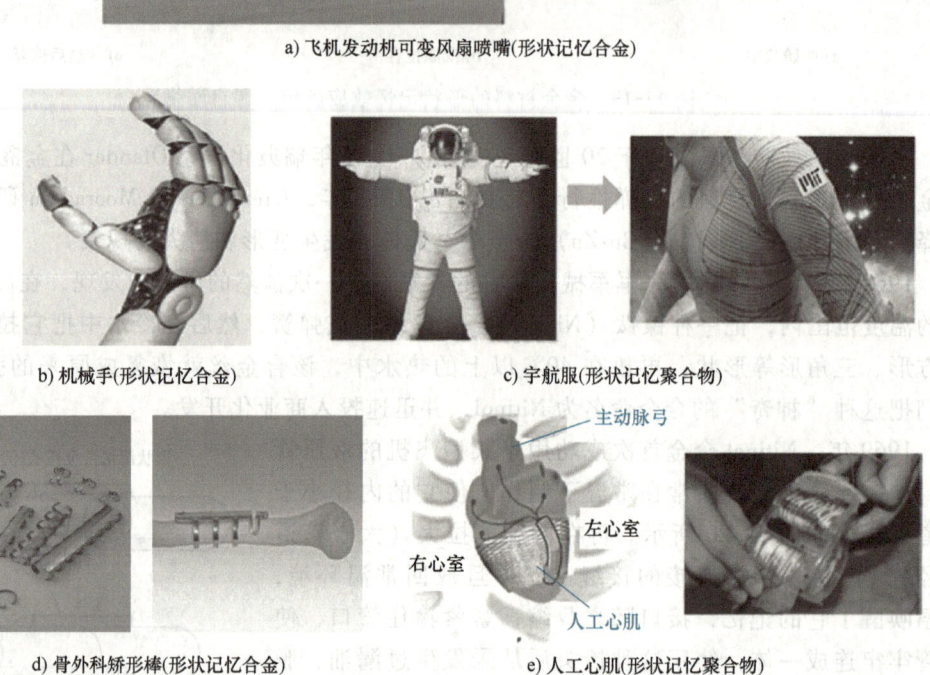

b) 机械手(形状记忆合金)　　　　c) 宇航服(形状记忆聚合物)

d) 骨外科矫形棒(形状记忆合金)　　e) 人工心肌(形状记忆聚合物)

图 11-21　形状记忆材料的应用[215]

疗仪器。

还有一种新型形状记忆合金，称为铁磁形状记忆合金（Ferromagnetic Shape-Memory Alloy，FSMA），这种合金在磁场的作用下能够快速发生变形转换，比 Nitinol 合金基于温度效应的转换速度更快、效率更高，因此也得到了良好的应用。

此外，除了合金类形状记忆材料外，形状记忆聚合物（Shape Memory Polymer，SMP）自 20 世纪 90 年代开发出来后也得到了广泛关注。相比于形状记忆合金，其优点是具有更大的变形能力（绝大多数情况下可高达 200%）、更低的成本、较低的密度、潜在的生物兼容性和生物降解性以及更好的超力学性能，因此一经问世便迅速在软体机器人领域、服装工业（运动服装、特种服装等，见图 11-21c）以及生物医学工程（器官植入等，见图 11-21e）领域得到了应用。

对于振动控制来说，利用形状记忆合金的形状记忆效应、超弹性性能和高阻尼特性所制作的阻尼器不仅可以实现减小结构振动响应的目的，而且与传统的黏弹性阻尼器相比，具有抗疲劳性好、耐腐蚀强、无液体渗漏现象、可恢复变形大及性能稳定等优点。另外，在结构中复合形状记忆合金丝，通过加热或通电等方式，使其产生较大的恢复力来改变结构的固有频率，以避开共振现象，从而达到控制结构振动的目的。

目前形状记忆合金已成功应用于发射阶段卫星有效载荷的强振动载荷抑制、飞机发动机风扇叶片的振动控制、飞机起落架的强冲击抑制、车床颤振控制以及土木结构（如桥梁或建筑物）的振动控制。

11.4.4　电流变流体[220-231]

电流变（Electrorheological，ER）**流体**，是一种由介电微粒与载体油（绝缘液体）混合而成、流变特性可由外加电场控制的机敏悬浮体材料。介电颗粒是具有高介电常数和较强极性的纳米至微米尺度大小的微细固体颗粒；而载体油一般由基础液（可采用经过理化处理的煤油、矿物油、硅油等油类）和添加剂（由水、酸、碱、盐类物体和表面活性剂组成，以增强悬浮体材料的稳定性和电流变效应）组成，具有绝缘性能好、耐高压、低黏度、无电场作用下流动性好的特点。

电流变流体的流变效应如图 11-22 所示。在无电场作用时，它通常表现为普通的 Newtonian 流体，但在外加电场作用下，其表观黏度在毫秒级的时间内会急剧增大（10^5 量级），同时伴随屈服应力、剪切模量的显著增加，呈现 Bingham 塑性体（黏塑性胶体）性态。而且这种变化是瞬时可逆的，即在撤除外加电场后，电流变流体又能迅速恢复至原来的状态。这种效应称为 Winslow 效应，最早是由美国人 Winslow 于 1947 年发现的，同时申请了美国发明专利，并于 1949 年进行了公开报道。

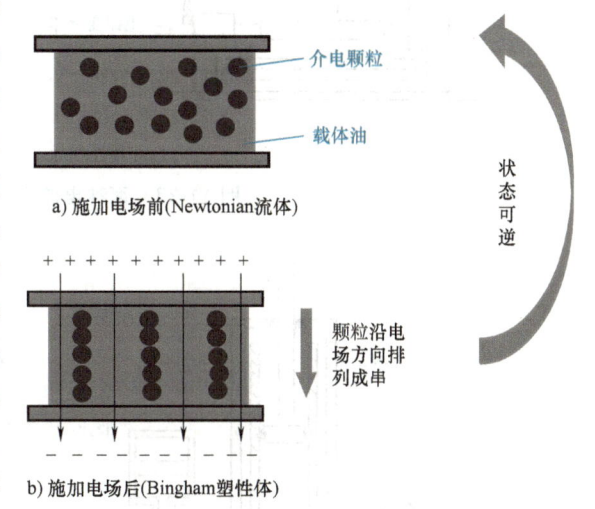

图 11-22　电流变流体流变效应示意图

早期的电流变流体中含有水的成分，电流变效应较弱，综合性能指标低。进入 20 世纪 80 年代，无水及其他高性能电流变流体材料的相继发现，使得人们看到了电流变技术应用于工程技术领域的可能性大大增加，继而掀起了一个研究电流变技术的高潮，受到了人们的极大关注。

电流变流体所具有的可在液体/胶体之间快速可逆变化的独特材料特性，使其在液压控制阀、隔振支座（见图 11-23）、车辆悬架系统半主动阻尼器与离合器/制动器装置（见图 11-24）、静压轴径轴承（见图 11-25）以及家用洗衣机等装置或设备中得到了应用。

电流变流体的优点是耗能小，装置简单，成本低，响应速度快（在 3~5ms 内就能够从待用状态转换到激活状态）。但是这一过程（指从待用状态转换到激活状态）反向进行则需花费相当长的时间，这就大大限制了由这些材料制成的主动减振器或隔振器的可用频率范围。此外，它还有一个主要问题，就是需要相对很高的驱动电压（≈3kV）。

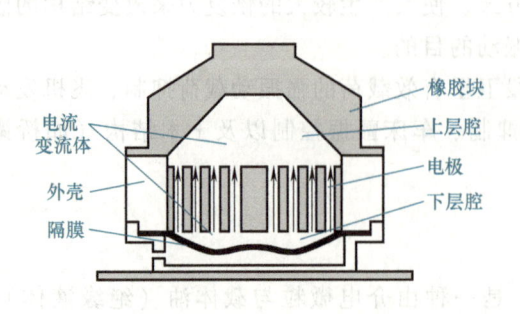

a) 流模式(Flow Mode)

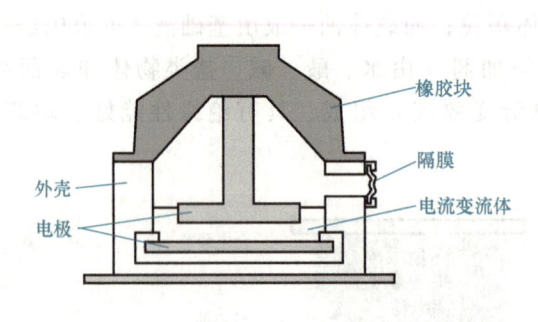

b) 压模式(Squeeze Mode)

图 11-23 两种电流变隔振支座[228]

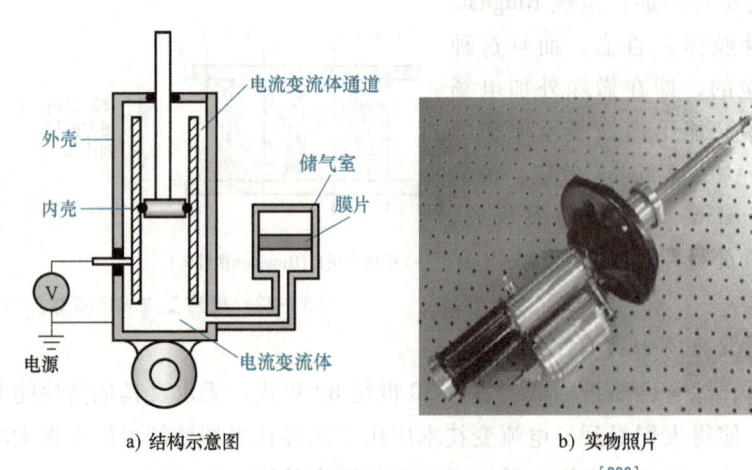

a) 结构示意图   b) 实物照片

图 11-24 车辆悬架系统用电流变流体阻尼器[230]

11.4.5 磁流变流体[232-234]

与电流变流体相类似，**磁流变**（Magnetorheological，MR）**流体**则是由高磁导率、低磁滞性的微小（纳米至微米尺度大小）磁性颗粒和载体油（非导磁性液体）混合而成的机敏悬浮体材料。这种材料在零磁场条件下呈现出低表观黏度的 Newtonian 流体特性；而在强磁场作用下，则瞬间（毫秒级）呈现出高表观黏度（增大 $10^5 \sim 10^6$ 倍）、低流动性的 Bingham 体（黏塑性胶体）特性。而且这种变化是连续的、可逆的，即当磁场撤销后，又会迅速恢复到原始液态，如图 11-26 所示。

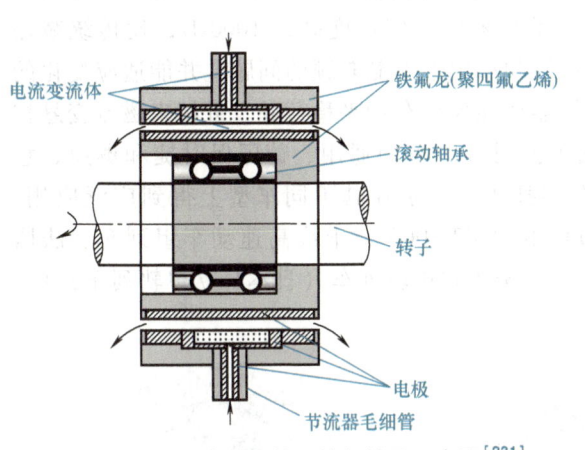

图 11-25　电流变流体静压轴径轴承示意图[231] 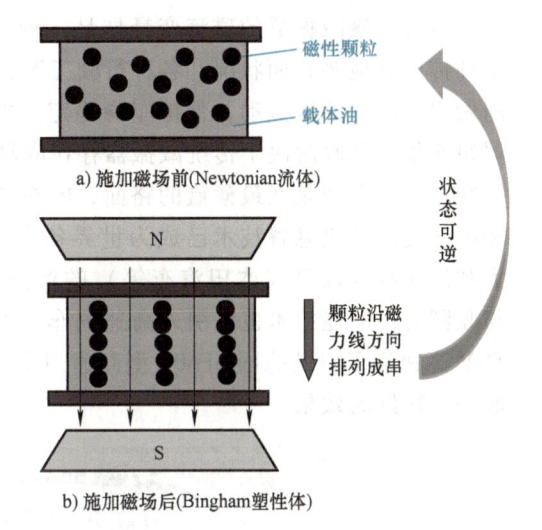　　图 11-26　磁流变流体流变效应示意图

1948 年 Rabinow 首先发现了磁流变效应并于 1951 年申请了专利，20 世纪 50 年代到 80 年代期间，由于没有认识到磁流变流体内在的剪切效应以及无法解决沉淀、腐蚀等问题，磁流变流体的研究一直非常缓慢。

进入 20 世纪 90 年代以来，随着磁流变效应物理本质研究的深入以及材料制备技术的不断提高，磁流变流体的研究重新焕发了新生。与电流变流体相比，由于磁流变流体的磁静态能量密度高于电流变流体的静电能量密度，因此它比电流变流体具有更高的屈服应力。此外其最大优点是驱动电压低（5V 左右），有相对稳定的工作温度范围（-40~150℃）。因此磁流变流体已成为当前结构振动控制，特别是半主动控制研究的热点，备受青睐。目前国内外均已成功研制出性能优良的磁流变流体，并开发出工程实用的磁流变阻尼器（见图 11-27），已在机械工程、车辆工程、土木与建筑工程、航空与航天工程等领域得到了广泛应用。

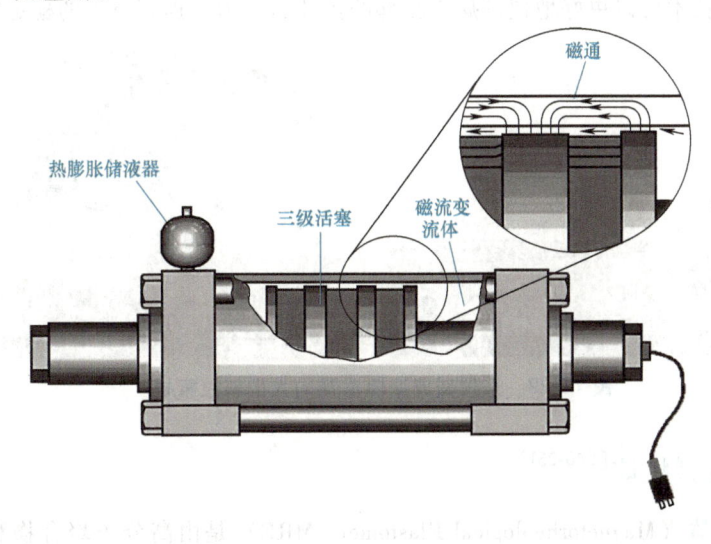

图 11-27　某大型磁流变阻尼器示意图（源自网络）

带有电磁减振器的磁流变悬挂是一种新型智能化独立悬架系统（见图11-28），它利用多种传感器检测路面状况和各种行驶工况，传输给电子控制器（ECU），控制电磁减振器瞬间做出反应，抑制振动，保持车身稳定。电磁减振器的反应速度高达1000Hz，比传统减振器快5倍，彻底解决了传统减振器存在的舒适性和稳定性不能兼顾的问题。并能适应变化的行驶工况，即使是在最颠簸的路面，电磁减振器也能保证车辆平稳行驶。近年来磁流变悬挂和磁流变发动机悬置技术已成为世界各大汽车公司（如美国通用、德国保时捷和奥迪、意大利法拉利以及日本本田汽车等）的标准车用技术，分别在其不同车型上得到广泛应用。与此同时，上述技术也已引入高速列车（如日本的E2-1000新干线高速动车组列车、法国TGV高速列车以及德国SF600型高速列车等）和跨座式单轨列车（日本日立单轨列车）中，取得了很好的效果。

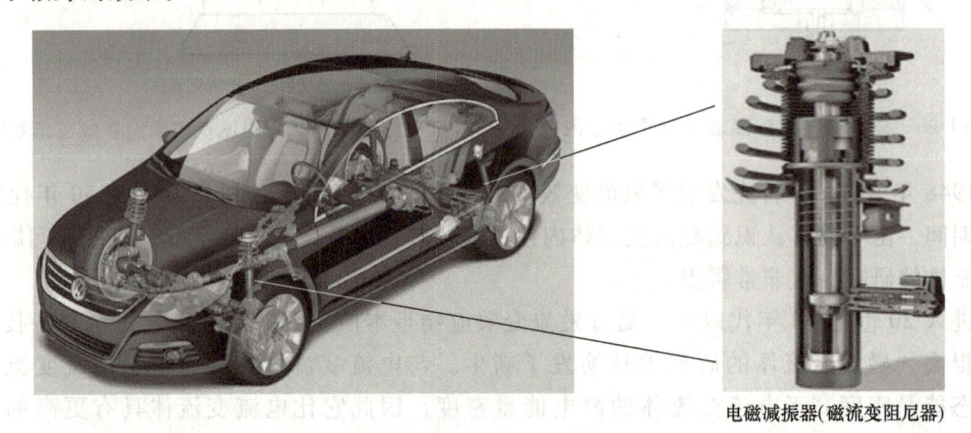

电磁减振器(磁流变阻尼器)

图11-28　采用磁流变悬挂的轿车[236]

　　大型桥梁和高层建筑采用磁流变阻尼器可以显著提高风载和地震作用下建筑物的抗震能力（见图11-29）。而基于磁流变流体的直升机座椅半主动控制则可以最大程度降低乘员的冲击损伤，而采用磁流变阻尼器的车辆座椅（见图11-30）则可以改善乘坐舒适性。此外，人体假肢采用磁流变技术可以更好地提高病人腿部的抗冲击能力，提高行走的稳定性和灵敏性。

磁流变阻尼器

图11-29　采用磁流变阻尼器的大型斜拉索桥[237]

11.4.6　磁流变弹性体[240-251]

　　磁流变弹性体（Magnetorheological Elastomer，MRE）是由高分子聚合物和微米级的软磁性材料制成的。这种混有磁性材料的聚合物固化成形后，在外加磁场下，其力学、电学、磁

第11章 振动主动控制技术

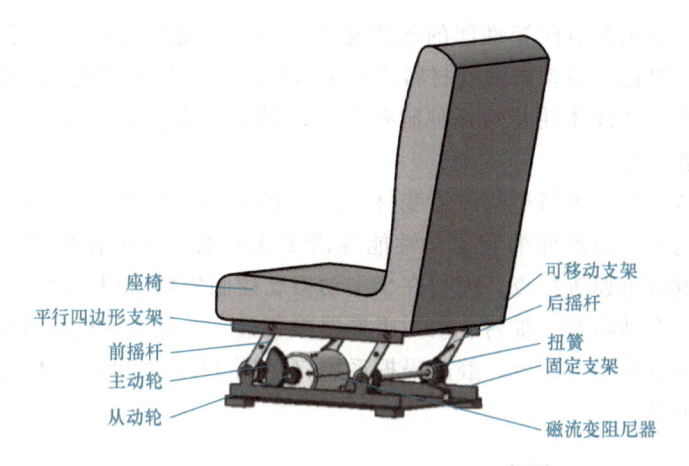

图 11-30 采用磁流变阻尼器的座椅[239]

学等性能会随外加磁场的改变而变化。因此，它属于磁流变材料的一个分支。由于磁流变弹性体兼有磁流变流体和弹性体的优点，既保留了磁流变流体的刚度和阻尼可控的性质，又克服了磁流变流体的颗粒易沉降与磨损、稳定性差以及需密封等缺点，因而近年来已发展成为机敏材料研究的一个热点。

　　磁流变弹性体主要由基体材料和分散其中的磁性颗粒以及一些添加剂组成，其中基体材料一般采用橡胶和树脂等高分子聚合物，而磁性颗粒的选择与磁流变流体相似。磁性颗粒应具有高磁导率、高饱和磁化强度以及低剩磁的特点，前两者保证颗粒间较大的吸引力，产生较强的磁流变效应，而低剩磁则保证磁场消除后颗粒不会继续吸在一起，以达到可逆的磁流变效应。常用的磁性颗粒是球状、直径为数微米的羰基铁粉。添加剂一般加入增塑剂、硫化剂和表面活性剂等，以改善基体力学性能及硫化时的流动性。

　　磁流变弹性体的制备工艺与一般弹性体或普通橡胶的过程相似，主要是材料配比混合、塑炼、混炼和固（硫）化四个阶段。根据所选材料、组分以及工艺的不同，所制备出的磁流变弹性体的力学性能也不一样。图 11-31 所示为磁流变弹性体（聚氨酯材质）试样与模具。

图 11-31 磁流变弹性体（聚氨酯材质）试样与模具[246]

　　磁流变弹性体最早是由日本丰田中央研究所的 Shiga 等人于 1995 年研制出来的，他们利用铁粉和硅橡胶制备出具有磁控性能的磁致黏弹性凝胶。随后美国 Lord 公司和福特汽车研究中心的研究人员对这一新型磁流变材料进行了跟踪研究，从而引发磁流变弹性体研究的热潮，针对提高磁流变弹性体性能的各种制备工艺以及磁流变弹性体应力-应变本征关系模型的研究广泛地开展起来。

磁流变弹性体作为一种新型的磁流变材料，在克服了磁流变流体缺点的同时，具有磁致剪切模量、磁致电阻、磁致伸缩和磁学性能等诸多优异的磁场可控特性，并且具有无需密封、性能稳定、响应迅速等特点，因而在半主动振动控制领域应用广泛。可以制成各种减振支座、汽车悬架、发动机架、轴衬、动力吸振器等装置，并且在飞机起落架减振系统、直升机旋翼系统、武器反后坐力系统、舰船隔振系统（见图 11-32）及精密仪器设备隔振等领域具有良好的应用前景。

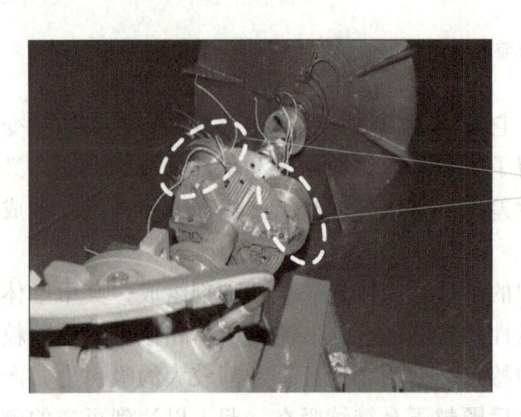

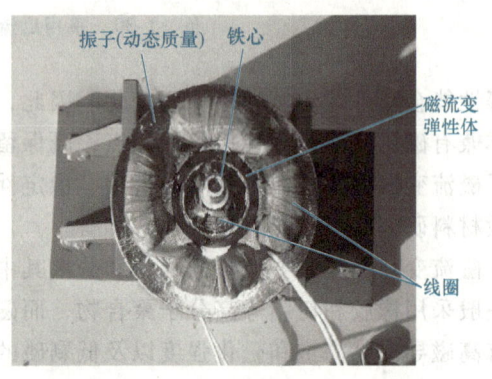

图 11-32 船舶推进轴系（模型）用磁流变弹性体动力吸振器（MRE-DVA）[249]

以上介绍了 6 种振动主动控制中常见的机敏材料，还有一些机敏材料，如介电弹性体（Dielectric Elastomer, DE）和介电聚合物（Dielectric Electro-Active Polymer, DEAP）等，也逐渐用于结构振动主动控制领域，感兴趣的读者可以自行查阅相关资料，本书不再赘述。

11.5 工程应用实例

11.5.1 快走丝线切割机电极丝的振动主动控制[252]

国产某快走丝电火花线切割机床在加工过程中，在贮丝筒跳动及其换向冲击、导轮径向偏摆与轴向窜动、加工放电过程所产生的一系列激励等多种因素的共同作用下，电极丝极易受激励产生低频振动，直接影响加工精度和质量。由于传统的被动控制技术尚不能达到令人满意的效果，为此采用振动主动控制技术来控制电极丝的振动。

振动主动控制系统如图 11-33 所示，选用压电陶瓷元件 PZT-5A（规格：24mm×18mm×1mm），粘贴在 0.15mm 厚的金属片上作为传感器和作动器，且将两者设在同一位置，控制器由可调式反馈控制电路组成。由传感器检测到的丝振信号经放大后分成两路：一路输入到控制器进行反馈控制处理，再通过功率放大电路输出给作动器，产生相应的控制力来抑制丝振；另一路则输入到信号分析仪进行频谱分析，并用记录仪进行记录。

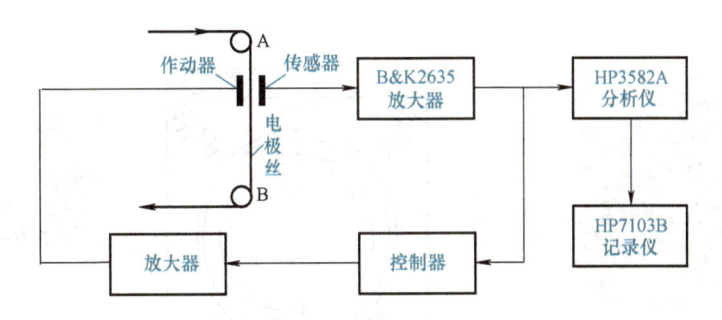

图 11-33　线切割机电极丝振动主动控制系统简图[252]

主动控制前后的丝振比较如图 11-34 所示，工件表面粗糙度值比较见表 11-1。从图 11-34 和表 11-1 可以看出，采用振动主动控制技术可以有效地控制电极丝的振动，提高了加工精度。

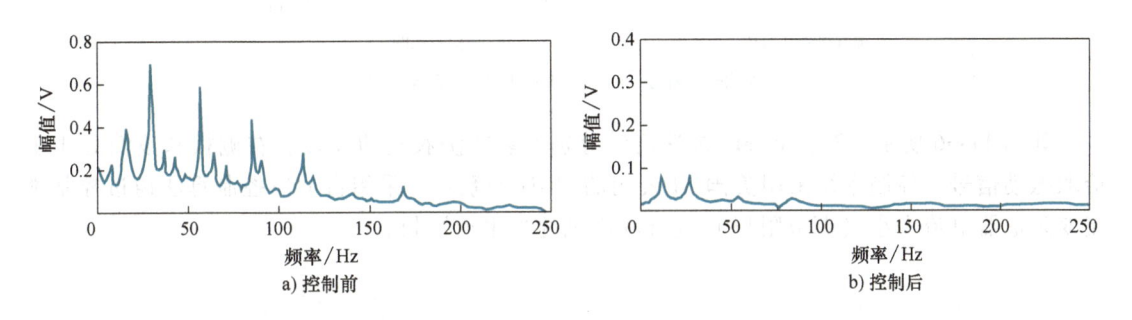

图 11-34　主动控制前后丝振比较[252]

表 11-1　电极丝主动控制前后加工工件的表面粗糙度值[252]　　　　（单位：μm）

工件号	1	2	3	4	5	6
控制前	18.27	20.42	20.39	26.38	19.74	24.04
控制后	8.93	13.78	12.42	13.38	12.95	12.24

11.5.2　滚筒洗衣机的半主动振动控制[253]

滚筒洗衣机在洗涤工作时，滚筒内的衣物和水流等不平衡质量在滚筒的高速旋转过程中所产生的离心力（尽管机内通常配有平衡水泥块，但无法完全抵消该离心力）极易引发机体壁面产生振动，同时辐射噪声。通常采用在滚筒底部左右两侧加装被动式阻尼器来进行处理，但效果仍不能令人满意。为此，本例采用半主动控制技术来控制洗衣机的振动和噪声。

本例中，意大利贝尔加莫大学的学者们针对因代西特公司的一款滚筒洗衣机（型号为 Ariston Aqualtis，见图 11-35）开展了半主动振动控制技术的研究，其中安装在滚筒内壁的不平衡质量块用来模拟实际衣物和水流等不平衡质量，磁流变阻尼器为美国 Lord 公司开发的 RD-1097-01 型阻尼器。

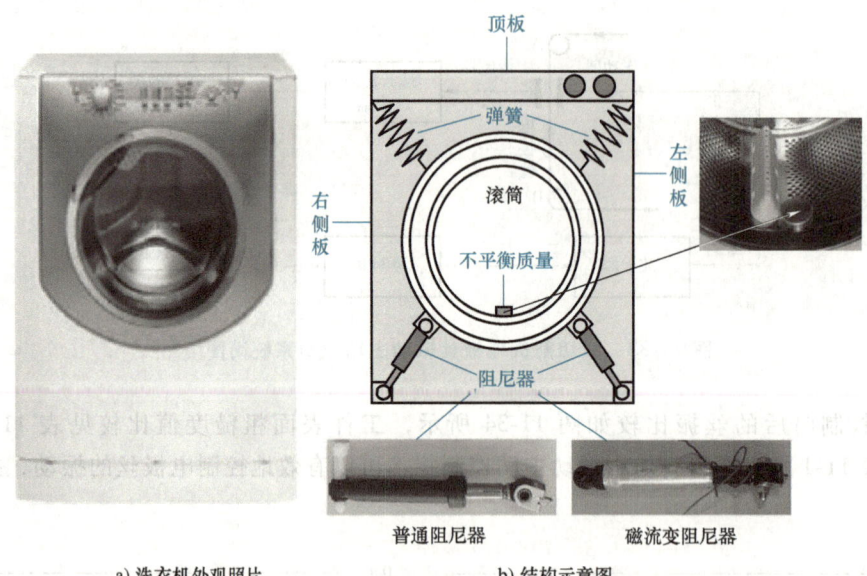

图 11-35 Ariston Aqualtis 型滚筒洗衣机[253]

如图 11-36 所示，3 个 MEMS 加速度计分别安装在洗衣机的顶板、右侧板和滚筒处用于拾取振动信号，控制系统采用美国 NI 公司的 cRIO 型系统，采用自适应控制算法通过控制磁流变阻尼器电流大小（调节阻尼）进行洗衣机的半主动控制。

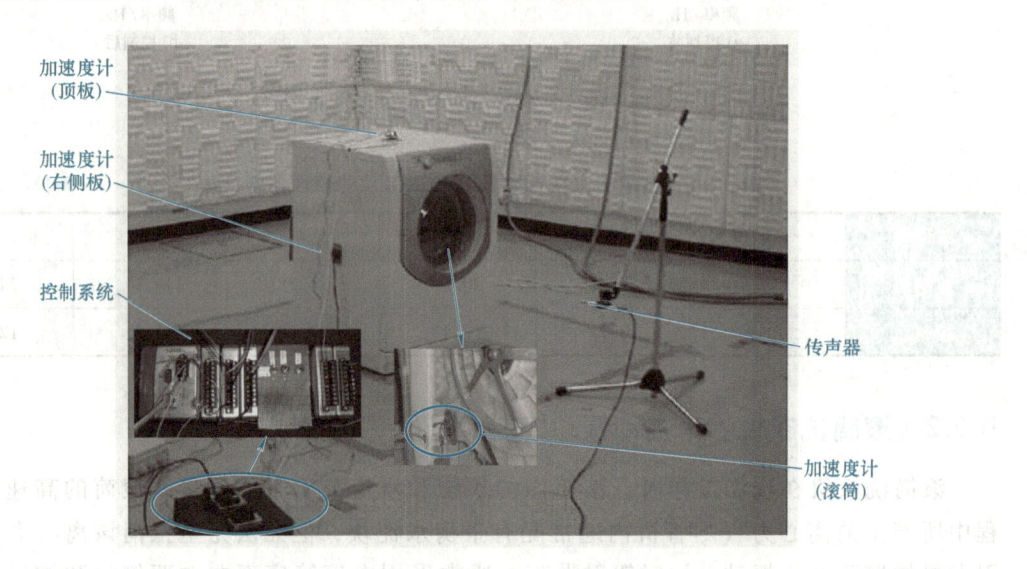

图 11-36 Ariston Aqualtis 型滚筒洗衣机半主动振动控制现场[253]

在专用半消声室内针对不同转速下无阻尼器、双侧普通阻尼器、双侧磁流变阻尼器以及单侧磁流变阻尼器等多种情形下洗衣机振动进行了评价，如图 11-37 所示，可以看出仅安装右侧磁流变阻尼器的减振效果最为显著（见图 11-38），这是由于洗衣机结构的非对称性而导致的。而且该阻尼器安装形式的降噪效果也非常显著，相比双侧普通阻尼器最高可达 5dB 的降噪量，如图 11-38 所示。

第11章　振动主动控制技术

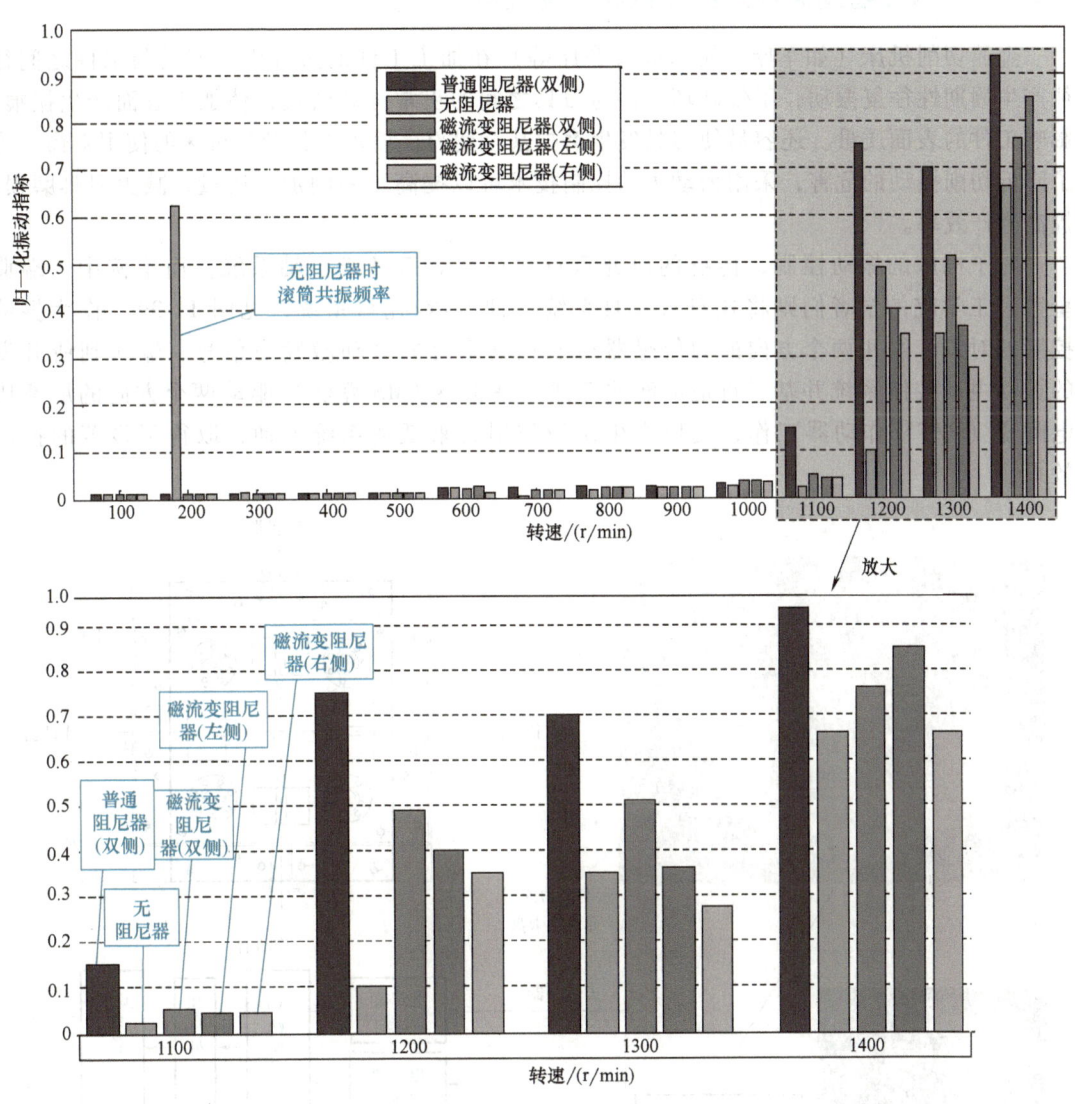

图 11-37　不同阻尼器情形的洗衣机振动水平[253]

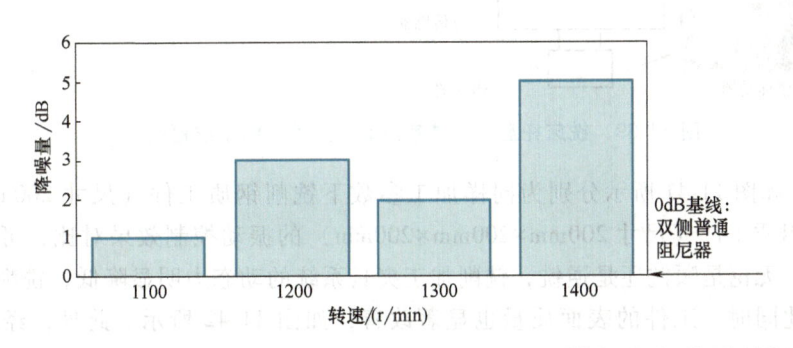

图 11-38　仅安装右侧磁流变阻尼器的洗衣机降噪效果[253]

11.5.3 铣床托盘式夹具系统的振动主动控制[254]

金属切削机床（如车床、铣床以及磨床等）在加工工件的过程中，刀具与工件之间往往产生周期性往复振动，不仅破坏工件与刀具之间的正常运动轨迹，使加工表面产生振痕，影响工件的表面质量。还容易使刀具发生磨损甚至崩刃，缩短刀具乃至机床的使用寿命。为了降低切削振动的危害，采用振动主动控制技术可以提高工件的加工质量，减少刀具磨损，提高生产效率。

对于机床的振动控制，传统的研究重点往往针对刀具或主轴系统。而本例中，瑞典皇家理工学院的学者们则将托盘式夹具系统（即卡盘/托盘系统，见图11-39）作为振动控制的对象，采用两个方向的力传感器拾取夹具系统的振动激励力信号，输入到所开发的振动主动控制系统并基于自适应滤波算法（滤波X-LMS算法）驱动两个方向的层叠压电陶瓷（PZT）作动器工作，用以产生次级作用力来抵消系统振动，取得了显著的控制效果。

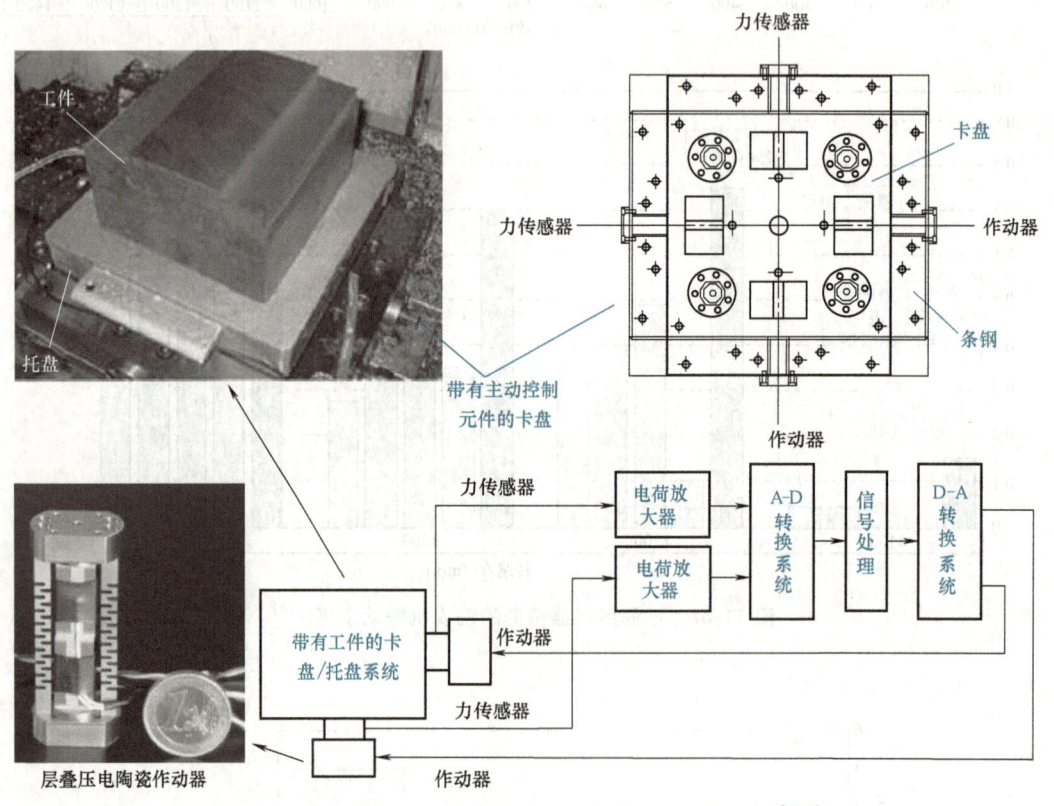

图 11-39 铣床托盘式夹具系统振动主动控制系统框图[254]

图11-40和图11-41所示分别为同样加工参数下铣削钢质工件（尺寸200mm×200mm×110mm）和铝质工件（尺寸200mm×200mm×200mm）的振动控制效果对比，可以看出经过主动控制后，无论是顺铣还是逆铣，铣削加工夹具系统的动态力明显降低，铣削振动控制效果显著。与此同时，工件的表面质量也显著改善，如图11-42所示。此外，经过主动控制后，刀具的磨损情况也显著减弱。

第11章 振动主动控制技术

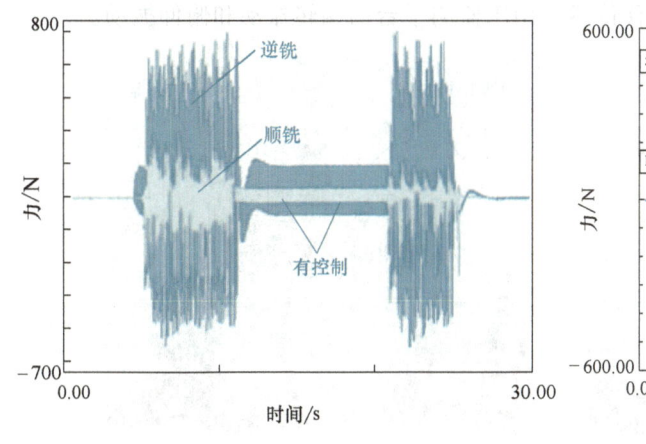

图 11-40 钢质工件不同铣削加工的动态力随时间变化曲线[254]

图 11-41 铝质工件逆铣加工的动态力随时间变化曲线[254]

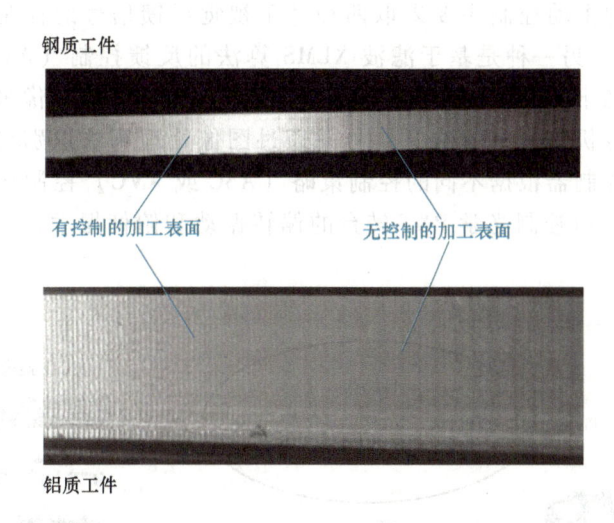

图 11-42 不同工件有无振动主动控制的铣削加工表面质量对比[254]

11.5.4 基于视觉反馈的光学 P&T 转台的超低频振动主动控制[255]

P&T 转台（Pan&Tilt Platform）是一种能够同时绕铅垂轴和水平轴旋转的机械工作台，广泛应用于光学监测系统、精密仪器设备以及火炮、雷达、导弹和卫星等尖端武器系统。对于光学 P&T 转台来说，由于精度要求极为苛刻，当工作在超低频（<1Hz）的微振动环境时，即使已装有隔振系统，也极易导致所携带的精密光学系统的成像质量不能满足要求，直接影响到光学系统的工作性能。精密平台系统的超低频振动控制问题，一直是振动工程领域关注的热点难题，现有的被动控制技术无能为力，目前的解决途径主要依靠振动主动控制技术。

本例中的光学 P&T 转台主要由 CCD 成像系统、旋转工作台、俯仰工作台、电动机、传送带、基础以及支撑系统（Stewart 平台，是精密系统常用的六自由度隔振平台）等构件组成，如图 11-43 所示。其中，两个角位移传感器用于监测平台的偏转振动和俯仰振动。

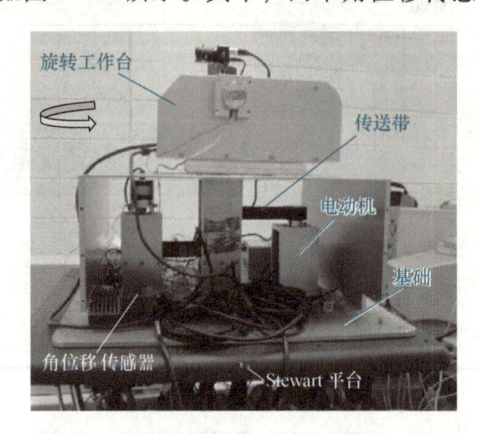

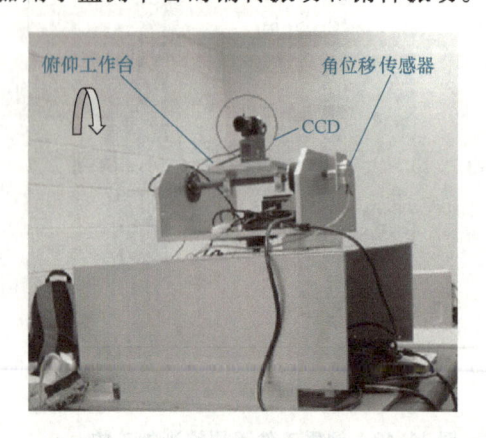

图 11-43　带有 CCD 摄像头的某型光学 P&T 转台[255]

对这两类振动的主动控制主要采取两种基于视觉反馈信号的控制方案：一种是自适应滑模控制（ASC），另一种是基于滤波 XLMS 算法的反馈控制（AVC）。首先由 Stewart 平台产生超低频振动干扰，由光学成像系统（含 CCD 摄像头、图像采集卡以及带有图像处理功能的微型计算机等）捕捉视觉信号并通过图像处理算法识别出成像误差，然后输入到上述控制器，控制器根据不同的控制策略（ASC 或 AVC）控制作动系统（驱动器和伺服电动机）工作，以控制光学 P&T 转台的偏转振动和俯仰振动，控制系统示意图如图 11-44 所示。

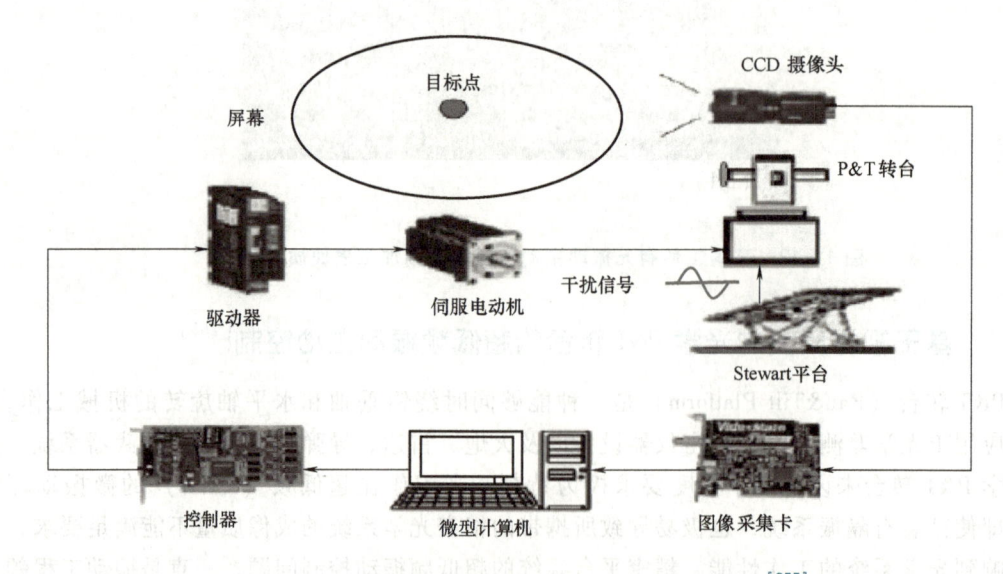

图 11-44　光学 P&T 转台的振动主动控制系统示意图[255]

图 11-45 所示为 0.6Hz 干扰激励下光学 P&T 转台偏转振动与俯仰振动的主动控制效果，可以看出两种控制策略均可以显著降低转台偏转振动和俯仰振动的角位移，特别是自适应滑模控制（ASC）的效果更好。

a) 偏转ASC控制

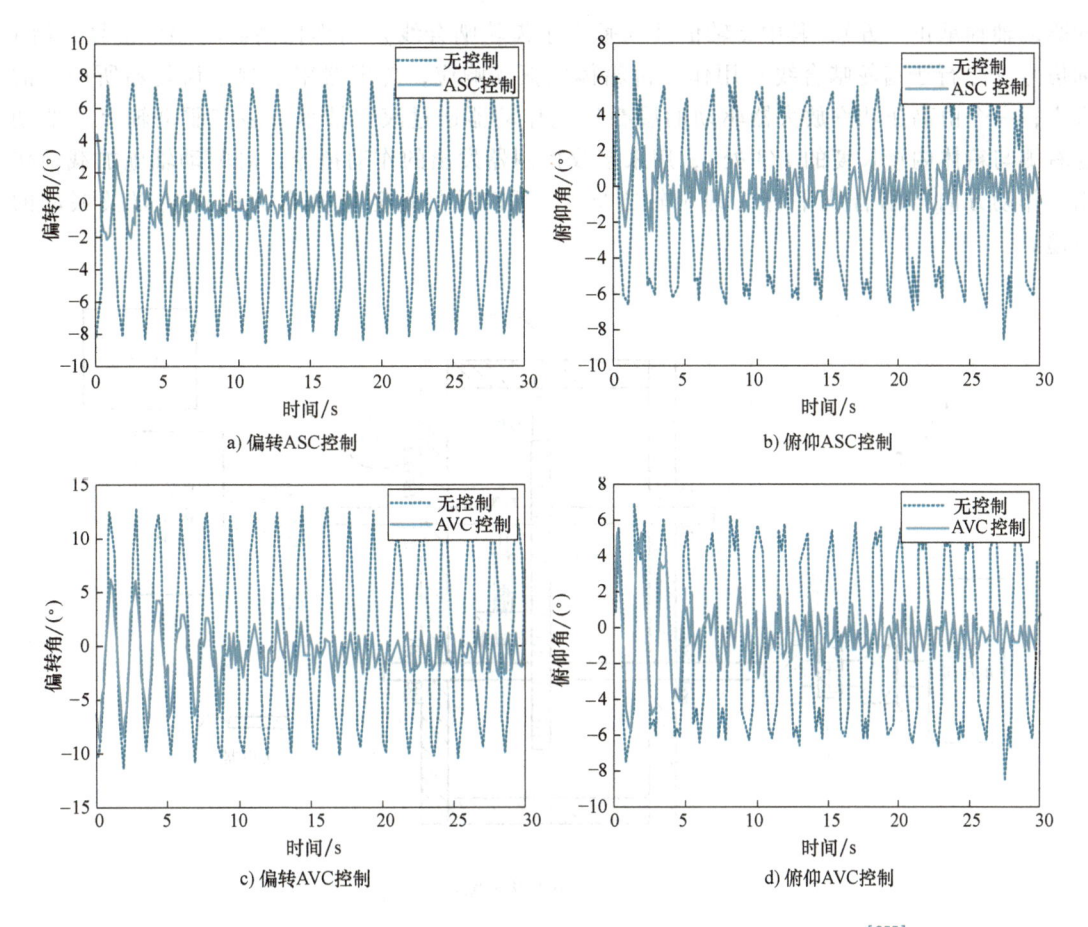

b) 俯仰ASC控制

c) 偏转AVC控制

d) 俯仰AVC控制

图11-45　0.6Hz干扰激励下光学P&T转台的振动主动控制效果[255]

11.5.5　齿轮箱的振动主动控制[256]

齿轮箱是机械工程、能源与动力工程以及车辆工程等领域广泛应用的重要机械传动部件，其内部的齿轮副在啮合过程中，由于齿形误差、装配误差以及弹性变形等影响，往往引发啮合冲击而产生与齿轮啮合频率相对应的振动。过大的振动不仅容易引起齿轮副的疲劳失效甚至引发事故，直接威胁齿轮箱的正常工作，还可以诱发强烈的结构噪声，污染工作环境，影响操作人员的身心健康。关于齿轮箱的振动控制问题，一直是振动工程领域非常棘手的难题之一，由于啮合振动机理以及振动能量传递的复杂性，加之其自身结构与工况的特殊性，常用的被动控制技术的减振效果往往并不理想。鉴于齿轮啮合振动所具有的、与啮合频率相对应的离散窄带特性，采用振动主动控制技术来抑制齿轮箱啮合振动成为可能。这一技术自1994年首次应用于齿轮箱啮合振动控制领域以来，取得了良好的进展。

本例中美国阿拉巴马大学和辛辛那提大学的学者们采用振动主动控制技术对齿轮箱的啮合振动进行了深入的试验研究，取得了良好的减振降噪效果。所搭建的齿轮箱振动主动控制系统如图11-46所示，包括交流电动机、扭矩传感器、内含一对直齿轮（齿数为60，节圆直径为3in，传动比为1）的齿轮箱以及直流载荷测力计等。安装在驱动轮附近的磁脉冲旋转传感器用于捕捉旋转脉冲信号；三向加速度计安装在齿轮箱外壳（面向直流载荷测力计的驱动轴轴承正上方），其中 x 轴信号（垂直于齿轮啮合线）用作控制器的参考信号，而 y 轴信号（平行于齿轮啮合线）用作评价箱体的振动响应；传声器用于测量齿轮箱所产生的噪声；一个由高压功率放大器驱动的层叠压电作动器通过滚针轴承安装在驱动轴上（驱动轮右侧与箱体内壁长度的 1/3 处），用来接收控制器发出的作动指令，对驱动轴施加载荷作用，作动方向与啮合线平行（即 y 轴方向），可以更好地阻止啮合力的产生以及振动的传递。

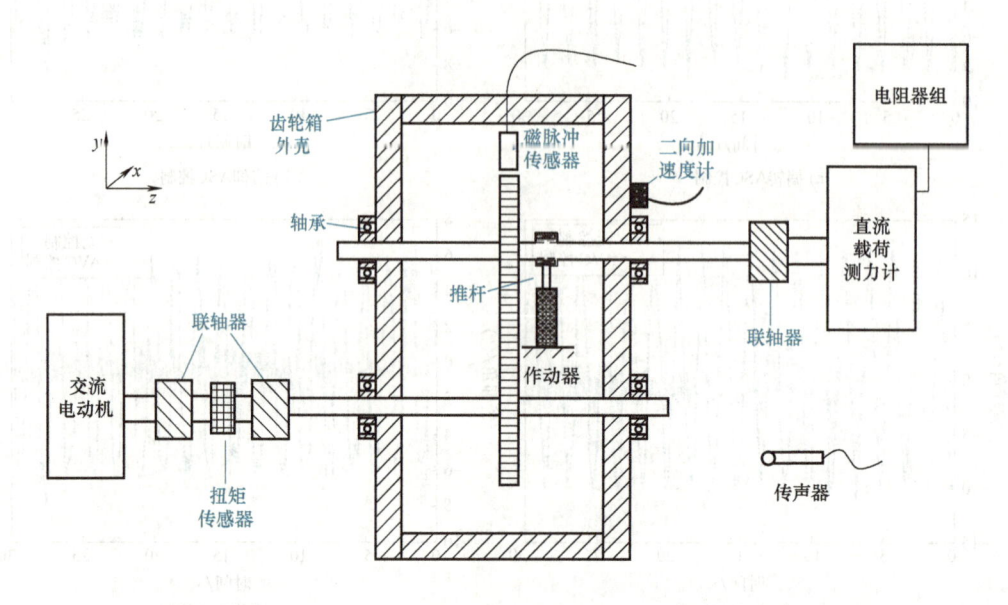

a) 结构示意图

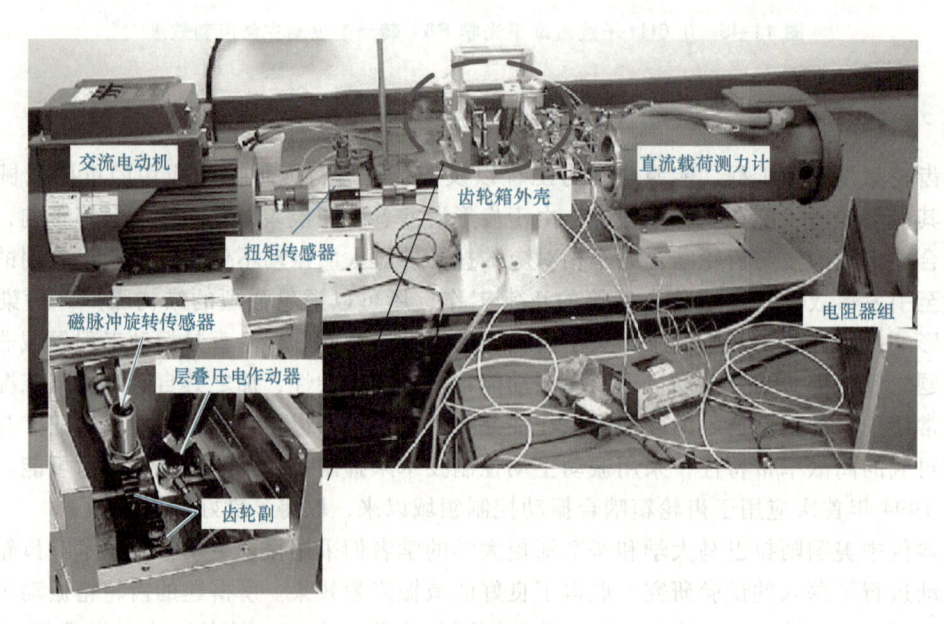

b) 现场照片

图 11-46　齿轮箱振动主动控制系统[256]

图 11-47 所示为转速为 220r/min 时主动控制前后齿轮箱箱体 y 方向与 x 方向振动频谱以及箱体辐射声压级频谱（振动参考值 $1g$，声压参考值 $1V$）。可以看出经过主动控制箱体的振动与噪声均得到有效抑制，特别是前两阶啮合频率（220Hz 和 440Hz）处的控制效果更为显著。

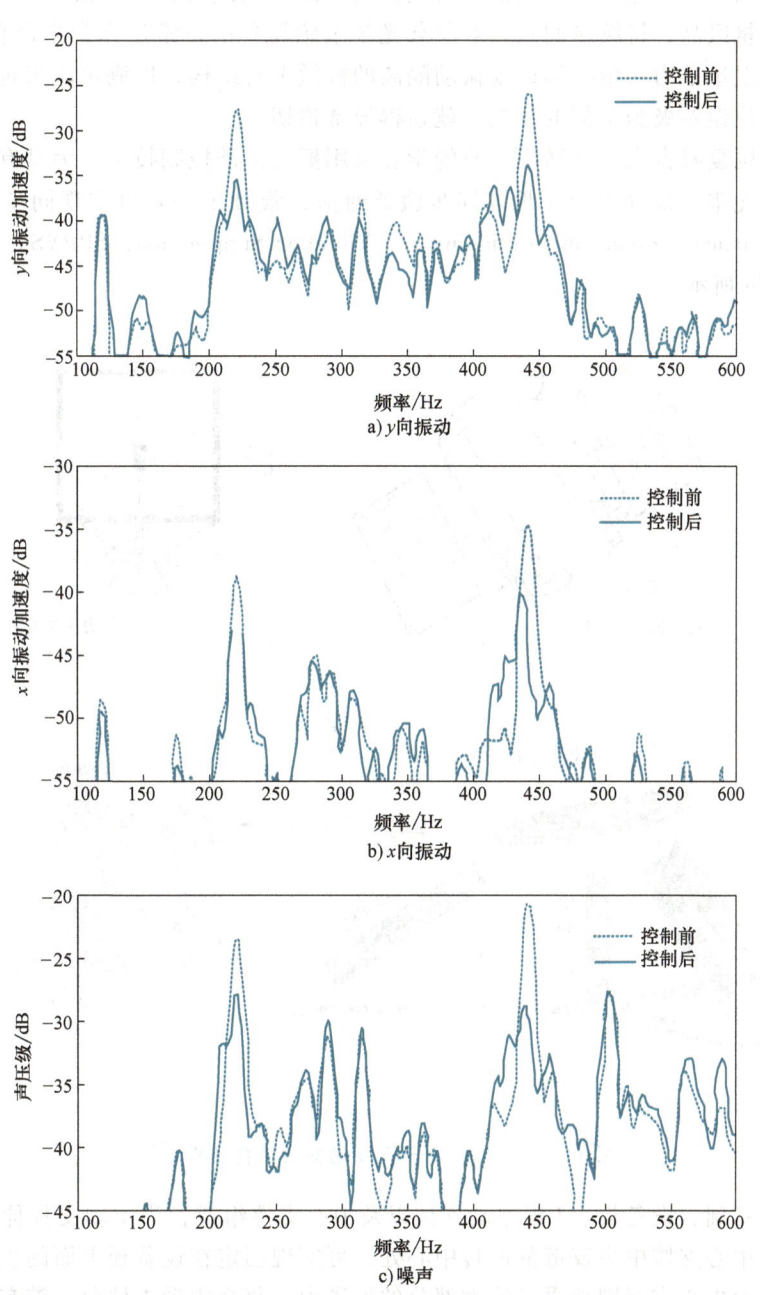

a) y 向振动

b) x 向振动

c) 噪声

图 11-47　220r/min 时齿轮箱箱体的振动与噪声频谱[256]

11.5.6　卫星激光通信望远镜机敏复合平台设计[257]

航天器推进系统推力矢量控制对于航天器的平稳运行具有极为重要的意义。对于卫星来说，主推进器理想的推力矢量应该作用在卫星的质量中心线上，然而现实中往往存在不对中偏差，从而导致产生干扰力矩。为解决这一难题，目前航天工程界通常采用附加一种小型反推力推进器系统，但是由此造成卫星总体质量的增加以及燃料的消耗，影响卫星的使用寿命。更为重要的是，这些小型推进器以及主推进器的点火过程往往激发星体结构产生共振，这种振动往往量级高、持续时间长，对星载光学敏感设备的正常工作带来严重影响。因此，开发一种面向卫星推力矢量控制以及振动隔离的机敏平台结构，以满足越来越多航天发射任务中对姿态定位误差极为苛刻的要求，就显得异常迫切。

  本例中美国夏威夷大学马诺阿分校的学者采用振动主动控制技术，为具有微弧度定位分辨率的星载激光望远镜（可用于地球同步轨道通信）设计了一款可实现同步精密定位和振动抑制（Simultaneous Precision Positioning and Vibration Suppression，SPPVS）的机敏复合平台，如图 11-48 所示。

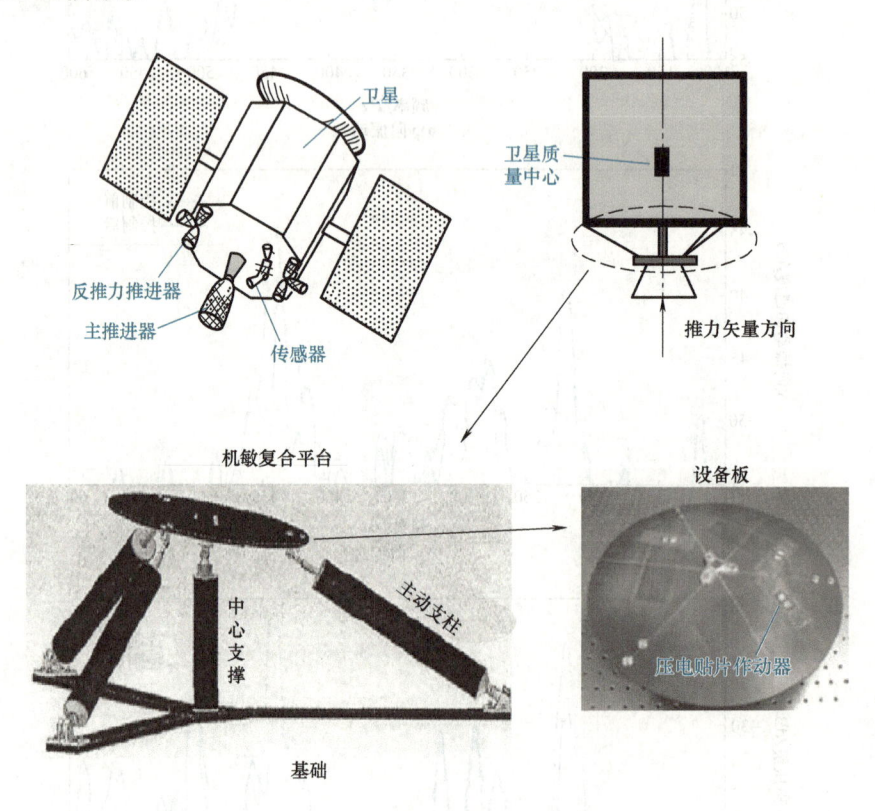

图 11-48 星载 SPPVS 机敏复合平台结构[257]

  该平台由基础、设备板、3 根主动支柱以及中心支撑组成，当主动支柱伸缩时，设备板始终被约束在中心支撑中央铰链的回转中心处，可实现固定在设备板上面的主推进器角位移的精确控制，而中心支撑则承受了绝大部分的推进力。每个主动支柱包括带有编码器的步进电动机、层叠压电作动器和载荷测量单元，用以实现 SPPVS 功能；中心支撑则包含一个重载层叠压电作动器和一个载荷测量单元，起到隔振的作用；而设备板则是一个内置有压电贴片传感器（3 个，置于底部）和作动器（3 对 6 个，置于上部）的智能复合板，具有进一步抑制振动的能力。压电材料采用 PZT-5A 型压电陶瓷，而设备板和基础的材料则采用预浸有

第11章 振动主动控制技术

环氧树脂的石墨编织物。该平台通过控制每个主动支柱的运动，使设备板保持某种姿态来纠正推力向量的偏差，而振动的抑制则是通过控制上述层叠压电作动器和贴片作动器来实现的。

为了验证所开发的机敏复合平台对于卫星姿态与振动的控制效果，搭建了如图 11-49 所示的卫星地面模拟试验装置。首先振动控制器开始抑制振动，数秒后位置控制器开始工作进行姿态控制，控制效果如图 11-50 和图 11-51 所示。可以看出所开发的 SPPVS 机敏复合平台不仅可以实现卫星模拟架的姿态控制，还可以抑制其振动，达到同步实现卫星推力矢量控制（姿态控制）与振动抑制的功能，而且控制速度快，精度高，效果好。

图 11-49 卫星地面模拟试验装置[257]

a) 姿态

b) 倾斜

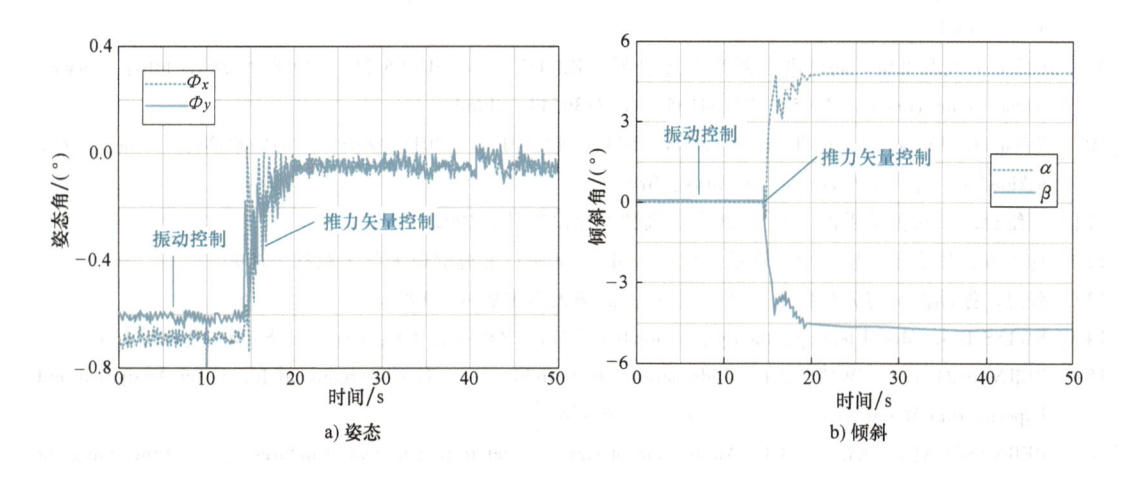

图 11-50 卫星模拟架姿态与倾斜控制效果[257]

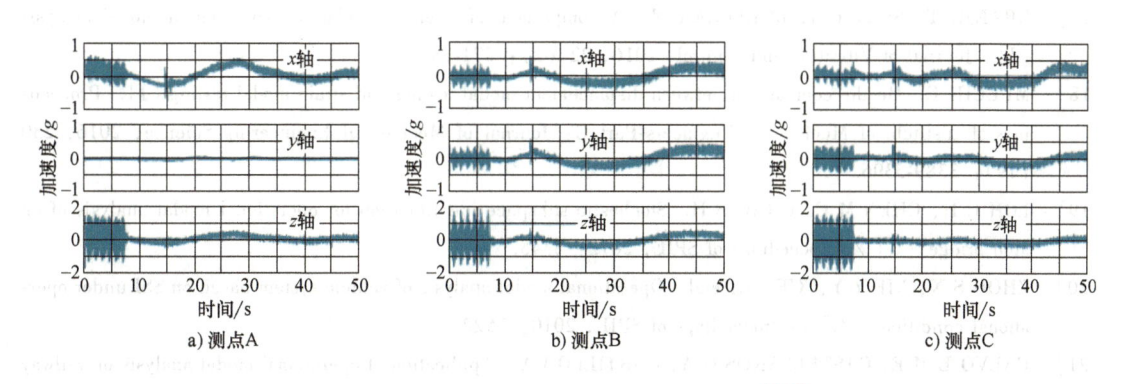

a) 测点A

b) 测点B

c) 测点C

图 11-51 卫星模拟架不同测点的振动响应[257]

参 考 文 献

[1] Wikipedia Encyclopedia. Vibration [EB/OL]. (2018-09-27) [2018-09-28]. https：//en. wikipedia. org/wiki/Vibration.

[2] 方同，薛璞. 振动理论及应用 [M]. 西安：西北工业大学出版社，1998.

[3] 吴成军. 工程振动与控制 [M]. 西安：西安交通大学出版社，2008.

[4] 倪振华. 振动力学 [M]. 西安：西安交通大学出版社，1988.

[5] 中国运载火箭技术研究院. 1995 年 1 月 26 日，长征二号 E 火箭发射"亚太二号"通信卫星失利 [EB/OL]. (2016-05-25) [2018-09-28]. http：//www. calt. com/n485/n841/n842/c5430/content. html.

[6] YOUKU 视频. 看中国火箭发射失败集锦——中国航天人在失败中成长的艰辛发展之路 [EB/OL]. (2017-10-26) [2018-09-28]. http：//v. youku. com/v_ show/id_ XMzExMTc5NzIyMA==. html.

[7] YOUKU 视频. 巴西：直升机降落时解体 疑与共振有关 [EB/OL]. (2012-02-24) [2018-09-28]. http：//v. youku. com/v_ show/id_ XMzU2MTc1MTA4. html? spm = a2h0k. 8191407. 0. 0&from = s1. 8-1-1. 2#paction.

[8] 马辉. 齿轮裂纹 [EB/OL]. (发布日期不详) [2018-09-28]. http：//faculty. neu. edu. cn/huima/achieve. html.

[9] 360doc 个人图书馆. 超清晰百部汽车透视图 [EB/OL]. (2013-05-21) [2018-09-28]. http：//www. 360doc. com/content/13/0521/22/641357_ 287136544. shtml.

[10] Wikipedia Encyclopedia. Tacoma Narrows Bridge [EB/OL]. (2018-09-08) [2018-09-28]. https：//en. wikipedia. org/wiki/Tacoma_ Narrows_ Bridge.

[11] 屈维德. 机械振动手册 [M]. 北京：机械工业出版社，1992.

[12] 傅志方，华宏星. 模态分析理论与应用 [M]. 上海：上海交通大学出版社，2000.

[13] 张思. 振动测试与分析技术 [M]. 北京：清华大学出版社，1992.

[14] EWINS D J. Modal testing：theory and practice [M]. Baldock, UK：Research Studies Press, 1984.

[15] BERNASCONI O, EWINS D J. Modal strain/stress fields [J]. The International Journal of Analytical and Experimental Modal Analysis, 1989, 4 (2)：68-76.

[16] BERNASCONI O, EWINS D J. Application of strain modal testing to real structures [C]. Proceedings of the 7th International Modal Analysis Conference, Las Vegas, US, January30-February 2, 1989, 2：1453-1464.

[17] KRANJC T, SLAVIČ J, BOLTEŽAR M. A comparison of strain and classic experimental modal analysis [J]. Journal of Vibration and Control, 2016, 22 (2)：371-381.

[18] MUCCHI E. On the comparison between displacement modal testing and strain modal testing [J]. Proceedings of Institute of Mechanical Engineers-Part C：Journal of Mechanical Engineering Science, 2016, 230 (19)：3389-3396.

[19] LOH C H, CHEN M C, CHAO S H. Stochastic subspace identification for operational modal analysis of an arch bridge [C] //Proceedings of SPIE, 2012：8345.

[20] ZHOU S X, XIE Y Y, XIE J L, etal. Operational modal analysis of vehicle system based on SSI under operational conditions [C] //Proceedings of SPIE, 2010：7522.

[21] CALVO L M E, CASTELLANOS G A, PORTILLO I A. Application of operational modal analysis on railway vehicles using on track measurements [C] //Proceedings of the ASME 2013 Joint Rail Conference, 2013：2432.

[22] GOEGE D. Fast identification and characterization of nonlinearities in experimental modal analysis of large aircraft [J]. Journal of Aircraft, 2007, 44 (2): 399-409.

[23] BAK P A, JEMIELNIAK K. Automatic experimental modal analysis of milling machine tool spindles [J]. Proceedings of Institute of Mechanical Engineer-Part B: Journal of Engineering Manufacture, 2016, 230 (9): 1673-1683.

[24] DAI J S, ZOPPI M, KONG X W. Advances in reconfigurable mechanisms and robots I [C] //ZHANG J, LUO H W, HUANG T. Experimental modal analysis for a 3-DOF PKM module. London: Springer-Verlag, 2012: 371-377.

[25] GRIFFITH D T, CARNE T G. Experimental modal analysis of 9-meter research-sized wind turbine blades [C] //Proceedings of the 28th IMAC-A Conference on Structural Dynamics, Jacksonville, US, 2010.

[26] HOLLAND D. Experimental modal analysis of solar sail booms [C] //Proceedings of 49th AIAA/ASME/ASCE/AHS/ASC Structures, Structural Dynamics, and Materials Conference, 2008: 2281.

[27] NESTOROVIC T, TRAJKOV M, PATALONG M. Identification of modal parameters for complex structures by experimental modal analysis approach [J]. Advances in Mechanical Engineering, 2016, 8 (5): 1-16.

[28] MEDDA A, SHRIDHARANI J, BASS C D, et al. Experimental modal analysis of the advanced combat helmet [C] //Proceedings of the ASME 2011 International Mechanical Engineering Congress & Exposition, 2011: 62703.

[29] MANSOUR H. Modal analysis of the setar: a numerical-experimental comparison [J]. Journal of Vibration and Acoustics-Transactions of the ASME, 2015, 137: 061.

[30] MUCCHI E. Experimental dynamical characterization of beach tennis rackets by modal analysis [C] //Proceedings of the ASME 2011 International Design Engineering Technical Conferences & Computers and Information in Engineering Conference, 2011: 48241.

[31] MALEKIAN M, TRIEU D, OWOC J S, et al. Investigation of the intervertebral disc and fused joint dynamics through experimental modal analysis and the receptance coupling method [J]. Journal of Biomechanical Engineering-Transactions of the ASME, 2010, 132: 041.

[32] TETER A, GAWRYLUK J. Experimental modal analysis of a rotor with active composite blades [J]. Composite Structures, 2016, 153: 451-467.

[33] CHEN Z Y, ZHANG R, CHEN Z P, et al. Experiment and modal analysis on the primary mirror structure of space solar telescope [C] //Proceedings of SPIE, 2006: 6265.

[34] VASQUEZ-ARANGO J F, BUCK R, PITZ-PAAL R. Dynamic properties of a heliostat structure determined by numerical and experimental modal analysis [J]. Journal of Solar Energy Engineering-Transactions of the ASME, 2015, 137: 051.

[35] JIN X C. Experimental and numerical modal analyses of high-speed train wheelsets [J]. Journal of Rail and Rapid Transit, 2016, 230 (3): 643-661.

[36] KELLY S G. Fundamentals of mechanical vibrations [M]. 2nd ed. New York: McGraw-Hill, 2000.

[37] KWON Y W, BANG H. The finite element method using MATLAB [M]. 2nd ed. Boca Raton, Florida: CRC Press, 2000.

[38] 严济宽. 机械振动隔离技术 [M]. 上海: 上海科学技术文献出版社, 1985.

[39] 谢剑波, 何琳, 束立红. 基础阻抗对隔振效果的影响 [J]. 海军工程大学学报, 2005, 16 (4): 102-104.

[40] 李诗雨. 动车组转向架 [EB/OL]. [2018-09-28]. https://www.51wendang.com/doc/c8101002125679495bf2616a/66.

[41] 李红梅. 深度揭秘地铁2号列车上的"青岛核心制造" [EB/OL]. (2017-12-03) [2018-09-28].

http：//qingdao.dzwww.com/xinwen/qingdaonews/201712/t20171203_16276475.htm.

[42] 搜狐网．广佛地铁首例单轨将复制重庆单轨成功经验［EB/OL］．（2017-05-23）[2018-09-28]．http：//www.sohu.com/a/142862274_682294.

[43] 王红霞．O型钢丝绳隔振器特性研究［D］．重庆：重庆大学，2015.

[44] ЧЕГОАЕВ Д Е，МУЛЮКИН О П，КОЛТЫГИН Е В．金属橡胶构件的设计［M］．李中郢，译．北京：国防工业出版社，2000.

[45] 白鸿柏，路纯红，曹凤利，等．金属橡胶材料及工程应用［M］．北京：科学出版社，2014.

[46] 胡嘉麟．金属橡胶：兼具良好承载能力和阻尼性能的阻尼材料［EB/OL］．（2018-01-02）[2018-09-28]．http：//mp.weixin.qq.com/s/kF0Bi3bED8b71OhKqcaGKQ.

[47] 厦门夏声环保科技有限公司．漳州中央空调噪声控制［EB/OL］．（2016-05-26）[2018-09-28]．http：//www.xm.xs.com/wap/content/?391.html.

[48] 江苏南通海升船舶设备制造有限公司．减振降噪浮筏装置［EB/OL］．[2018-09-28]．http：//www.cntrades.com/b2b/haishengship/sell/itemid-13972104.html.

[49] 株洲新闻网．大型船用浮筏项目助力时代新材减隔振试验能力再提升［EB/OL］．（2017-06-27）[2018-09-28]．http：//www.zznews.gov.cn/news/2017/0627/260278.shtml.

[50] 李明明．新型压电约束层阻尼结构及其在整星隔振中的应用［D］．哈尔滨：哈尔滨工业大学，2014.

[51] WILKE P S，JOHNSON C D，FOSNESS E R．Whole-spacecraft passive launch isolation［J］．Journal of Spacecraft and Rockets，1998，35（5）：690-694.

[52] JOHNSON C D，WILKE P S，PAAVOLA C，et al．Protecting satellites from the dynamics of the launch environment［C］//Proceedings of AIAA Space 2003：6266.

[53] JOHNSON C D，WILKE P S，DARLING K R．Multi-Axis whole-spacecraft vibration isolation for small launch vehicles［C］//Proceedings of SPIE，2001，4331：153-161.

[54] JOHNSON C D，WILKE P S．Recent launches using the SoftRide whole-spacecraft vibration isolation system［C］//Proceedings of AIAA Space 2001 Conference and Exposition，2001：4708.

[55] JOHAL R S，WILKE P S，JOHNSON C D．Rapid coupled loads analysis and spacecraft load reduction using SoftRide［C］//Proceedings of 23rd Annual AIAA/USU Conference on Small Satellites，2009：SSC09-IX-2.

[56] JOHAL R S，WILKE P，JOHNSON C D．Satellite component load reduction using SoftRide［C］//Proceedings of AIAA/6th Responsive Space Conference，2008：6002.

[57] 梁宏锋．卫星成像设备用精密主动隔振器的结构设计与分析［D］．武汉：华中科技大学，2015.

[58] PENDERGASTK J，SCHAUWECKERC J．Use of a passive reaction wheel jitter isolation system to meet the advanced X-Ray astrophysics facility imaging performance requirements［C］//Proceedings of SPIE，1998，3356：1078-1094.

[59] 杨剑锋，徐振邦，吴清文，等．空间光学载荷六维隔振系统的设计［J］．光学精密工程，2015，23（5）：1347-1356.

[60] BRONOWICKI A J，INNIS J W．A family of full spacecraft-to-payload isolators［J］．Technology Review Journal，2005：21-41.

[61] BABUŠKA V，ERWIN R S，SULLIVAN L A．System identification of the SUITE isolation platform：ground and flight experiment comparison［C］//Proceedings of 44th AIAA/ASME/ASCE/AHS Structures，Structural Dynamics，and Materials Conference，2003：1642.

[62] SPANOS J，RAHMAN Z，BLACKWOOD G．A soft 6-axis active vibration isolator［C］//Proceedings of IEEE，1995，1：412-416.

[63] 李子龙．高性能主动隔振系统结构动力学分析与设计研究［D］．武汉：华中科技大学，2015.

[64] MINUS K Technology. Passive Vibration Isolation [EB/OL]. [2018-09-28]. http：//www. minusk. com/content/in-the-news/TheSci_ 0907. html#indexisolator.

[65] 丁振林. 聚氨酯隔振器研究的新进展 [J]. 噪声与振动控制, 2011, 4：152-154.

[66] 束立红, 胡宗成, 吕志强. 国外舰船隔振器研究进展 [J]. 舰船科学技术, 2006, 28 (3)：109-112.

[67] 张庆君, 王光远, 郑钢铁. 光学遥感卫星微振动抑制方法及关键技术 [J]. 宇航学报, 2015, 36 (2)：125-132.

[68] 王平, 张国玉, 刘家燕, 等. 机载光电吊舱无角位移隔振设计 [J]. 红外与激光工程, 2012, 41 (10)：2799-2804.

[69] OU J P, LONG X, LI Q S, et al. Vibration control of steel jacket offshore platform structures with damping isolation systems [J]. Engineering Structures, 2007, 29：1525-1538.

[70] MOTTERSHEAD J E, RAM Y M. Inverse eigenvalue problems in vibration absorption：passive modification and active control [J]. Mechanical Systems and Signal Processing, 2006, 20 (1)：5-44.

[71] Wikipedia Encyclopedia. Taipei 101 [EB/OL]. (2018-09-24) [2018-09-28]. https：//en. wikipedia. org/wiki/Taipei_ 101.

[72] JONES C J C, EDWARDS J W. Development and testing of wheels and track components for reduced rolling noise from freight trains [C] //Proceedings of the 25th International Congress on Noise Control Engineering, Liverpool, UK, July 30-August 2, 1996, 403-408.

[73] 邹强, 江波, 刘友存, 等. 阻尼车轮的降噪结构设计与应用 [J]. 铁道车辆, 2016, 54 (4)：6-8.

[74] 赵悦, 肖新标, 韩健, 等. 高速有砟轨道钢轨动力吸振器垂向吸振特性及其参数影响 [J]. 机械工程学报, 2013, 49 (16)：17-25.

[75] THOMPSON D J, JONES C J C, WATERS T P, et al. A tuned damping device for reducing noise from railway track [J]. Applied Acoustics, 2007, 68 (1)：43-57.

[76] TOMIOKA T, TAKIGAMI T. Reduction of bending vibration in railway vehicle carbodies using carbody-bogie dynamic interaction [J]. Vehicle System Dynamics, 2010, 48 (4)：467-486.

[77] 赵军, 黄文俊. 直升机旋翼双线摆式吸振器的关键技术分析 [J]. 航空科学技术, 2012, 4：50-53.

[78] CHANG J C H, SOONG T T. Structural control using active tuned mass dampers [J]. ASCE Journal of the Engineering Mechanics Division, 1980, 106 (6)：1091-1098.

[79] ZHANG Z L, STAINO A, BASU B, et al. Performance evaluation of full-scale tuned liquid dampers (TLDs) for vibration control of large wind turbines using real-time hybrid testing [J]. Engineering Structures, 2016, 126：417-431.

[80] HROVAT D, BARAK F, RABINS M. Semi-active versus passive or active tuned mass dampers for structural control [J]. Journal of Engineering Mechanics, 1983, 109 (3)：691-705.

[81] XU Z B, GONG X L, LIAO G J, et al. An active-damping-compensated magnetorheological elastomer adaptive tuned vibration absorber [J]. Journal of Intelligent Material Systems and Structures, 2010, 21：1039-1047.

[82] KOMATSUZAKI T, INOUE T, TERASHIMA O. Broadband vibration control of a structure by using a magnetorheological elastomer-based tuned dynamic absorber [J]. Mechatronics, 2016, 40：128-136.

[83] 王晨阳, 何立东. 转子动力吸振器在线抑制多跨转子过临界振动的实验研究 [J]. 中国电机工程学报, 2015, 35 (18)：4715-4724.

[84] 李响, 周鋐. 动力吸振器在轿车低频轰鸣声控制中的应用 [J]. 汽车技术, 2015, 1：9-12.

[85] 刘建娅, 李舜酩, 姜建中, 等. 动力吸振器在动力总成振动控制中的应用 [J]. 噪声与振动控制, 2011, 2：115-118.

[86] 虞自飞, 王涛, 沈海军, 等. 动力吸振器在飞轮振动控制中的应用 [J]. 噪声与振动控制, 2013,

33（5）：173-178.

[87] 李献. 硬岩掘进机（TBM）的动力学分析与振动控制［D］. 上海：上海交通大学，2015.

[88] KERWIN E M. Damping of flexural waves by a constrained viscoelastic layer［J］. Journal of the Acoustical Society of America, 1959, 31：952-962.

[89] NASHIF A D, JONES D I G, HENDERSON J P. Vibration damping［M］. New York：John Wiley & Sons, 1985.

[90] 戴德沛. 阻尼技术的工程应用［M］. 北京：清华大学出版社，1991.

[91] UPPAL S. Discontinuous constrained-layer damping treatments applied to a vibrating free-free beam［D］. Ames, Iowa：Iowa State University, 1996.

[92] RAO M D. Recent applications of viscoelastic damping for noise control in automobiles and commercial airplanes［J］. Journal of Sound and Vibration, 2003, 262（3）：457-474.

[93] KANDASAMY R, CUI F S, TOWNSEND N, et al. A review of vibration control methods for marine offshore structures［J］. Ocean Engineering, 2016, 127：279-297.

[94] 李锐锐. 直升机旋翼阻尼器非线性动力学特性研究［D］. 南京：南京航空航天大学，2015.

[95] JONES P, RUSSELL D, MCGUIRE P. Latest developments in fluidlastic lead-lag dampers for vibration control in helicopters［C］//Proceedings of the 59th Annual Forum of American Helicopter Society, Alexandria, US, 2003, 566-575.

[96] PETRIE J S, LESIEUTRE G A, SMITH E C. Helicopter blade lag damping using embedded fluid elastic inertial dampers［C］//Proceedings of 45th AIAA/ASME/ASCE/AHS/ASC Structures, Structural Dynamics and Material Conference, 2004：1950.

[97] FAN R P, MENG G, YANG J, et al. Experimental study of the effect of viscoelastic damping materials on noise and vibration reduction within railway vehicles［J］. Journal of Sound and Vibration, 2009, 319：58-76.

[98] BRUNEL J F, DUFRENOY P, CHARLEY J, et al. Analysis of the attenuation of railway squeal noise by preloaded rings inserted in wheels［J］. Journal of the Acoustical Society of America, 2010, 127（3）：1300-1306.

[99] BAZ A M, RO J J. The concept and performance of active constrained layer damping treatments［J］. Sound and Vibration, 1994, 28（3）：18-21.

[100] BAZ A M, RO J J. Vibration control of plates with active constrained layer damping［J］. Smart Materials and Structures, 1996, 5（3）：272-280.

[101] SHEN I Y. Hybrid damping through intelligent constrained layer treatments［J］. Journal of Vibration and Acoustics-Transactions of the ASME, 1994, 116（3）：341-349.

[102] 张东东. 主动约束层阻尼结构多目标优化及自适应控制研究［D］. 重庆：重庆大学，2015.

[103] VASQUES C M A, RODRIGUES J D. Combined feedback/feedforward active control of vibration of beams with ACLD treatments：numerical simulation［J］. Computers and Structures, 2008, 86：292-306.

[104] LU J, WANG P, ZHAN Z F. Active vibration control of thin-plate structures with partial SCLD treatment［J］. Mechanical Systems and Signal Processing, 2017, 84：531-550.

[105] NG K W. Active constrained layer damping on cylindrical shells［C］//Proceedings of the 5th International Congress on Sound and Vibration, Adelaide, Australia, December 15-18, 1997, 1103-1108.

[106] BADRE-ALAM A, WANG K W, GANDHI F. Optimization of enhanced active constrained layer (EACL) treatment on helicopter flex-beams for aeromechanical stability augmentations［J］. Smart Materials and Structures, 1999, 8（2）：182-196.

[107] KWAK S K, WASHINGTON G, YEDAVALLI R K. Acceleration feedback-based active and passive vibra-

tion control of landing gear components [J]. Journal of Aerospace Engineering, 2002, 15 (1): 1-9.

[108] 翁端, 刘爽, 何嘉昌. 锰基阻尼合金研发及产业化国内外现状 [J]. 科技导报, 2014, 32 (3): 77-83.

[109] 百度文库. 减振合金 [EB/OL]. (2012-11-26) [2018-09-28]. https://wenku.baidu.com/view/9b1c1bda76a20029bd642da0.html.

[110] 百度文库. 阻尼合金 [EB/OL]. (2010-12-12) [2018-09-28]. https://wenku.baidu.com/view/2262692eb4daa58da0114a47.html.

[111] SHARP J. Enhanced structural durability through additive damping treatments [C] //Proceedings of AIAA/SAE 13th Propulsion Conference, 1977: AIAA-P-77-881.

[112] MORI K, KONO D, YAMAJI I, et al. Vibration reduction of machine tool using viscoelastic damper support [J]. Procedia CIRP, 2016, 46: 448-451.

[113] PAGET A L. Vibration in steam turbine buckets and damping by impacts [J]. Engineering, 1937, 143: 305-307.

[114] 杨棣, 唐恒龄, 廖伯瑜. 机床动力学: 卷1 [M]. 北京: 机械工业出版社, 1983.

[115] LIEBER P, JENSEN D P. An acceleration damper: development, design and some applications [J]. Trans ASME, 1945, 67 (7): 523-530.

[116] ROCKE R D, MASRI S F. Application of a single-unit impact damper to an antenna structure [J]. Shock and Vibration Bulletin, 1969, 39: 1-10.

[117] SKIPOR E, BAIN L J. Application of impact damping to rotary printing equipment [J]. Journal of Mechanical Design-Transactions of the ASME, 1980, 102 (2): 338-343.

[118] OLEDZKI A. A new kind of impact damper-from simulation to real design [J]. Mechanism and Machine Theory, 1981, 16 (3): 247-253.

[119] MOORE J J, PALAZZOLO A B, GADANGI R, et al. A forced response analysis and application of impact dampers to rotordynamic vibration suppression in a cryogenic environment [J]. Journal of Vibration and Acoustics-Transactions of the ASME, 1995, 117 (3A): 300-310.

[120] OGAWA K, IDE T, SAITOU T. Application of impact mass damper to a cable-stayed bridge pylon [J]. Journal of Wind Engineering and Industrial Aerodynamics, 1997, 72 (1-3): 301-312.

[121] JAM J E, FARD A A. Application of single unit impact dampers to reduce undesired vibration of the 3R robot arms [J]. International Journal of Aerospace Sciences, 2013, 2 (2): 49-54.

[122] MASRI S F. Analytical and experimental studies of multi-unit impact dampers [J]. Journal of the Acoustical Society of America, 1968, 45: 1111-1117.

[123] CHEN C C, WANG J Y. Free vibration analysis of a resilient impact damper [J]. International Journal of Mechanical Science, 2003, 45: 589-604.

[124] LI K, DARBY A P. A buffered impact damper for multi-degree-of-freedom structural control [J]. Journal Earthquake Engineering and Structural Dynamics, 2008, 37: 1491-1510.

[125] LI K, DARBY A P. Modelling a buffered impact damper system using a spring-damper model of impact [J]. Journal of Structural Control and Health Monitoring, 2009, 16: 287-302.

[126] MASRI S F. Analytical and experimental studies of impact dampers [D]. Pasadena, California: California Institute of Technology, 1965.

[127] BAPAT C N, SANKAR S. Single unit impact damper in free and forced vibration [J]. Journal of Sound and Vibration, 1985, 99 (1): 85-94.

[128] ARAKI Y, YUHKI Y, YOKOMICHI I, et al. Impact damper with granular-materials. 3. Indicial response [J]. Bulletin of the JSME-Japan Society of Mechanical Engineers, 1985, 28 (240): 1121-1217.

[129] ARAKI Y, YOKOMICHI I, INOUE J. Impact damper with granular-materials. 2. Both sides impact in a vertical oscillating system [J]. Bulletin of the JSME-Japan Society of Mechanical Engineers, 1985, 28 (241): 1466-1472.

[130] MAO K M, WANG M Y, XU Z W, et al. Simulation and characterization of particle damping in transient vibrations [J]. Journal of Vibration and Acoustics-Transactions of the ASME, 2004, 126: 202-203.

[131] XU Z W, WANG M Y, CHEN T N. Particle damping for passive vibration suppression: numerical modelling and experimental investigation [J]. Journal of Sound and Vibration, 2005, 279: 1097-1120.

[132] POPPLEWELL N, SEMERCIGIL S E. Performance of the bean bag impact damper for a sinusoidal external force [J]. Journal of Sound and Vibration, 1989, 133 (2): 193-223.

[133] 陈天宁. 柔性约束下颗粒结构的冲击减振机理及其工程应用 [D]. 西安: 西安交通大学, 1996.

[134] 李伟. 冲击减振理论的离散单元法研究及应用 [D]. 西安: 西安交通大学, 1997.

[135] PANOSSIAN H V. Non-obstructive impact damping applications for cryogenic environments [C] //Proceedings of Damping' 89, Orlando, US, February8-10, 1989, KBC1-9.

[136] PANOSSIAN H V. Non-obstructive particle damping: a new passive damping technique [J]. Shock and Vibration, 1991, 1 (6): 4-10.

[137] PANOSSIAN H V. Structural damping enhancement via non-obstructive particle damping technique [J]. Journal of Vibration and Acoustics-Transactionsof the ASME, 1992, 114 (1): 101-105.

[138] PANOSSIAN H V. Non-obstructive particle damping experience and capabilities [C] //Proceedings of SPIE, 2002, 4753: 936-941.

[139] LEI X F, WU C J. Dynamic response prediction of non-obstructive particle damping using principles of gas-solid flows [J]. Journal of Vibroengineering, 2016, 18 (7): 4692-4704.

[140] BAI X M, KEER L M, WANG Q J, et al. Investigation of particle damping mechanism via particle dynamics simulations [J]. Granular Matter, 2009, 11 (6): 417-429.

[141] MAO K M, WANG M Y, XU Z W, et al. DEM simulation of particle damping [J]. Powder Technology, 2004, 142: 154-165.

[142] WU C J, LIAO W H, WANG M Y. Modeling of granular particle damping using multiphase flow theory of gas-particle [J]. Journal of Vibration and Acoustics-Transactions of the ASME, 2004, 126: 196-201.

[143] SIMONIAN S S. Particle beam dampers [C] //Proceedings of SPIE, 1995, 2445: 149-160.

[144] SIMONIAN S S. Particle damping applications [C] //Proceedings of 45th AIAA/ASME/ASCE/AHS/ASC Structures, Structural Dynamics & Materials Conference, 2004: 1906.

[145] SIMONIAN S S, BRENNAN S M. Particle tuned mass dampers: design, test, and modeling [C] //Proceedings of 46th AIAA/ASME/ASCE/AHS/ASC Structures, Structural Dynamics & Materials Conference, 2005: 2325.

[146] SIMONIAN S S, BRENNAN S M. New particle damping applications [C] //Proceedings of 47th AIAA/ASME/ASCE/AHS/ASC Structures, Structural Dynamics and Materials Conference, 2006: 2207.

[147] SIMONIAN S S, CAMELO V S, SIENKIEWICZ J D. Jitter suppression using particle dampers [C] //Proceedings of 48th AIAA/ASME/ASCE/AHS/ASC Structures, Structural Dynamics and Materials Conference, 2007: 2087.

[148] SIMONIAN S S, CAMELO V S, BRENNAN S M, et al. Particle damping applications for shock and acoustic environment attenuation [C] //Proceedings of 49th AIAA/ASME/ASCE/AHS/ASC Structures, Structural Dynamics and Materials Conference, 2008: 2107.

[149] SIMONIAN S S, CAMELO V S, SIENKIEWICZ J D. Disturbance suppression using particle dampers [C] //Proceedings of 49th AIAA/ASME/ASCE/AHS/ASC Structures Structural Dynamics and Materials

Conference, 2008: 2105.

[150] ROSS R G. Vibration suppression of advanced space cryocoolers: an overview [C] //Proceedings of SPIE, 2003, 5052: 1-12.

[151] PENDLETON S C, BASILE J P, GUERRA J E, et al. Particle damping for launch vibration mitigation: design and test validation [C] //Proceedings of 49th AIAA/ASME/ASCE/AHS/ASC Structures, Structural Dynamics and Materials Conference, 2008: 2027.

[152] ABEL J T. Development of a CubeSat instrument for microgravity particle damper performance analysis [D]. San Luis Obispo, California: California Polytechnic State University, 2011.

[153] 吴成军. 装甲车噪声和振动的控制技术研究 [D]. 西安: 西安交通大学, 1993.

[154] 周予. 航天雷达天线采样架立柱的动态稳定性研究 [D]. 西安: 西安交通大学, 1992.

[155] 徐志伟. NOPD 减振技术的理论研究及工程应用 [D]. 西安: 西安交通大学, 1999.

[156] VELICHKOVICH A S, VELICHKOVICH S V. Vibration-impact damper for controlling the dynamic drill string conditions [J]. Chemical and Petroleum Engineering, 2001, 37 (3-4): 213-215.

[157] CHAN K W, LIAO W H, WANG M Y. Experimental studies for particle damping on a bond arm [J]. Journal of Vibration and Control, 2006, 12 (3): 297-312.

[158] ELS D N J. The effectiveness of particle dampers under centrifugal loads [D]. Stellenbosch, South Africe: University of Stellenbosch, 2009.

[159] LU Z, LU X L, LU W S, et al. Experimental studies of the effects of buffered particle dampers attached to a multi-degree-of-freedom system under dynamic loads [J]. Journal of Sound and Vibration, 2012, 331 (9): 2007-2022.

[160] 雷晓飞. 基于欧拉颗粒流理论的颗粒阻尼器优化设计及应用研究 [D]. 西安: 西安交通大学, 2018.

[161] NAEIM F, LEW M, CARPENTER L D, et al. Performance of tall buildings in Santiago, Chile during the 27 February 2010 offshore Maule, Chile earthquake [J]. The Structural Design of Tall and Special Buildings, 2011, 20 (1): 1-16.

[162] PAPALOU A, MASRI S F. Performance of particle dampers under random excitation [J]. Journal of Vibration and Acoustics-Transactions of the ASME, 1996, 118 (4): 614-621.

[163] PAPALOU A, MASRI S F. Response of impact dampers with granular materials under random excitation [J]. Earthquake Engineering & Structural Dynamics, 1996, 25 (3): 253-267.

[164] FRIEND R D, KINRA V K. Particle impact damping [J]. Journal of Sound and Vibration, 2000, 233 (1): 93-118.

[165] MARHADI K S, KINRA V K. Particle impact damping: effect of mass ratio, material, and shape [J]. Journal of Sound and Vibration, 2005, 283 (1-2): 433-448.

[166] CUNDALL P A, STRACK O D L. Discrete numerical-model for granular assemblies [J]. Geotechnique, 1979, 29 (1): 47-65.

[167] 王东强. 基于欧拉-颗粒流模型的颗粒阻尼连续体结构声振响应预估研究 [D]. 西安: 西安交通大学, 2016.

[168] 张燕彤. 复杂颗粒阻尼板结构振动响应预估及参数优化研究 [D]. 西安: 西安交通大学, 2016.

[169] 张仁亮. 颗粒阻尼器有限元模块开发技术及应用研究 [D]. 西安: 西安交通大学, 2017.

[170] 顾仲权, 马扣根, 陈卫东. 振动主动控制 [M]. 北京: 国防工业出版社, 1997.

[171] SYMANS M D, CONSTANTINOU M C. Semi-active control systems for seismic protection of structures: a state-of-the-art review [J]. Engineering Structures, 1999, 21 (6): 469-487.

[172] KOBORI T. Future direction on research and development of seismic-response-controlled structures [J].

Journal of Microcomputers in Civil Engineering, 1996, 11 (5): 297-304.

[173] HOUSNER G W, BERGMAN L A, CAUGHEY T K, et al. Structural control: past, present, and future [J]. Journal of Engineering Mechanics-ASCE, 1997, 123 (9): 897-971.

[174] CASCIATI F, RODELLAR J, YILDIRIM U. Active and semi-active control of structures-theory and applications: a review of recent advances [J]. Journal of Intelligent Material Systems and Structures, 2012, 23 (11): 1181-1195.

[175] ROGER K L, HODGES G E. Active flutter suppression—a flight test demonstration [J]. Journal of Aircraft, 1975, 12 (6): 551-556.

[176] 周录军. 直升机多频振动主动控制方法研究 [D]. 南京: 南京航空航天大学, 2015.

[177] STRAUB F K, ANAND V R, LAU, B H, et al. Wind tunnel test of the SMART active flap rotor [J]. Journal of the American Helicopter Society, 2018, 63 (1): 012002.

[178] KEAS P J, DUNHAM E, LAMPATER U, et al. Active damping of the SOFIA telescope assembly [C] // Proceedings of SPIE, 2012: 8444.

[179] REINACHER A, LAMMEN Y, ROESER H P. SOFIA's secondary mirror assembly: in-flight performance and control approach [C] //Proceedings of SPIE, 2016: 9908.

[180] IKEDA Y. Active and semi-active vibration control of buildings in Japan-practical applications and verification [J]. Structural Control and Health Monitoring, 2009, 16 (7-8): 703-723.

[181] HROVAT D, BARAK P, RABINS M. Semi-active versus passive or active tuned mass dampers for structural control [J]. Journal of Engineering Mechanics, 1983, 109 (3): 691-705.

[182] KOBORI T. Technology development and forecast of dynamical intelligent building (DIB) [J]. Journal of Intelligent Material Systems and Structures, 1990, 1 (4): 391-407.

[183] KOBORI T, TAKAHASHI M, NASU T, et al. Seismic response controlled structure with active variable stiffness system [J]. Earthquake Engineering and Structural Dynamics, 1993, 22: 925-941.

[184] OU J P, LI H. Analysis of capability for semi-active or passive damping systems to achieve the performance of active control systems [J]. Structural Control and Health Monitoring, 2010, 17 (7): 778-794.

[185] 百度百科. 压电效应 [EB/OL]. [2018-09-28]. https://baike.baidu.com/item/%E5%8E%8B%E7%94%B5%E6%95%88%E5%BA%94/4515291?fr=aladdin.

[186] 高乐. 基于压电智能复合材料的振动主动控制 [D]. 哈尔滨: 哈尔滨工业大学, 2012.

[187] 邓罂. 双垂尾飞机垂直尾翼的动力学分析及振动主动控制 [D]. 南京: 南京航空航天大学, 2013.

[188] 马天兵. 压电智能结构振动主动控制关键技术研究 [D]. 南京: 南京航空航天大学, 2014.

[189] 张立. 基于压电技术的飞机壁板结构振动与噪声控制 [D]. 西安: 西北工业大学, 2014.

[190] LUO Y J, XU M L, YAN B, et al. PD control for vibration attenuation in hoop truss structure based on a novel piezoelectric bending actuator [J]. Journal of Sound and Vibration, 2015, 339: 11-24.

[191] YUE H H, LU Y F, DENG Z Q, et al. Experiments on vibration control of a piezoelectric laminated paraboloidal shell [J]. Mechanical Systems and Signal Processing, 2017, 82: 279-295.

[192] BENT A A. Active fiber composites for structural actuation [D]. Cambridge, Massachusetts: Massachusetts Institute of Technology, 1997.

[193] PARK J S, KIM J H. Analytical development of single crystal macro fiber composite actuators for active twist rotor blades [J]. Smart Materials and Structures, 2005, 14: 745-753.

[194] PARK J S, KIM J H. Material properties of single crystal macro fiber composite actuators for active twist rotor blades [C] //Proceedings of 46th AIAA/ASME/ASCE/AHS/ASC Structures, Structural Dynamics & Materials Conference, 2005: 2265.

[195] WILKIE W K, BRYANT R G, HIGH J W, et al. Low-cost piezocomposite actuator for structural control

applications [C] //Proceedings of SPIE, 2000, 3991: 323-334.
[196] GALEA S C, RYALL T G, HENDERSON D A, et al. Next generation active buffet suppression system [C] //Proceedings of AIAA/ICAS International Air and Space Symposium and Exposition, 2003: 2905.
[197] WOHLFARTH E P. Ferromagnetic materials: a handbook on the properties of magnetically ordered substances, Vol. 1 [M] //CLARKA E. Magnetostrictive Rare Earth-Fe$_2$ Compounds. Amsterdam, Holland: North-Holland Publishing Company, 1980, 531-589.
[198] 王龙妹. 21世纪战略性功能材料——超磁致伸缩合金 [J]. 新材料产业, 2002, 1: 23-26.
[199] 陶孟仑. 超磁致伸缩材料、器件损耗理论与实验研究 [D]. 武汉: 武汉理工大学, 2012.
[200] BRAGHIN F, CINQUEMANI S, REST A F. A model of magnetostrictive actuators for active vibration control [J]. Sensors and Actuators A: Physical, 2011, 165: 342-350.
[201] MOON S J, LIM C W, KIM B H, et al. Structural vibration control using linear magnetostrictive actuators [J]. Journal of Sound and Vibration, 2007, 302: 875-891.
[202] ZHANG T, YANG B T, LI H G, et al. Dynamic modeling and adaptive vibration control study for giant magnetostrictive actuators [J]. Sensors and Actuators A: Physical, 2013, 190: 96-105.
[203] CLARK A E, WUN-FOGLE M, RESTORFF J B, et al. Magnetostrictive Galfenol/Alfenol single crystal alloys under large compressive stresses [C]. Proceedings of 7th International Conference on New Actuators-Actuator 2000, Bremen, Germany, June 19-21, 2000.
[204] CLARK A E, RESTORFF J B, WUN-FOGLE M, et al. Magnetostrictive properties of body-centered cubic Fe-Ga and Fe-Ga-Al alloys [J]. IEEE Transactions on Magnetics, 2000, 36: 3238-3240.
[205] RESTORFF J B, WUN-FOGLE M, HATHAWAY K B, et al. Tetragonal magnetostriction and magnetoelastic coupling in Fe-Al, Fe-Ga, Fe-Ge, Fe-Si, Fe-Ga-Al, and Fe-Ga-Ge alloys [J]. Journal of Applied Physics, 2012, 111 (2): 023905.
[206] KELLOGG R A. Development and modeling of Iron-Gallium alloys [D]. Ames, Iowa: Iowa State University, 2003.
[207] 陈定方, 卢全国, 梅杰, 等. Galfenol合金应用研究进展 [J]. 中国机械工程, 2011, 22 (11): 1370-1378.
[208] ENGDAHL G. Handbook of giant magnetostrictive materials [M]. Cambridge, Massachusetts: Academic Press, 1999.
[209] KOKO T S, AKPAN U O, BERRY A, et al. Vibration control in ship structures: Encyclopedia of smart materials [M]. Hoboken, New Jersey: JohnWiley & Sons, 2002.
[210] PONS J L. Emerging actuator technologies: a micromechatronic approach [M]. Hoboken, New Jersey: John Wiley & Sons, 2005.
[211] MAY C, KUHNEN K, PAGLIARULO P, et al. Magnetostrictive dynamic vibration absorber (DVA) for passive and active damping [C]. Proceedings of the 5th European Conference on Noise Control, Naples, Italy, May 19-21, 2003.
[212] Wikipedia Encyclopedia. Shape-Memory Alloy [EB/OL]. (2018-09-19) [2018-09-28]. https://en.wikipedia.org/wiki/Shape-memory_ alloy.
[213] 百度百科. 形状记忆合金 [EB/OL]. [2018-09-28]. https://baike.baidu.com/item/%E5%BD%A2%E7%8A%B6%E8%AE%B0%E5%BF%86%E5%90%88%E9%87%91.
[214] OTSUKA K, WAYMAN C M. Shape memory materials [M]. Cambridge, England: Cambridge University Press, 1999.
[215] 中国腐蚀与防护网. 形状记忆合金 超级神奇的功能材料 [EB/OL]. (2016-07-13) [2018-09-28]. http://www.ecorr.org/news/science/2016-07-13/50674.html.

[216] HARTL D J, LAGOUDAS D C. Aerospace applications of shape memory alloys [J]. Proceedings of the Institution of Mechanical Engineers Part G-Journal of Aerospace Engineering, 2007, 221 (4): 535-552.

[217] SONG G, MA N, LI H N. Applications of shape memory alloys in civil structures [J]. Engineering Structures, 2006, 28 (9): 1266-1274.

[218] 左晓宝, 李爱群, 倪立峰, 等. 形状记忆合金在结构振动控制中的研究与应用 [J]. 噪声与振动控制, 2003, 2: 10-13.

[219] BIDAUX J E, MANSON J A E, COTTHARDT R. Active stiffening of composite materials by embedded shape memory alloy fibers [C] //Materials Research Society Symposium Proceedings, Warrendale, Pennsylvania: Materials Research Society, 1997, 459: 107-117.

[220] Wikipedia Encyclopedia. Electrorheological fluid [EB/OL]. (2018-02-03) [2018-09-28]. https: //en. wikipedia. org/wiki/Electrorheological_ fluid#cite_ note-1.

[221] WINSLOW W M. Method and means for translating electrical impulses into mechanical force: US241785025 [P]. 1947.

[222] WINSLOW W M. Induced fibration of suspensions [J]. Journal of Applied Physics, 1949, 20 (12): 1137-1140.

[223] SIMMONDS A J. Electro-rheological valves in a hydraulic circuit [J]. IEE Proceedings-D: Control Theory and Applications, 1991, 138 (4): 400-404.

[224] PETEK N K, ROMSTADT D J, LIZELL M B, etal. Demonstration of an automotive semi-active suspension using electrorheological fluid [C] //Proceedings of SAE International Congress and Exposition, 1995, 950586: 237-242.

[225] CHOI S B, CHOI Y T, PARK D W. A sliding mode control of a full-car electrorheological suspension system via hardware-in-the-loop simulation [J]. Journal of Dynamics, Measurement and Control-Transactions of the ASME, 2000, 122 (1): 114-121.

[226] CHOI S B, LEE D Y. Rotational motion control of a washing machine using electrorheological clutches and brakes [J]. Proceedings of the Institution of Mechanical Engineers Part C-Journal of Mechanical Engineering Science, 2005, 219 (7): 627-637.

[227] CHOI S B, LEE T H, LEE Y S, et al. Control performance of an electrorheological valve based vehicle anti-lock brake system, considering the braking force distribution [J]. Smart Materials & Structures, 2005, 14 (6): 1483-1492.

[228] HONG S R, CHOI S B, LEE D Y. Comparison of vibration control performance between flow and squeeze mode ER mounts: experimental work [J]. Journal of Sound and Vibration, 2006, 291: 740-748.

[229] CHOI S B, SUNG K G. Control of braking force distribution using electrorheological fluid valves [J]. International Journal of Vehicle Design, 2008, 46 (1): 111-127.

[230] SUNG K G, HAN Y M, CHO J W, et al. Vibration control of vehicle ER suspension system using fuzzy moving sliding mode controller [J]. Journal of Sound and Vibration, 2008, 311: 1004-1019.

[231] BOUZIDANE A, THOMAS M. An electrorheological hydrostatic journal bearing for controlling rotor vibration [J]. Computers and Structures, 2008, 86: 463-472.

[232] Wikipedia Encyclopedia. Magnetorheological fluid [EB/OL]. (2018-08-13) [2018-09-28]. https: //en. wikipedia. org/wiki/Magnetorheological_ fluid.

[233] MUHAMMAD A, YAO X L, DENG Z C. Review of magnetorheological (MR) fluids and its applications in vibration control [J]. Journal of Marine Science and Application, 2006, 5 (3): 17-29.

[234] RABINOW J. The magnetic fluid clutch [J]. Transactions of the American Institute of Electrical Engineers, 1948, 67 (2): 1308-1315.

[235] RABINOW J. Magnetic fluid torque and force transmitting device：US2575360［P］. 1951.

［236］人民网. 奥迪最新杀手锏 电磁减震器刮起电磁风暴［EB/OL］.（2009-05-15）［2018-09-28］. http：//auto. people. com. cn/GB/other2174/4172/4177/9306976. html.

［237］中国科学技术大学智能材料和振动控制实验室. 磁流变液［EB/OL］.［2018-09-28］. http：//gong. ustc. edu. cn/intro_ show. php? ifid＝1undefinedamp；iid＝0.

［238］HIEMENZ G J, CHOI Y T, WERELEY N M. Semi-active control of vertical stroking helicopter crew seat for enhanced crashworthiness［J］. AIAA Journal of Aircraft, 2007, 44（3）：1031-1034.

［239］BAI X X, JIANG P, PAN H, et al. Analysis and testing of an integrated semi-active seat suspension for both longitudinal and vertical vibration control［C］//Proceedings of SPIE, 2016：9799.

［240］WERELEY N M. Magnetorheology：advances and applications（Smart Materials Series）［M］. London：Royal Society of Chemistry, 2013.

［241］SHIGA T, OKADA A, KURAUCHI T. Magnetroviscoelastic behavior of composite gels［J］. Journal of Applied Polymer Science, 1995, 58（4）：787-792.

［242］JOLLY M R, CARLSON J D, MUNOZ B C, et al. The magnetorviscoelastic response of elastomer composites consisting of ferrous particles embedded in a polymer matrix［J］. Journal of Intelligent Material Systems and Structures, 1996, 7（6）：613-622.

［243］DAVIS L C. Model of magnetorheological elastomers［J］. Journal of Applied Physics, 1999, 85（6）：3348-3351.

［244］GINDER J M, NICHOLS M E, ELIE L D, et al. Magnetorheological elastomers：properties and applications［C］//Proceedings of SPIE, 1999, 3675：131-138.

［245］CARLSON J D, JOLLY M R. MR fluid, foam and elastomer devices［J］. Mechatronics, 2000, 10（4-5）：555-569.

［246］SHEN Y, GOLNARAGHI M F, HEPPLER G R. Experimental research and modeling of magnetorheological elastomers［J］. Journal of Intelligent Material Systems and Structures, 2004, 15：27-35.

［247］张玮. 复合型磁流变弹性体的研制及其性能研究［D］. 合肥：中国科学技术大学, 2011.

［248］朱俊涛. 磁流变弹性体对宽频激励平台隔减振研究［D］. 南京：东南大学, 2013.

［249］杨志荣. 舰艇轴系纵振特性及基于磁流变弹性体的半主动控制技术研究［D］. 上海：上海交通大学, 2014.

［250］HEROLD S, KAAL W, MELZ T. Dielectric elastomers for active vibration control applications［C］//Proceedings of SPIE, 2011：7976.

［251］SARBAN R, JONES R W. Active vibration control using DEAP actuators［C］//Proceedings of SPIE, 2010：7642.

［252］潘咏东. 运动弦横向振动主动控制及其工程应用［D］. 西安：西安交通大学, 1997.

［253］SPELTA C, PREVIDI F, SAVARESI S M, et al. Control of magnetorheological dampers for vibration reduction in a washing machine［J］. Mechatronics, 2009, 19：410-421.

［254］RASHID A, NICOLESCU C M. Active vibration control in palletised workholding system for milling［J］. International Journal of Machine Tools & Manufacture, 2006, 46：1626-1636.

［255］CHANG Y C, SHAW J S. Low-frequency vibration control of a pan/tilt platform with vision feedback［J］. Journal of Sound and Vibration, 2007, 302：716-727.

［256］GUAN Y H, LIM T C, SHEPARD W S. Experimental study on active vibration control of a gearbox system［J］. Journal of Sound and Vibration, 2005, 282：713-733.

［257］NEJHAD G M N. Design of smart composite platforms for adaptive trust vector control and adaptive laser telescope for satellite applications［C］//Proceedings of SPIE, 2013：8688.